全国测绘地理信息职业教育教学指导委员会
“十二五”工学结合规划教材

工程变形监测技术

Engineering Deformation Monitoring Technology

牛志宏　主编

测绘出版社
·北京·

内容简介

本书是全国测绘地理信息职业教育教学指导委员会“十二五”工学结合规划教材，采用“项目导向”的形式进行编写，体现“教学与生产相结合、理论与实践相结合”的职业教育理念，培养学生的职业能力。全书共有六个项目，主要内容包括工程变形监测基本知识、水利工程变形监测、工程建筑物变形监测、道路工程变形监测、基坑工程变形监测、隧道工程变形监测。

本书主要供工程测量技术、工程测量与监理、水利水电建筑工程、建筑工程技术、道路与桥梁工程等专业使用，也可供从事测绘工程、土木建筑工程及道路桥梁工程专业技术人员参考。

图书在版编目(CIP)数据

工程变形监测技术 / 牛志宏主编. -- 北京：测绘出版社，2013.3 (2022.11 重印)

全国测绘地理信息职业教育教学指导委员会“十二五”工学结合规划教材

ISBN 978-7-5030-2755-0

Ⅰ. ①工… Ⅱ. ①牛… Ⅲ. ①建筑工程—变形观测—高等职业教育—教材 Ⅳ. ①TU196

中国版本图书馆 CIP 数据核字(2013)第 038907 号

责任编辑　赵福生
执行编辑　巩　岩　　**封面设计**　李　伟　　**责任校对**　董玉珍　　**责任印制**　陈姝颖

出版发行	测绘出版社	**电　话**	010－68580735(发行部)
地　址	北京市西城区三里河路 50 号		010－68531363(编辑部)
邮政编码	100045	**网　址**	www.chinasmp.com
电子信箱	smp@sinomaps.com	**经　销**	新华书店
成品规格	184mm×260mm	**印　刷**	北京建筑工业印刷厂
印　张	10.5	**字　数**	257 千字
版　次	2013 年 3 月第 1 版	**印　次**	2022 年 11 月第 6 次印刷
印　数	13001－16000	**定　价**	28.00 元

书　号　ISBN 978-7-5030-2755-0

全国测绘地理信息职业教育教学指导委员会
“十二五”工学结合规划教材

编委会名单

前　言

为了更好地配合高等职业教育测绘类专业的教学改革，开展工学结合教学资源的开发，为高职高专测绘地理信息类专业高端技能型人才培养提供优质教材支持，提高测绘地理信息类专业人才培养质量，全国测绘地理信息职业教育教学指导委员会组织编写了“十二五”工学结合规划教材，本书是其中之一。

本书按照高职教育教学的要求由企业专家及一线技术人员联合编写，内容全面、技术实用，符合高等职业教育教学改革的方向。在内容组织上，本书坚持以学生为本，突出了“教学与生产相结合、理论与实践相结合”的职业教育理念，注重培养学生的职业能力。全书在介绍了工程变形监测技术基本知识的基础上，采用“项目导向”形式详细介绍了水利工程变形监测、工程建筑物变形监测、道路工程变形监测、基坑工程变形监测、隧道工程变形监测等应用较多的工程变形监测技术。本书简明实用，充分体现了工程变形监测技术课程学习的职业性和实践性。

本书由长江工程职业技术学院牛志宏担任主编，厦门市佳图测绘有限公司高级工程师廖宝勇博士担任副主编，共分六个项目，分别由以下人员完成：项目一由长江工程职业技术学院陈志兰编写，项目二由厦门市佳图测绘有限公司廖宝勇编写，项目三由甘肃林业职业技术学院李旭光编写，项目四由辽宁省交通高等专科学校高小六编写，项目五由湖北国土资源职业学院张玉堂编写，项目六由长江工程职业技术学院牛志宏编写。全书由牛志宏统稿。

本教材在编写过程中引用了大量的规范、专业文献和资料，恕未在书中一一注明，在此对有关作者表示诚挚的感谢。

由于编者的水平、经验及时间有限，书中定有欠妥，敬请专家和广大读者批评指正。有何建议和意见烦请随时与我们联系，E-mail：n-zh@163.com，我们将及时给予回复，并将意见反馈在再版教材中。

2013 年 2 月

目　录

项目一 工程变形监测技术基本知识

[单元概述]

本项目首先介绍了工程变形监测方案设计中的几个主要内容，包括工程变形监测的主要内容、工程变形监测的精度和周期、工程变形监测的常用仪器及工程变形监测方案的编制，接着从工程测量技术专业的角度详细介绍了工程变形监测中的位移监测技术和方法，包括沉降监测、水平位移监测、倾斜监测、裂缝监测和挠度监测，并介绍了变形监测资料的整编与分析，最后介绍了工程变形监测新技术的应用。

[学习目标]

在本项目的学习过程中，主要完成的学习目标包括：①了解工程变形监测方案设计的基本知识；②了解工程变形监测的主要任务和内容；③了解工程变形监测常用的监测技术、方法和常用仪器；④培养工程建设项目安全施工、安全运营的基本意识；⑤掌握工程变形监测技术中位移监测的基本方法。

任务 1-1 工程变形监测方案设计

一、工程变形监测的内容

变形监测就是利用专用的仪器和方法对变形体的变形现象进行持续观测、对变形体变形形态进行分析和对变形体变形的发展态势进行预测等工作。变形监测的任务是确定在各种荷载和外力作用下，变形体的形状、大小及位置变化的空间状态和时间特征。在工程测量中，最具代表性的变形体有大坝、桥梁、高层建筑物、边坡、隧道和地铁等。变形监测的内容，应根据变形体的性质和地基情况决定。对于不同类型的变形体，其监测的内容和方法有一定的差异，但总的来说可以分为现场巡视、环境量监测、位移监测、渗流监测、应力应变监测、周边监测等几个方面。

(一)现场巡视

现场巡视检查是变形监测中的一项重要内容，它包括巡视检查和现场检测两项工作，分别采用简单量具或临时安装的仪器设备，在建筑物及其周围定期或不定期进行检查，检查结果可以定性描述，也可以定量描述。巡视检查不仅是工程运营期的必要工作，而且在施工期也要十分重视。因此，在设计变形监测系统时，应根据工程的具体情况和特点制定巡视检查的内容和要求，巡视人员应严格按照预先制定的巡视检查程序进行检查工作。

巡视检查的次数应根据工程等级、施工进度、荷载情况等决定。在施工期，一般每周两次，正常运营期可逐步减少次数，但每月不宜少于一次。在工程进度加快或荷载变化很大的情况下，应加强巡视检查。另外，在遇到暴雨、大风、地震、洪水等特殊情况时，应及时进行巡视检查。巡视检查的内容可根据具体情况确定。

巡视检查主要依靠目视、耳听、手摸、鼻嗅等直观方法，也可辅以锤、钎、量具、放大镜、望远镜、照相机、摄像机等工器具进行。如有必要，可采用坑(槽)探挖、钻孔取样、注(抽)水试验、水下检查、超声波探测及锈蚀检测等特殊方法进行检查。

现场巡视检查应按规定做好记录和整理，并与以往检查结果进行对比，分析有无异常迹象。如果发现疑问或异常现象，应立即对该项目进行复查，确认后应立即编写专门的检查报告，及时上报。

(二)位移监测

位移监测主要包括沉降监测、水平位移监测、挠度监测、裂缝监测等。对于不同类型的工程，各类监测项目的方法和要求有一定的差异。为使测量结果有相同的参考系，在进行位移测量时，应设立统一的监测基准点。

沉降监测一般采用几何水准测量的方法进行，在精度要求不太高或者观测条件较差时，也可采用三角高程测量的方法。对于监测点高差不大的情况，可采用液体静力水准测量和压力传感器方法进行测量。沉降监测除了可以测量建筑物基础的整体沉降情况外，还可以测量基础的局部相对沉降量、基础倾斜、转动等。

水平位移监测通常采用大地测量(包括交会测量、三角网测量和导线测量)、基准线测量(包括视准线测量、引张线测量、激光准直测量、垂线测量)及其他一些专门的测量方法。其中，大地测量是传统的测量方法，而基准线测量是目前普遍使用的主要方法，对于某些专门测量方法(如裂缝计、多点位移计等)也是进行特定项目监测的十分有效的手段。

(三)环境量监测

环境量监测一般包括气温、气压、降水量、风力、风向等。对于水工建筑物，还应监测库水位、库水温度、冰压力、坝前淤积和下游冲刷等；对于桥梁工程，还应监测河水流速、河水流向、河水泥沙含量、河水温度、桥址区河床变化等。总之，对于不同的工程，除了一般性的环境量监测外，还要进行一些针对性的监测工作。

环境量监测的一般项目通常采用自动气象站来实现，即在监测对象附近设立专门的气象观测站，用以监测气温、气压、降雨量等。

对于特定类型建筑物的特定监测项目，应采用特定的监测方法和要求。

(四)渗流监测

渗流监测主要包括地下水位监测、渗透压力监测、渗流量监测等。对于水工建筑物，还包括扬压力监测、水质监测等。地下水位监测通常采用水位观测井或水位观测孔进行，即在需要观测的位置打井或埋设专门的水位监测管，测量井口或孔口到水面的距离，然后换算成水面的高程，通过水面高程的变化分析地下水位的变化情况。

渗透压力监测一般采用专门的渗压计进行，渗压计和测读仪表的量程应根据工程的实际情况选定。

渗流量监测可采用人工量杯观测和量水堰观测等方法进行。量水堰通常采用三角堰和矩形堰两种形式，三角堰一般适用于流量较小的情况，矩形堰一般适用于流量较大的情况。

(五)应力应变监测

应力应变监测的主要项目包括混凝土应力应变监测、锚杆(锚索)应力监测、钢筋应力监测、钢板应力监测、温度监测等。

为使应力应变监测成果不受环境变化的影响，在测量应力应变时，应同时测量监测点的温度。应力应变的监测应与变形监测、渗流监测等项目结合布置，以便对监测资料进行相互验证和综合分析。

应力应变监测一般采用专门的应力计和应变计进行。选用的仪器设备和电缆的性能和质量应满足监测项目的需要，要特别注意仪器的可靠性和耐用性。

(六)周边监测

周边监测主要指对工程周边地区可能发生的会对工程运营产生不良影响的因素进行的监测，主要包括滑坡监测、高边坡监测、渗流监测等。

二、变形监测的精度和周期

(一)监测精度的确定

变形监测应能确切反映建筑物的变形程度或变形趋势，并将此作为确定作业方法和检验质量的基本要求。建筑物变形的允许值直接影响观测精度的确定，同时也涉及观测方法和仪器设备的选择。因此，确定合理的建筑物变形允许值是很重要的。1981 年，FIG 第 16 届会议认为：为达到实用的目的，观测的中误差应不超过允许变形值的 1/10～1/20，或 1～2 mm；为达到科研的目的，观测的中误差应不超过允许变形值的 1/20～1/100，或 0.02 mm。不同类型的工程建筑物，变形观测的精度要求差别较大。对于同类工程建筑物，根据其结构、形状不同，要求的精度也有差异。即使同一建筑物，不同部位的精度要求也不同。

(二)观测周期的确定

变形体的变形是一个渐变过程，是时间的函数，而且变形速度不均匀，但变形观测次数是有限的。因此，合理地选择连续观测周期，对于正确分析变形结果是很重要的。观测周期的选择，应根据观测的目的、要求及建筑物的具体情况确定，在满足必要精度的前提下，尽量做到高效、省时、省力。

观测周期的长短应以能系统地反映所测变形体的变化过程而又不遗漏其变化时刻为原则，应根据单位时间内变形量大小及外界影响程度来确定。另外，沉降观测周期的长短直接涉及经济效益。为了使付出的劳动代价在满足精度需要的前提下尽量减少，合理确定沉降观测周期是关键。

变形监测的周期频率取决于变形的大小、速度及观测的目的。变形频率的确定应能反映出变形体的变形规律，并可随单位时间内变形量的大小而定。变形量较大时应增大监测频率，变形量减小或建筑物趋于稳定时，则可减小监测频率。

(三)监测精度及监测周期的合理确定

监测精度、监测周期和位移速度之间存在一定的相互制约关系：①当位移速度一定时，监测周期越短对监测精度的要求越高；②当监测周期一定时，位移速度越快对监测精度的要求越低；③当位移速度很小时，要求有很高的监测精度和较长的监测周期；④随着位移速度的增大，可以相应地缩短监测周期和降低监测精度。

另外，在确定变形体监测精度和监测周期时，还要充分考虑对监测精度的需要与现实可能性、位移量的大小、变形发展趋势、季节变化和建筑物变形的特点等因素。从变形体变形过程来看，这一过程可能是持续性的，也可能是间歇性的，一般可将其变形过程分为缓慢变形、变形发展、变形加剧和急剧变形四个阶段。

(1)在缓慢变形和变形发展阶段，由于位移速度小，需要有很高的监测精度和较长的监测周期。因此，在此阶段应根据所用的监测仪器和方法，首先分析确定(必要时可通过专门试验确定)在技术经济许可的条件下实际所能达到的最高监测精度，并按此最高精度进行监测；然后，根据所确定的最高监测精度和位移速度来确定监测周期。

(2)在变形加剧和急剧变形阶段，由于位移速度大，此时监测工作的关键问题是怎样根据位移量的大小、变形发展趋势和季节变化等因素适时地确定最恰当的监测周期。因此，在此阶段监测精度和监测周期先后顺序的确定应与第一种情况相反，即先根据有关影响因素确定监测周朔，再根据所确定的监测周期和位移速度确定相应的监测精度。观测频率的确定，随载荷的变化及变形速率的不同而异。例如，高层建筑在施工过程中的变形观测，通常楼层加高1～2层即应观测一次；大坝的变形观测，则随着水位的高低来确定观测周期；对于已经建成的建筑物，在建成初期，因为变形值大，观测的频率宜高，如果变形逐步趋于稳定，则周期逐渐加长，直至完全稳定后，即可停止观测；对于濒临破坏的建筑物，或者是即将产生滑坡、崩塌的地面，其变形速率会逐渐加快，观测周期也要相应地逐渐缩短。观测的精度和频率是相关的，只有在一个周期内的变形值远大于观测误差时，所得结果才是可靠的。

三、变形监测仪器简介

在工程变形监测中，除使用精密水准仪、精密光学经纬仪、高精度全站仪、GPS接收机等基本的常规测量仪器之外，还有静力水准仪、倾斜仪、激光垂准仪及监测专用传感器等。

(一)精密水准仪

由于变形监测的精度要求高，故用于变形监测的精密水准仪的型号一般为DS05、DS1。精密水准仪的类型很多，均是通过建立水平视线以测定地面两点间高差的仪器，主要部件有望远镜、管水准器(或补偿器)、垂直轴、基座、脚螺旋。按结构分为微倾水准仪(图1-1)、自动安平水准仪、激光水准仪和数字水准仪(又称电子水准仪)。

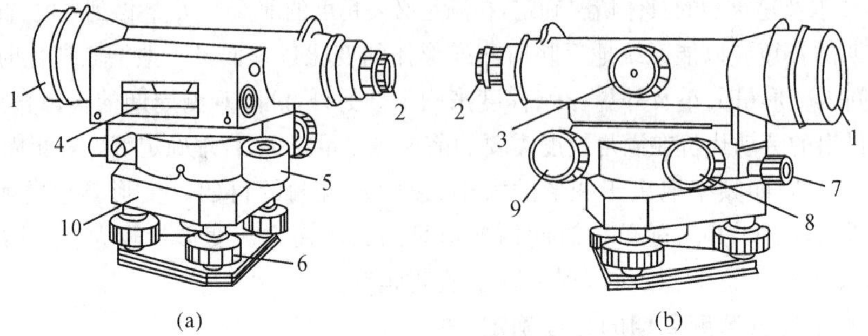

图1-1 微倾水准仪

注：1-物镜；2-目镜；3-调焦螺旋；4-管水准器；5-圆水准器；6-脚螺旋；7-制动螺旋；8-微动螺旋；9-微倾螺旋；10-基座

(二)精密经纬仪

经纬仪是测量水平角和竖直角的仪器，由望远镜水平度盘、望远镜垂直度盘和基座等部件组成。按读数分为游标经纬仪、光学经纬仪(图1-2)和电子(自动显示)经纬仪。当经纬仪上附有专用配件时，可组成激光经纬仪、坡面经纬仪等。此外，还有专用的陀螺经纬仪、矿山经纬仪、摄影经纬仪。

(三)全站仪

全站仪即全站型电子速测仪(electronic total station)，是一种集光、机、电于一体的高技术测量仪器，是集水平角、垂直角、距离(斜距、平距)、高差测量功能于一体的测绘仪器系统(图1-3)。因其一次安置仪器就可完成该测站上全部测量工作，所以称为全站仪，广泛用于地上大型建筑和地下隧道施工等精密工程测量或变形监测领域。全站仪由电源部分、测角系统、测距系统、数据处理部分、通信接口、显示屏、键盘等组成。工作特点有：①能同时测角、测距，并自动记录测量数据；②设有各种野外应用程序，能在测量现场得到归算结果；③能实现数据流。

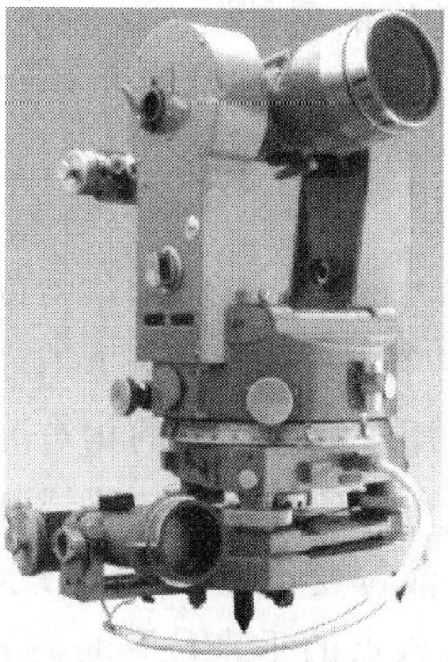

图 1-2　光学经纬仪

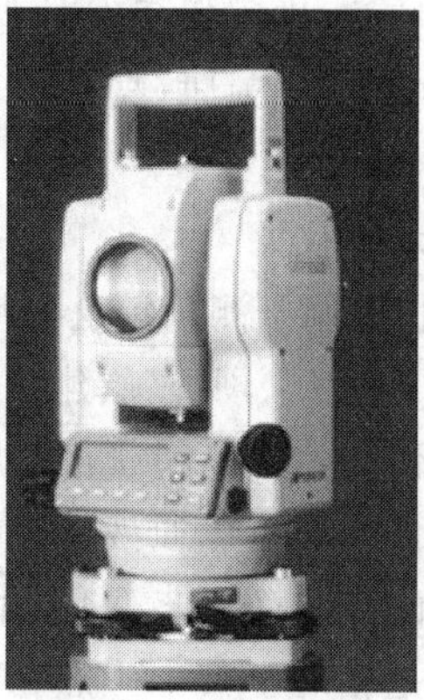

图 1-3　全站仪

（四）GPS 接收机

GPS 接收机是用来接收、记录和处理 GPS 卫星信号的专门设备。GPS 接收机类型较多，根据接收信号的频率，可分为单频接收机和双频接收机；根据用途，可分为导航型、测量型、授时型。GPS 接收机（图 1-4）主要由 GPS 接收机天线单元、GPS 接收机主机单元和电源三部分组成。天线单元的主要功能是将 GPS 卫星信号非常微弱的电磁波转化为电流，并对这种信号电流进行放大和变频处理。接收机单元的主要功能是对经过放大和变频处理的信号电流进行跟踪、处理和测量。

（五）倾斜仪

倾斜仪适用于混凝土大坝、面板坝、土石坝等水工建筑物倾斜变化量的长期测量，同样适用于工民用建筑、道路、桥梁、隧道、路基、土建基坑等的倾斜测量，并可方便实现倾斜测量的自动化。倾斜仪为全不锈钢结构，坚固耐用，附有调节螺旋和固定支架，方便安装。倾斜仪具有智能识别功能。图 1-5 为 MI601 型便携式倾斜仪，是专门用于岩土地基位移测量的仪器，适用于各种岩土地基横向位移的测量，如水利库坝、堤防、岩土边坡、城市建设地基基坑开挖、打桩、铁路和公路交通边坡、煤田、矿井、电力建设，以及各种地下结构物内部铅垂方向的水平位移测量。

图 1-4　天宝 GPS 接收机

图 1-5　便携式倾斜仪

（六）激光垂准仪

激光垂准仪（图 1-6）是以重力线为基准，给出铅垂直线的光学仪器，可用来测量相对铅垂线的微小水平偏差、进行铅垂线的点位传递、物体垂直轮廓的测量及方位的垂直传递。它主要用于高层建筑施工、发射阱（架）、大型柱形机械设备的安装，大坝的水平位移测量，工程监理和变形观测等。

（七）静力水准仪

静力水准仪是用于测量建筑物基础和建筑物各个测点的相对沉降的精密仪器，主要用于大型建筑物，如水电站厂、坝、高层建筑物、核电站、水利枢纽工程岩体等各测点不均匀沉降的测量。

静力水准仪是一种高精密液位测量系统，该系统适用于测量多点的相对沉降。在使用中，多个静力水准仪的容器用通液管连接，每个容器的液位由磁致伸缩式传感器测出，传感器的浮子位置随液位的变化而同步变化，由此可测出各测点的液位变化量。在静力水准仪中，各测点的垂直位移均是相对于其中一点（又叫基准点）的变化，该点的垂直位移是相对恒定或者是可用其他方式准确确定的，以便能精确计算出静力水准仪中各测点的沉降变化量。静力水准仪有多种类型，包括振弦式、电阻式、液位式等。图 1-7 所示是液位式静力水准仪。

图 1-6　JC100 全自动安平激光垂准仪

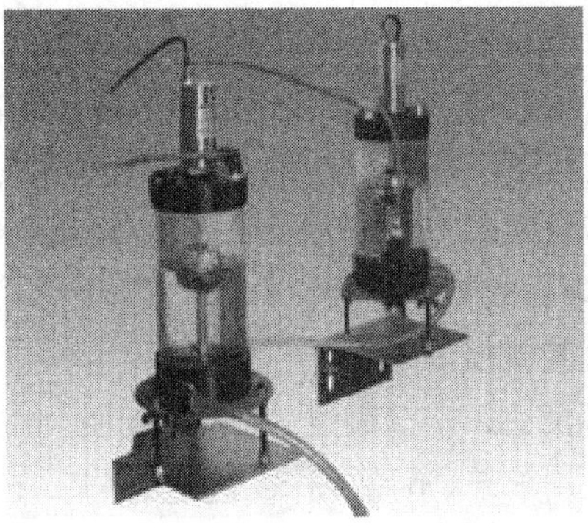

图 1-7　液位式静力水准仪

四、监测方案的编制

监测方案是指导监测实施的主要技术文件，主要包括监测目的、监测项目、监测仪器及其安装、数据采集方法、数据分析和信息反馈。在工程施工前，应组织专业技术人员在认真研究工程项目的规模、工程的技术重点与难点及周边环境条件的基础上进行编制。

（一）监测方案编制原则

监测方案的编写应符合国家、行业现行的有关规范、规定。监测方案应遵循的原则如下：

（1）监测方案应以安全监测为目的，根据不同的工程项目和不同的施工方法确定监测对象（基坑、建筑物、管线和地下工程结构等），对监测对象安全稳定的主要指标进行方案设计。

（2）根据监测对象的重要性确定监测规模和内容，监测项目和测点的布置应能够比较全面地反映监测对象的工作状态。

（3）应尽量采用先进的监测技术，如自动化技术、遥测技术，积极选用效率高、可靠性强的先进仪器和设备，以确保监测效率与精度。

(4)为确保提供可靠、连续的监测资料，各监测项目应能相互校验。

(5)方案在满足监测性能和精度要求的前提下，力求减少监测仪器的数量和电缆长度，降低监测频率，以降低监测费用。

(6)方案中临时监测项目和永久监测项目应对应衔接。

(7)在满足工程安全的前提下，确定仪器的布设位置和测量时间，尽量减少与工程施工的交叉影响。

(8)根据设计要求及周边环境条件，确定各监测项目的控制基准。

(9)按照国家现行的有关规定、规范编制监测方案。

(二)监测项目的确定

监测项目的选择应考虑的因素如下：

(1)工程地质条件与水文地质条件。

(2)工程规模与施工技术难点，包括结构形式设计、施工方法和埋深等。

(3)工程的周边环境条件，主要是所处位置及周围建(构)筑物的结构形式、形状尺寸及与地下工程之间的关系。

(三)编制监测方案的基础资料

基础资料是进行施工条件分析、编制监测方案的主要依据。为了选择最优的技术方案、采用科学的监测方法，必须对基础资料进行详细的综合分析和处理。在编制监测方案前，应熟悉的基础资料主要包括以下内容：

(1)设计图。

(2)地质勘查报告。

(3)地表建筑物平面图。

(4)管线平面图。

(5)保护对象的建筑结构图。

(6)地下主体结构图。

(7)围护结构和主体结构的施工方案。

(8)最新监测仪器信息。

(9)类型相似或相近工程的经验资料。

(10)国家现行的有关规定、规范和合同协议等。

(四)监测方案的编制

监测方案编制步骤如下：

(1)收集编制监测方案所需的基础资料。

(2)现场踏勘，了解周围环境。

(3)编制监测方案初稿。

(4)会同有关部门确定各类监测项目的控制基准值。

(5)完善监测方案。

(6)监测方案报批。

(五)监测方案的主要内容

监测方案是指导监测工作的主要技术文件，主要内容如下：

(1)工程概况。

(2)监测目的与意义。

(3)监测项目和测点的数量。

(4)测点布置平面图。

(5)测点布置剖面图。

(6)各监测项目的监测周期和频率。

(7)监测仪器设备及选型。

(8)监测人员的配置。

(9)监测项目控制基准。

(10)监测资料的整理与分析。

(11)监测报告送达的对象和时限。

(12)监测注意事项。

任务 1-2　高程控制网的建立

一、高程控制网布设的基本要求

(1)对于变形体较少的测区,宜将控制点连同观测点布设成单一层次控制网,即只布成一级网。对于变形体建筑物较多且分散的大测区,宜按两级布网方式布设控制网,即由基准点和工作点组成的第一级控制网,和由变形观测点与所联测的工作基地组成的扩展网。

(2)控制网应布设成结点水准网、闭合环或附合水准路线,扩展网应布设成闭合环或附合水准路线。

(3)每个监测区的水准基准点不应少于三个,对于小测区,当确认各水准基准点稳定可靠时可少于三个,但连同工作点不得少于三个。在工程变形区内,点位与邻近建筑物的距离应大于工程基础最大宽度的 2 倍。

(4)工作点与联测点布设的位置应视布网需要确定,作为工作点的水准点与邻近建筑物距离不得小于建筑物基础深度的 1.5～2.0 倍。工作点与联测点也可以在稳定的永久性建筑物墙体或基础上布设。

(5)各类水准点应避开交通干道、地下管线、仓库、河岸、水源地、滑坡地带、机器震动区,以及能使标石、标志易腐蚀和破坏的地点。

二、水准基准点的埋设

水准基准点是沉降观测的基准,因此水准基准点的布设应满足以下要求:

(1)要有足够的稳定性。水准基准点必须布设在沉降影响范围以外,冰冻地区水准基准点应埋设在冰冻线以下 0.5 m。

(2)要具备检核条件。为了保证水准基准点高程的正确性,水准基准点最少应布设三个,以便相互检核。

(3)要满足一定的观测精度。水准基准点和观测点之间的距离应适中,相距太远会影响观测精度,一般应在 100 m 范围内。

水准基准点的标志构造要根据埋设地区的地质条件、气候情况及工程的重要程度进行设计。根据需要可使用下列几种标志：

(1)地面岩石标：用于地面土层覆盖很浅的地方。如有可能可直接埋设在露头的岩石上(图 1-8)。

(2)下水井式混凝土标：用于土层较厚的地区。为了防止雨水灌进水准基准点井里，井台必须高出地面 0.2 m(图 1-9)。

(3)深埋钢管标：这类标用于覆盖层很厚的平坦地区。采用钻孔穿过土层和风化岩层达到基岩内部，埋设钢管标志(图 1-10)。

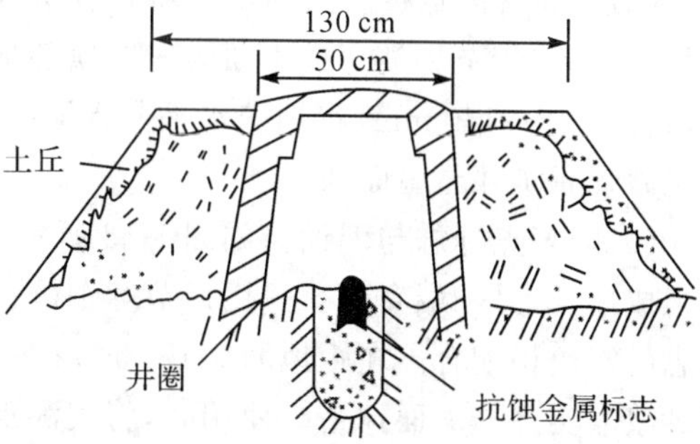

图 1-8　地面岩石标

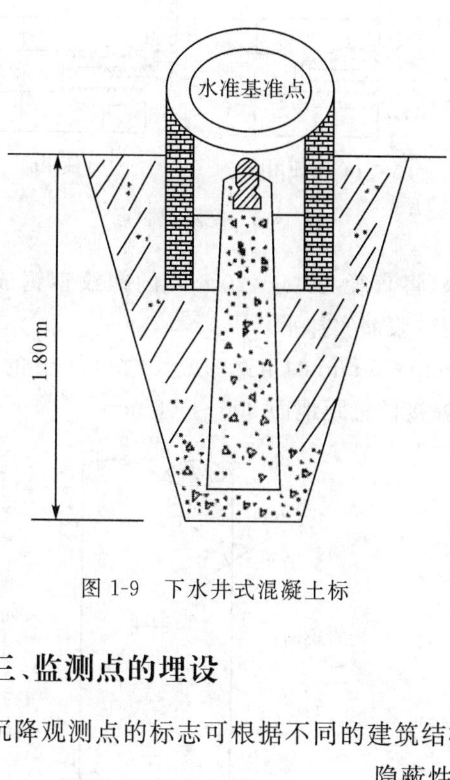

图 1-9　下水井式混凝土标

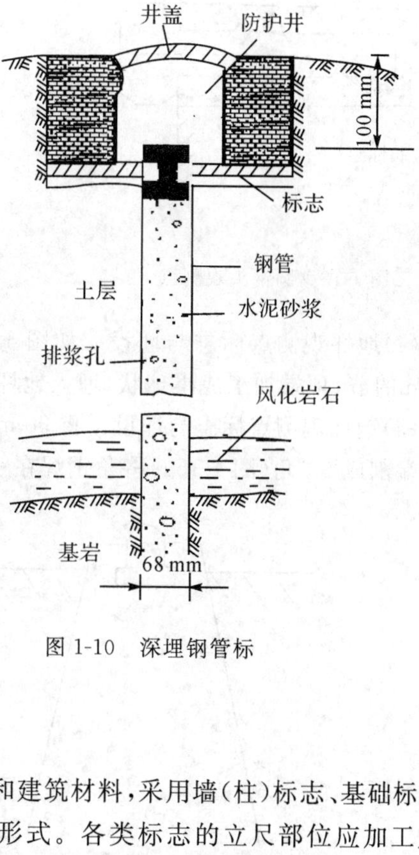

图 1-10　深埋钢管标

三、监测点的埋设

沉降观测点的标志可根据不同的建筑结构类型和建筑材料，采用墙(柱)标志、基础标志和隐蔽性标志等形式。各类标志的立尺部位应加工成半球形或有明显的凸出点，并涂上防腐剂。

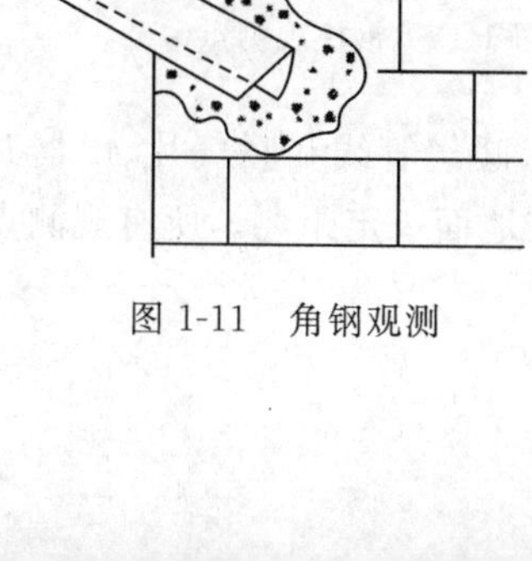

图 1-11　角钢观测

(1)角钢或圆钢头观测点标志与埋设。将 30 mm×30 mm×5 mm 的角钢锯成长为 160～180 mm 的节，在离地面 300～500 mm 的墙上凿一孔，孔深 120～140 mm，将角钢嵌入孔内，并使角钢与墙面成 60°角，角钢露出墙面约 40 mm，角顶向上，角顶如有毛刺应先凿光，埋设在墙上，用水泥砂浆灌实并与墙面抹平

(图 1-11)。为了美观也可把观测点做成图 1-12 所示的圆钢头观测点。

(2)钢筋观测点标志与埋设。将直径为 18～22 mm 的钢筋锯成长为 230～250 mm 的节(图 1-12),将每节钢筋弯成 U 形,一端顶部加工成半球状,在离地面 300～500 mm 的墙上凿孔,孔深 120～140 mm,将钢筋水平嵌入墙孔内,半球端垂直向外,钢筋露出墙面约 40 mm,用水泥砂浆灌实并与墙面抹平。

(3)隐蔽点标志与埋设。如图 1-13 所示,用直径为 20～30 mm、长约 300 mm 的圆钢,一端加工成球状,另一端套丝。只用一节圆钢(或钢管)加工成套管,套管内壁加工丝扣,与观测点标志的螺丝相配合。在距地面 300～500 mm 的墙上凿孔,将套管嵌入,套管与墙面齐平,用水泥砂浆灌实并与墙面抹平。使用时,将观测点标志旋入,不用时卸下保存。

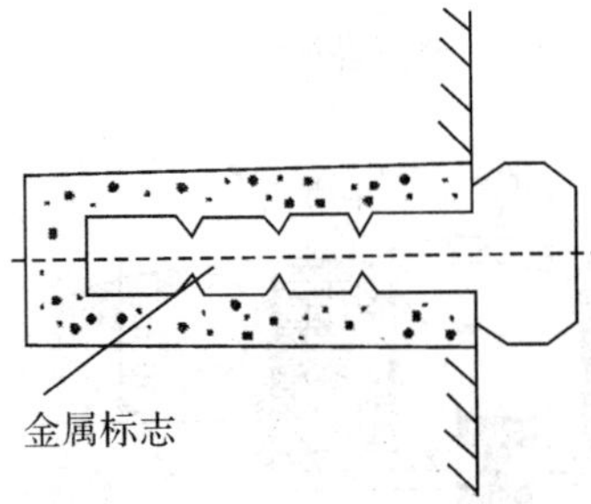

图 1-12　圆钢头观测点

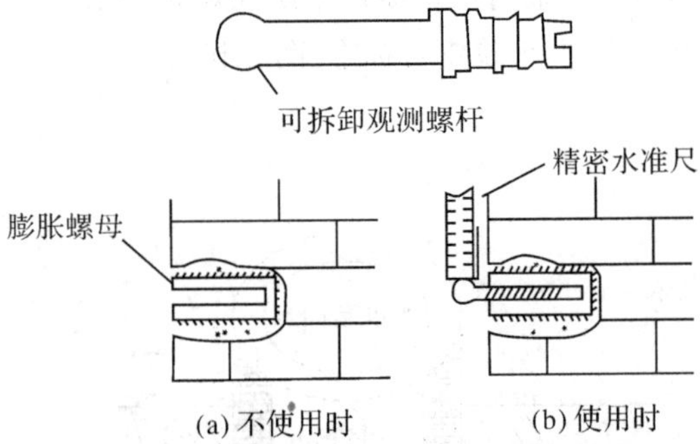

图 1-13　隐蔽观测点

(4)地坪观测点标志与埋设。如图 1-14 所示,将直径为 14～20 mm 的螺纹钢锯成长约 60 mm的节,顶端加工成半球状,埋入地坪,用水泥砂浆灌实抹平。

(5)钢柱观测点标志与埋设。将 30 mm×30 mm×5 mm 的角钢锯成长约 60 mm 的节,将其一端割成 60°角(图 1-15),将角钢焊在钢柱上,焊接位置距地面 300～500 mm。

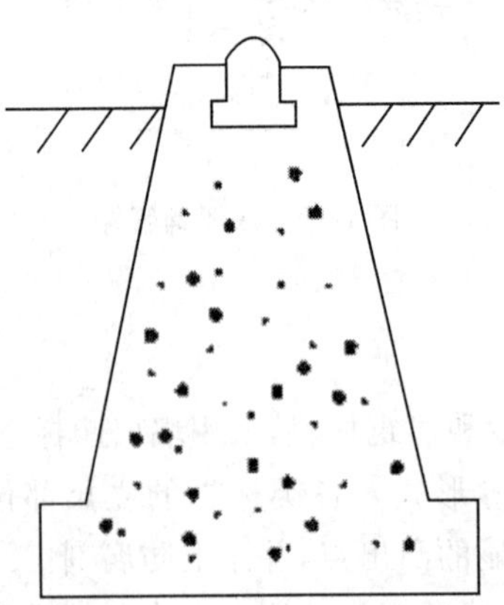

图 1-14　地坪观测点

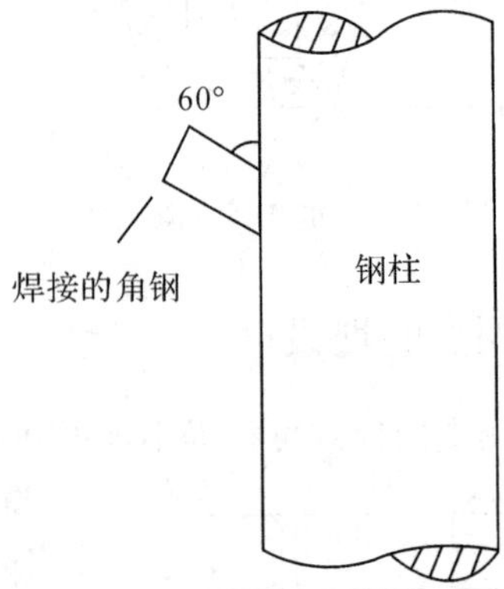

图 1-15　钢柱观测点

建筑物沉降观测点标志的埋设位置应避开雨水管、窗台线、暖气管线和暖气片、电器开关等有碍设标与观测的障碍物,并根据立尺需要,离开墙(柱)面和地面一定距离。所有观测点均应统一编号,并注记在各建筑物的平面图上。

四、高程控制网的技术要求

高程控制网的技术要求见表1-1。

表1-1　高程控制网的主要技术要求

等级	相邻基准点高差中误差/mm	每站高差中误差/mm	往返较差、附合或环线闭合差/mm	监测已测高差较差/mm	使用仪器、观测方法的要求
一等	0.3	0.07	$0.15\sqrt{n}$	$0.2\sqrt{n}$	DS05型仪器，视线长度不大于15 m，前后视距差不大于0.3 m，视距积累差不大于1.5 m。宜按国家一等水准测量的技术要求施测
二等	0.5	0.13	$0.30\sqrt{n}$	$0.5\sqrt{n}$	DS05型仪器，宜按国家一等水准测量的技术要求
三等	1.0	0.3	$\leqslant 0.6\sqrt{n}$	$\leqslant 0.8\sqrt{n}$	DS05或DS1型仪器，按暂行规定的二等水准测量的技术要求施测
四等	2.0	0.7	$\leqslant 1.4\sqrt{n}$	$\leqslant 2.0\sqrt{n}$	DS1或DS3型仪器，宜按三等水准测量的技术要求施测

任务1-3　沉降监测

一、沉降观测的内容

沉降观测中最常用的是几何水准测量方法、液体静力水准测量方法和三角高程测量方法。对于中、小型厂房，土工建筑物及矿区地表的沉陷观测，可采用普通水准测量的方法。对于高大重要的混凝土建筑物(如大型工业厂房、高层建筑物和混凝土坝)，以及城市地面的沉陷观测，要用精密水准测量的方法。

沉降观测一般分两步进行：水准基准点观测和沉降观测点的观测。

(一)水准基准点的观测

由水准基准点与工作点组成的高程控制网是测定垂直位移的基础，水准基准点与工作点之间应布设成水准环线，每年(或半年)进行一次联测，尽可能固定月份，即选择外界条件相近的情况下进行观测，以减少外界条件对观测成果的影响。

作业方法原则上应按一、二等水准测量的作业方法进行。就监测工作的水准测量方法来说，由于其自身的特殊要求，因而相对于一般水准观测，操作方法有其自身特点，如要求每次观测的线路固定，定期重复观测，且应使用同一台仪器，由同一观测者进行仪器操作等。为便于观测，消除一些误差影响，通常在转点处埋设简便的金属标头作为立尺点，一般要求每千米水准测量高差中数的中误差 $m_{1\,km}$ 优于±0.5 mm，并采用精密水准仪DS05及因瓦水准尺进行施测。

水准环线是分段(如每段1 km左右)进行观测，各段往返高差的较差不得超过：$d=4m_{1\,km}\sqrt{L}=\pm 2\sqrt{L}$ mm(L 为各测段水准路线长度，单位为km)。往返观测的高差加标尺长度改正后，计算各测段往、返观测高差的较差。高差较差满足精度要求后，可根据加了标尺长度改正后的往、返观测高差计算高差中数，再由高差中数计算水准环线闭合差。将环线闭合差按各测段线路长度进行分配(若水准线路不是很长，测站间距离相差不大，也可按测站数分配)。然后，由水准基准点的高程推算工作点的高程，再与各点的首次观测高程进行比较，可计算出各工作点的高程变化值。依据这些工作点高程变化值，即可以判断变形监测的水准基准网的稳定情况。

按上述要求实施的精密水准测量，根据生产经验，其每千米高程的传递精度可优于±0.5 mm。每千米水准测量高差中数的中误差为

$$\left.\begin{aligned} m_{1\,\text{km}} &= \pm\sqrt{\frac{[pdd]}{4n}} \\ P_i &= \frac{1}{L_i} \quad (i=1,2,3,\cdots,n) \end{aligned}\right\} \tag{1-1}$$

式中，n 为水准环线测段数；L_i 为各测段线路长度，单位为 km；p 为各水准测段的权；d 为各测段往返测高差的较差，单位为 mm。

(二)变形观测点的沉降观测

对基准点的稳定性监测完成后，即可对各变形观测点进行沉降观测。观测时，应利用工作点来测定各变形观测点的高程，且必须进行周期性监测。观测精度应根据不同工程的监测要求予以确定，对于大型工程建筑物，如建筑在基岩上的混凝土块，其沉陷观测中误差不得超过±1 mm，应按二等水准测量规定施测；对于中小型或沉陷量较大的工程，根据需要也可按三等水准测量规定施测。

二、沉降观测的方法

(一)水准测量法

水准测量不是直接测定地面点的高程，而是测出两点间的高差，即在两个点上分别竖立水准尺，利用水准测量的仪器提供的一条水平视线，瞄准并在水准尺上读数，求得两点间的高差，从而由已知点高程推求未知点高程。

如图 1-16 所示，已知 A 点高程为 H_A，用水准测量方法求未知点 B 的高程 H_B。在 A、B 两点中间安置水准仪，并在 A、B 两点上分别竖立水准尺，根据水准仪提供的水平视线在 A 点水准尺上读数为 a，在 B 点的水准尺上读数为 b，则 A、B 两点间的高差为

$$h_{AB} = a - b \tag{1-2}$$

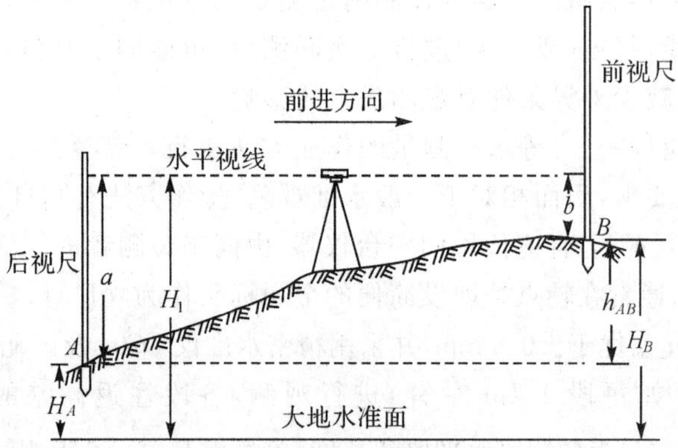

图 1-16 水准测量原理

设水准测量是由 A 点向 B 点进行，如图 1-16 中箭头所示，则规定 A 点为后视点，其水准尺读数 a 为后视读数；B 点为前视点，其水准尺读数 b 为前视读数。由此可见，两点之间的高差一定是“后视读数”减“前视读数”。如果 $a>b$，则高差 h_{AB} 为正，表示 B 点比 A 点高；如果 $a<b$，则高差 h_{AB} 为负，表示 B 点比 A 点低。

在计算高差 h_{AB} 时，一定要注意 h_{AB} 的下标 AB 的顺序：h_{AB} 表示 A 点至 B 点的高差，h_{BA} 则表示 B 点至 A 点的高差，两个高差应该是绝对值相同而符号相反，即

$$h_{AB}=-h_{BA} \tag{1-3}$$

测得 A、B 两点间高差 h_{AB} 后，则未知点 B 的高程 H_B 为

$$H_B=H_A+h_{AB}=H_A+(a-b) \tag{1-4}$$

精密水准测量精度高，方法简便，是沉降监测最常用的方法。采用该方法进行沉降监测，沉降监测的测量点分为水准基准点、工作点和监测点三种。

水准基准点是沉降监测的基准点，一般 3～4 个点构成一组，形成近似正三角形或正方形。为保证其坚固与稳定，应选埋在变形区以外的岩石上或深埋于原状土上，也可以选埋在稳固的建（构）筑物上。为了检查水准基准点自身的高程是否有变动，可在每组水准基准点的中心位置设置固定测站，定期观测水准基准点之间的高差，判断水准基准点高程的变动情况。也可以将水准基准点构成闭合水准路线，通过重复观测的平差结果和统计检验的方法分析水准基准点的稳定性。

（二）液体静力水准测量

1. 液体静力水准测量原理

如图 1-17 所示，在两个完全相同的连通容器中充满液体，当液体完全静止后，两个连通容器内的液面位于同一大地水准面上。容器 A 和容器 B 的底部高差为

$$h=H_1-H_2=(a_1-a_2)-(b_1-b_2)$$

式中，a_1、a_2 为容器的底面或读数零点相对于工作地面的高度；b_1、b_2 为容器中液面位置的读数或读数零点相对于液面的高度。

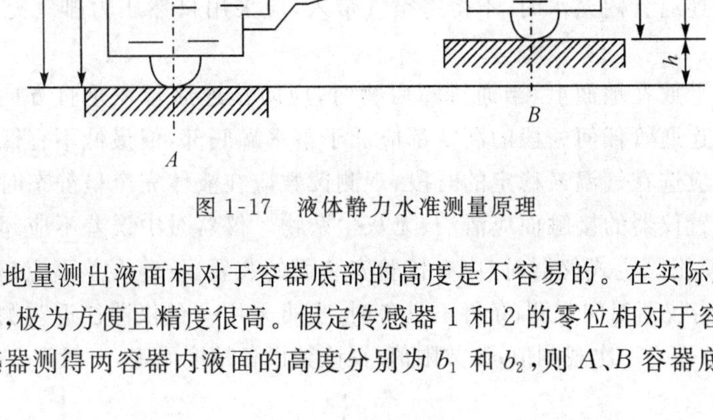

图 1-17　液体静力水准测量原理

要直接精密地量测出液面相对于容器底部的高度是不容易的。在实际工作中，利用传感器进行此项测量，极为方便且精度很高。假定传感器 1 和 2 的零位相对于容器底部的高度分为 a_1 和 a_2，传感器测得两容器内液面的高度分别为 b_1 和 b_2，则 A、B 容器底部之间的高差就

可以写成

$$h=(a_1-b_1)-(a_2-b_2)$$

2. 液体静力水准测量的误差

虽然液体静力水准测量的原理非常简单，但是要在实际使用过程中满足变形观测精度需要，则必须注意以下几点：

(1)仪器自身误差。这项误差属于系统误差，主要是仪器在制造过程中产生的设备误差，通过仪器在出厂时的严格检校，可以将这个误差限制在很小的范围里。

(2)温度和气压。由于温度不均匀会导致两个液体柱的高度出现误差，通过研究表明，当水温在20℃时，由于温度的变化，对于水柱高度的影响最大可达0.07 mm。为了降低温度的影响，又由于气压的影响会使水柱高度最大出现0.013 6 mm的误差，因此必须保证各个区域的气压相等。

(3)传感器。利用光学机械式探测器或者线性差动位移传感器进行液面高度变化的量测，能够实现静力水准仪的自动观测，同时线性差动位移传感器价格低廉、操作方便、精度高的特点，使得其在静力水准仪的观测中普遍使用。但是传感器对工作环境的要求比较高，在某些恶劣环境下，工作容易出现问题。

(4)液体柱。液体柱一般采用玻璃容器，由于液体对玻璃的湿润作用，会让液面中央形成下凹的曲面，同时液体自动升高。为此，液体柱的半径误差不能超过0.002 mm，同时，内壁必须做严格的抛光处理。

3. 技术要求及注意事项

液体静力水准测量的优点是精度高、可遥测实现自动化、在危险之处仍可测量等；缺点是仪器须固定、操作不灵活、作业效率低。《建筑变形测量规范》(JGJ 8—2007)技术要求见表1-2。

表1-2 静力水准观测技术要求

等级	特级	一级	二级	三级
仪器类型	封闭式	封闭式、敞口式	敞口式	敞口式
读数方式	接触式	接触式	目视式	目视式
两次观测高差较差/mm	±0.1	±0.3	±1.0	±3.0
环线及符合路线闭合差/mm	$\pm 0.1\sqrt{n}$	$\pm 0.3\sqrt{n}$	$\pm 1.0\sqrt{n}$	$\pm 3.0\sqrt{n}$

为了提高仪器的作业效率，提升仪器的观测精度，需要注意以下事项：

(1)观测前向连通管内充水时，不得将空气带入，应采用自然压力排气充水法或人工排气充水法进行充水。

(2)连通管应平放在地面上，当通过障碍物时，应防止连通管在垂直方向出现Ω形，防止形成滞气“死角”；连通管任何一段的高度都应低于蓄水罐底部，但最低不宜低于20 cm。

(3)观测时间应选在气温最稳定的时段，观测读数应在液体完全呈静态时进行。

(4)测站上安置仪器的接触面应清洁、无灰尘杂物。仪器对中误差不应超过±2 mm，倾斜面不应大于10′；使用固定式仪器时，应有校验安装面的装置，校验误差不应超过±0.05 mm。

(5)宜采用两台仪器对向观测；条件不具备时，也可采用一台仪器往返观测；每次观测，可取2～3个读数的中数作为一次观测值；读数限值，视读数设备精度而定，一般为0.02～0.04 mm。

(三)精密三角高程测量

精密水准测量受观测环境影响小、观测精度高，仍然是沉降监测的主要方法。但如果水准路线线况差，水准测量实施将很困难。高精度全站仪的发展，使得电磁波测距三角高程测量在工程测量中的应用更加广泛，若能用短程电磁波测距三角高程测量代替水准测量进行沉降监测，将极大地降低劳动强度，提高工作效率。

1. 单向观测法

单向观测法即将仪器安置在一个已知高程点(一般为工作点)上，观测工作点到沉降监测点的水平距离 D、垂直角 α、仪器高 i 和目标高 v，计算两点之间的高差。顾及大气折光系数 K 和垂线偏差的影响，单向观测计算高差的公式为

$$h=D\tan\alpha+\frac{1-K}{2R}D^2+i-v+(u_1-u_m)D \tag{1-5}$$

式中，u_1 为测站在观测方向上的垂线偏差；u_m 为观测方向上各点的平均垂线偏差。

因垂线偏差对高差的影响虽随距离的增大而增大，但在平原地区边长较短时，垂线偏差的影响极小，且在各期沉降量的相对变化量中得到抵消，通常可忽略不计。因此式(1-5)可写为

$$h=D\tan\alpha+\frac{1-K}{2R}D^2+i-v \tag{1-6}$$

2. 中间法

中间法是将仪器安置于已知高程测点 1 和测点 2 之间，通过观测站点到 1、2 两点的距离 D_1 和 D_2，垂直角 α_1 和 α_2，目标 1、2 的高度 v_1 和 v_2，计算 1、2 两点之间的高差。中间法距离较短，若不考虑垂线偏差的影响，其计算公式为

$$h=(D_2\tan\alpha_2-D_1\tan\alpha_1)+\left(\frac{D_2^2-D_1^2}{2R}\right)-\left(\frac{D_2^2}{2R}K_2-\frac{D_1^2}{2R}K_1\right)-(v_2-v_1) \tag{1-7}$$

若设 $D_1\approx D_2=D$，$\Delta K=K_1-K_2$，则有

$$h=D(\tan\alpha_2-\tan\alpha_1)+\frac{D^2}{2R}\Delta K+v_1-v_2 \tag{1-8}$$

三、沉降观测的周期和技术要求

沉降观测的周期应根据建(构)筑物的特征、变形速率、观测精度和工程地质条件等因素综合考虑，并根据沉降量的变化情况适当调整。在沉降监测时间方面，施工期间的沉降监测次数通常不得少于四次，以便得出荷载与沉降量的关系，一般可参照下列工程类型分别进行。

(1)深基坑开挖时，锁口梁会产生较大的水平位移，沉降观测周期应较短，一般每隔 1～2 天观测一次；浇筑地下室底板后，可每隔 3～4 天观测一次，一直到支护结构变形稳定为止。当出现暴雨、管涌、变形急剧增大时，要加密观测次数。

(2)工业建筑物包括装配式钢筋混凝土结构、砖砌外墙的单层或多层的工业厂房。各柱上的沉降监测点在柱子安装就位固定后进行第一次监测；屋架、屋面板吊装完毕后监测一次；外墙高度在 10 m 以下者，砌到顶时监测一次，外墙高度大于 10 m 者，当砌到 10 m 时监测一次，以后每砌 5 m 监测一次；土建工程完工时监测一次；吊车试运转前后各监测一次，吊车试运转时，应在最大设计负荷情况下进行，最好将吊车满载后，在每一柱边停留一段时间，再进行监测。

(3)当民用建筑物及其他工业建筑物的主体结构施工时，每安装完一层楼，应进行一次监测，结构封顶后每两个月左右监测一次，房屋完工交付使用前再监测一次。

(4)楼层荷重较大的建筑物,如仓库或多层工业厂房,应在每加一次荷重前、后各监测一次。

(5)水塔或油罐等构筑物应在试水前、后各监测一次,必要时在试水过程中根据要求进行监测。

对各变形监测对象进行沉降监测时,务必重视首次观测(即零期观测)。因为零期观测数据是以后各次观测值比较的基础,其对应的观测数据应正确、合理、可靠,能如实地反映出监测对象的初始状态。

建(构)筑物竣工投入使用后,观测周期视沉降量大小而定,一般可每三个月左右观测一次,至沉降稳定为止。如遇停工时间过长,停工期间也要适当观测。若遇特殊情况,基础工作条件剧变时,应立即进行沉降监测工作,以便掌握沉降变化,采取必要的预防措施。

沉降观测的周期应能反映出建筑物的沉降变形规律,建(构)筑物的沉降观测对时间有严格的限制条件,特别是首次观测必须按时进行,否则沉降观测得不到原始数据,从而使整个观测得不到完整的观测结果。其他各阶段的复测,根据工程进展情况必须定时进行,不得漏测或补测,只有这样,才能得到准确的沉降情况或规律。一般认为建筑在砂类土层上的建筑物,其沉降监测在施工期间已完成大部分,而建筑在黏土类土层上的建筑物,其沉降在施工期间只是整个沉降量的一部分,因而沉降周期是变化的。根据工作经验,在施工阶段,观测的频率要大些,一般按三天、七天、半个月确定观测周期,或按层数、荷载的增加确定观测周期,观测周期具体应视施工过程中地基与加荷而定。如暂时停工,在停工时和重新开工时均应各观测一次,以便检验停工期间建筑物沉降变化情况,作为重新开工后沉降观测的方式、次数是否应调整的判断依据。在竣工后,观测的频率可以少些,视地基土类型和沉降速度的大小而定,一般有一个月、两个月、三个月、半年与一年等不同周期。沉降是否进入稳定阶段,应由沉降量与时间关系曲线判定。对重点观测和科研项目工程,若最后三个周期观测中每周期的沉降量不大于 2 倍的测量中误差,可认为已进入稳定阶段。一般工程的沉降观测,若沉降速度小于 0.01～0.04 毫米/天,可认为进入稳定阶段,具体取值应根据各地区地基土的压缩性确定。

根据编制的沉降施测方案及确定的观测周期,首次观测应在观测点稳固后及时进行。一般高层建筑物有一层或数层地下结构,首次观测应自基础开始,在基础的纵横轴线上按设计好的位置埋设沉降观测点(临时的),待临时观测点稳固好后,方可进行首次观测。首次观测的沉降观测点高程值是以后各次观测用以比较的基础数据,其精度要求非常高,施测时一般用 N2 级精密水准仪,并且要求每个观测点首次高程应在同期观测两次,比较观测结果,若同一观测点间的高差不超过±0.5 mm,即可认为首次观测的数据是可靠的。随着结构每升高一层,临时观测点就上移一层并进行观测,直到＋0.00 再按规定埋设永久观测点(为便于观测可将永久观测点设于＋500 mm),然后每施工一层就复测一次,直至竣工。

在施工打桩、基坑开挖及基础完工后,上部不断加层的阶段进行沉降观测时,必须记载每次观测的施工进度、增加荷载量、仓库进(出)货吨位、建筑物倾斜裂缝等各种影响沉降变化和异常的情况。每周观测后,应及时对观测资料进行整理,计算出观测点的沉降量、沉降差及本周期平均沉降量和沉降速度。若出现变化量异常时,应立即通知委托方,为其采取防患措施提供依据,同时适当增加观测次数。

另外,不同周期的观测应遵循“五定”原则。所谓“五定”,即通常所说的沉降观测依据的基准点、基点和被观测物上沉降观测点,点位要稳定;所用仪器、设备要稳定;观测人员要稳定;观测时的环境条件基本上要一致;观测路线、镜位、程序和方法要固定。以上措施在客观上能保证尽量减少观测误差的主观不确定性，使所测的结果具有统一的趋向性；能保证各次复测结果与首次观测结果的可比性一致，使所观测的沉降量更真实。

任务 1-4　平面控制网的建立

一般变形监测平面控制网由起始基准点、工作点与监测点构成，网的图形取决于建筑物形式、地面特征、测量条件、监测要求的精度和其他因素。对于大型建筑物及滑坡区域等对象，监测网可设为三角网、测边网、导线网、边角网、GPS 网等形式。对于分散、单独的小型建筑物，宜采用监测基线（角度交会或边长交会）或单点量测。由于变形监测平面控制网是范围小、精度高的专用控制网，通常都采用独立坐标系统。

一、平面控制网的布设形式

变形观测平面控制网的常用布设形式有导线控制网、视准线法变形观测控制网、交会法或单三角控制、三角测量控制网、综合变形监测控制网和四维变形观测系统等。

（一）导线控制网

导线控制网是一种使用极广的变形监测控制网形式。无论是何种变形监测工作几乎都可用导线网作为基础控制网。采用导线控制网的好处是点位分布均匀，重要的变形部位便于加密控制，施测方法简便。一般为了提高观测的精度，应尽量加大视线长度，另外还要注意旁折光的影响，视线离开变形监测体的距离不得小于 0.4 m。

（二）视准线法变形观测控制网

视准线法变形观测控制网一般应用在较规整的建筑场区和直线型短坝的水平位移变形观测中，其优点是：布网工程量和野外观测工作量相对较小，监测控制用的控制基准点可建立在场区影响范围以外的地方，以期通过较远的照准走向方向来加强对测站及后视点稳定性的监测检验。

（三）交会法或单三角控制

当受地形条件限制而无法布设成视准线控制网时，采用交会法或单三角控制则是一种较为简单且实用的控制选择。工程监测实践中，交会法常常和三角网法或视准线法联合使用。

（四）三角测量控制网

三角测量控制网是进行大面积变形观测的最有效的控制方法之一。三角测量控制网相对于常规的大地测量来说，每边的边长较短，因而网的控制范围也就较小，但施测精度要求却较高。因此，在采用此形式来建立平面监测控制网时，应力求网的图形结构简单、合理，便于进行观测，使内外业工作量少、精度高。一般以大地四边形或中点多边形最常用，有时也可采用单三角锁。

（五）综合变形监测控制网

综合变形监测控制网是采用多种控制方法的控制网。

（六）四维变形观测系统

四维变形检测观测系统是利用 GPS 和光电测距仪进行大面积地区变形观测的方法。大型工程建筑物本身的自重、混凝土的收缩、土料的沉陷及温度的变化等原因，将使建筑物本身产生平面位置的相对移动。如果工程建筑物建造的地基处于滑坡地带，或受地震影响，当基础受到水平方向的应力作用时，将产生建筑物的整体移动，即绝对位移。相对位移监测的目的是为了监视建筑物的安全。由于相对位移是出于地基产生不均匀沉降引起的，所以相对位移是与倾斜同时发生的，是小范围的、局部的，因此相对位移监测可采用物理方法、近景摄影测量方法及大地测量方法。测量高大建筑物由风振引起的顶部位移时，可采用激光位移计和电子水准器倾斜仪等。绝对位移监测的目的，不仅是监视建筑物的安全，更重要的是为了研究整体变形的过程和原因。绝对位移往往是大面积的整体移动，因此绝对位移的监测多数采用大地测量方法和摄影测量力法。

采用大地测量方法建立的建筑物变形监测的平面控制网，大都是小型的、专用的、高精度的变形监测控制网。这种变形监测控制网常由三种点、两种等级网组成。三种点即基准点、工作点和变形监测点；两种等级网为首级网与次级网，首级网一般由基准点构成，次级网由变形监测点和工作点组成，次级网用来测量监测点相对于工作点的变形量。由于这种变形量相对首级网中基准点变形量来说较大，所以次级网复测间隔时间短，需经常检查监测点的坐标变化来反映建筑空间位置的变化。

对于各种变形网方案，其共同特点是多次观测的方式不变，以便即时求出变形点的位移，即第 n 周期与第 k 周期间的坐标差。确定坐标差（即位移值）所要求的精度是进行控制网精度估算的基础，位移值的精度以中误差 m（或允许误差）表示。只有以必要的观测精度（设计的灵敏度）、可靠性进行测量才能保证其变形值的真实性。

二、控制点的埋设

（一）变形监测控制点的种类

1. 基准点

基准点通常埋设在比较稳固的基岩上或在变形影响范围之外，尽可能做到长期保存，稳定不动。

2. 工作点

工作点是基准点和变形监测点之间的联系点。工作点与基准点构成变形观测的首级网，用来测量工作点相对于基准点的变形量，由于这种变形量较小，所以要求变形观测的精度高，复测间隔时间长。

3. 变形监测点

变形监测点即变形目标监测点，一般埋设在建筑物上与建筑物构成一个整体，一起移动。变形监测点与工作点组成次级网，次级网用来测量变形监测点相对于工作点的变形量。

由于这种变形量相对上级网的变形量来说，其变形量较大，所以要求次级网复测时间间隔短，即观测周期相对较小，以期通过经常性的监测来求取观测点的坐标变化量，最终反映建筑物空间位置的变化。但是对于精度要求较高的变形观测控制网来说，若含有这样大的起始数据误差，即使观测精度再高、采取的平差再严密，也是无法或难以达到预期的精度要求的，所以变形观测网应是独立控制网。

（二）变形监测控制点的埋设

变形监测控制点的埋设，应以工程和地质条件为依据，因地制宜地进行。控制点的埋设位置最好能选在变形影响范围之外，尤其是基准点一定要这样做。对于变形观测的工作点，也应设法予以检测，以监视其位置的变动。但在布网时，又要考虑不能将基准点布设于网的边缘，因为从测量的误差传播理论和点位误差椭圆的分析可以知道，通常是联系越直接、距离越短，则精度越高、误差椭圆越小。

(三)布网图形的选择

由于变形观测所测取的是变形体随时间变化的微小量,因此布网的图形应该与工程建设对象的形状相适应。同时,由于变形观测网的测定精度要求都为毫米级,所以在设计网型时,要考虑到某些在特定方向上的精度要求应高一些的点,观测时应重点对待。实践证明,对于由等边三角形所组成的三角网形,当边长在 200 m 以内时,测角网具有较好的点位精度;对于网的几何形状和边长均不相同的控制网,可采用三边网或边角网形式来设计布设。但为了提高监测精度,在网中可适当加测一些对角线方向,以加大观测密度,这样有利于网精度的改善与提高。在变形观测中,由于控制边的边长相对较短,为了尽可能提高监测控制网的精度,各监测控制点应建造具有强制对中装置的观测墩,用以安置精密经纬仪和高精度全站仪。机械对中装置的形式很多,在选择使用时要考虑对中精度高、安置方便且稳定性能好的装置。

三、平面控制网的技术要求

平面控制网的技术要求见表 1-3。

表 1-3　平面控制网的技术要求

等级	相邻基准点的点位中误差/mm	平均边长/m	测角中误差/(″)	最弱边相对中误差	作业要求
一等	±1.5	＜300	±0.7	≤1/250 000	按一等三角测量要求观测
		＜100	±1.0	≤1/120 000	按二等三角测量要求观测
二等	±3.0	＜300	±1.0	≤1/120 000	按二等三角测量要求观测
		＜150	±1.8	≤1/70 000	按三等三角测量要求观测
三等	±6.0	＜350	±1.8	≤1/70 000	按国家三等平面控制测量要求观测
		＜200	±2.5	≤1/40 000	按国家四等平面控制测量要求观测
四等	±12.0	＜400	±2.5	≤1/40 000	按国家四等平面控制测量要求观测

任务 1-5　水平位移监测

水平位移监测是建筑物变形监测的另一项重要内容,它比沉降观测要困难、精度要求要高。监测点的水平位移观测有多种方法,最常用的有角度交会法、极坐标法、导线法、基准线法。

当要观测某一特定方向(譬如垂直于基坑围护体方向)的位移时,经常采用视准线法、小角度法等。但当变形体附近难以找到合适的工作点或需同时观测变形体两个方向位移时,则一般采用前方交会法。

一、交会法

交会法是利用两个或三个已知坐标的工作点,测定位移标点的坐标变化,从而确定其变形情况的一种测量方法。该方法具有观测方便、测量费用低、不需要特殊仪器等优点,特别适用于人难以到达的变形体的监测工作,如滑坡体、悬崖、坝坡、塔顶、烟囱等。该方法的主要缺点是测量的精度和可靠性较低，高精度的变形监测一般不采用此方法。该方法主要包括测角交会、后方交会、边角交会。

在进行交会法观测时，首先应设置工作点。工作点应尽量选在地质条件良好的基岩上，并尽可能离开承压区，且不受人为的碰撞或振动。工作点应定期与基准点联测，校核其是否发生变动。工作点上应设强制对中装置，以减小仪器对中误差的影响。

工作点到位移监测点的边长不能相差太大，应大致相等，且与监测点大致同高，以免视线倾角过大而影响测量的精度。为减小大气折光的影响，交会边的视线应离地面或障碍物 1.2 m 以上，并应尽量避免视线贴近水面。在利用边长交会法时，还应避免周围强磁场的干扰影响。

(一)前方交会法

在变形点上不便于架设仪器时，多采用前方交会法。如图 1-18 所示，已知 A、B 两点的坐标，为了计算未知点 P 的坐标，只要观测$\angle A$ 和$\angle B$ 即可。这种测定未知点 P 的平面坐标的方法称为前方交会。

根据 A、B 两点的坐标和$\angle A$、$\angle B$，P 点坐标为

$$\left.\begin{aligned} x_p &= \frac{x_A \cot\angle B + x_B \cot\angle A - (y_A - y_B)}{\cot\angle A + \cot\angle B} \\ y_p &= \frac{y_A \cot\angle B + y_B \cot\angle A - (x_A - x_B)}{\cot\angle A + \cot\angle B} \end{aligned}\right\} \tag{1-9}$$

(二)后方交会法

如果变形点上可以架设仪器，且与三个平面基准点通视，可采用后方交会法。如图 1-19 所示，A 点、B 点和 C 点为基准点，坐标分别为(x_A, y_A)、(x_B, y_B)、(x_C, y_C)，P 为变形监测点。若在 P 点上瞄准 A、B、C 三个已知基准点，测得$\angle\alpha$ 和$\angle\beta$，也可确定 P 点的平面坐标，这种方法称为后方交会。

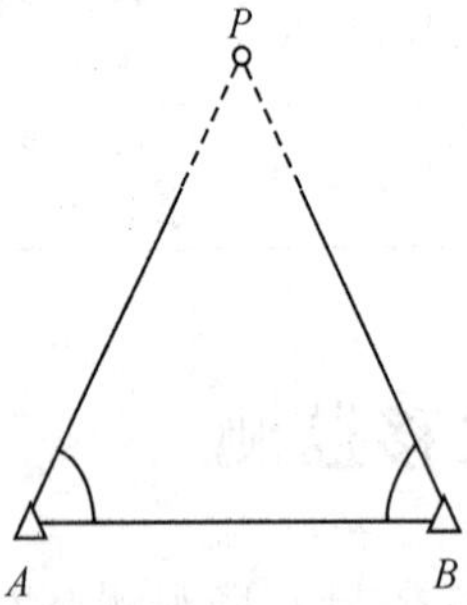

图 1-18　前方交会法

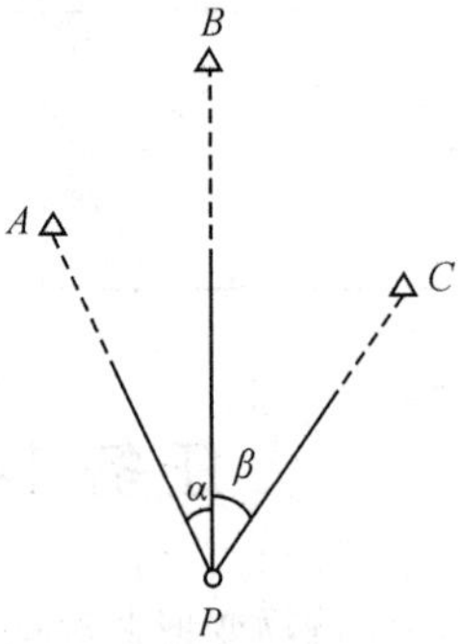

图 1-19　后方交会法

$$\left.\begin{aligned} x_P &= x_B + \Delta x_{BP} \\ y_P &= y_B + \Delta y_{BP} \end{aligned}\right\} \tag{1-10}$$

式中

$$\Delta y_{BP} = \Delta x_{BP} \tan\alpha_{BP}$$

$$\Delta x_{BP} = \frac{(y_B - y_A)(\cot\alpha - \tan\alpha_{BP}) - (x_B - x_A)(1 + \cot\alpha\tan\alpha_{BP})}{1 + \tan^2\alpha_{BP}}$$

$$\tan\alpha_{BP} = \frac{(y_B - y_A)\cot\alpha + (y_B - y_C)\cot\beta + (x_A - x_C)}{(x_B - x_A)\cot\alpha + (x_B - x_C)\cot\beta - (y_A - y_C)}$$

(三)边角交会法(极坐标法)

随着测绘仪器向高精度、自动化的发展,特别是测量精度 0.5″、1″测量机器人的出现,极坐标法越来越多地应用在基坑监测中。极坐标法属于边角交会,是边角交会最常见的方法。

边角交会法的原理为:如图 1-20 所示,在已知点 A 点安置仪器,后视点为另一已知点 B 点,通过测得 AB 到 AP 的角度及 A 点至 P 点的距离,计算得出 P 点坐标。设 A 点坐标为 $A(X_A, Y_A)$,AB 的方位角为 α_{AB},则 P 点坐标 $P(X_P, Y_P)$的计算公式为

$$\left.\begin{aligned}X_P&=X_A+S\cos(\alpha_{AB}+\beta)\\Y_P&=X_A+S\sin(\alpha_{AB}+\beta)\end{aligned}\right\}\tag{1-11}$$

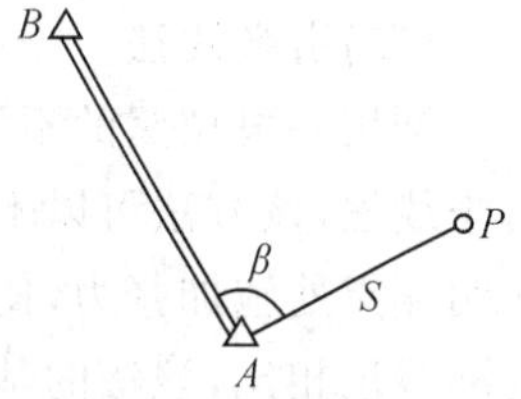

图 1-20　极坐标法

该方法的优点是使用方便,尤其是利用全站仪进行测量可以直接测得坐标,简单快速;不足是精度较低,适用于精度不是很高的水平位移监测工作。

二、精密导线法

对于非直线型的建筑物,如重力拱坝、曲线型桥梁及一些高层建筑物的位移观测,可以布设精密导线,测量导线点在不同观测周期坐标值的变化。

该方法应用较为广泛,但量边工作量大,角度观测受旁折光影响较大。该法的精度取决于量边精度,如果用殷钢线尺量边,或 ME5000 测距仪测边,精度完全可以达到亚毫米级。

三、基准线法

对于直线型建(构)筑物的水平位移观测,采用基准线法,该方法具有速度快、精度高、计算简便等优点。

基准线法测量水平位移的原理是:以通过大型建(构)筑物轴线(如大坝轴线、桥梁主轴线等)或者平行于建(构)筑物的固定不变的铅直平面为基准面,来建立一条由两基准点(或多点)所构成的基准线(可以是折线),然后根据它来周期性地测定建(构)筑物上的各变形观测点相对该基准线的距离变化。此法一般只用来测量建(构)筑物与基准线相垂直方向的水平位移。

基准线法的一般有“视准线法”、“引张线法”和“激光准直法”三种方法。

(一)视准线法

基准线(面)的提供通过经纬仪照准来实现,用于测量直线型建(构)筑物(水库大坝使用较多)的水平位移,对于非直线型建(构)筑物,可采用分段视准线的方法施测。其特点是:工程造价低,精度低,不易实现全自动观测,受外界条件的影响比较大,而且变形值不能超出系统的最大偏距值。该方法主要应用在场地比较开阔、基坑比较规整的长方形或正方形基坑。

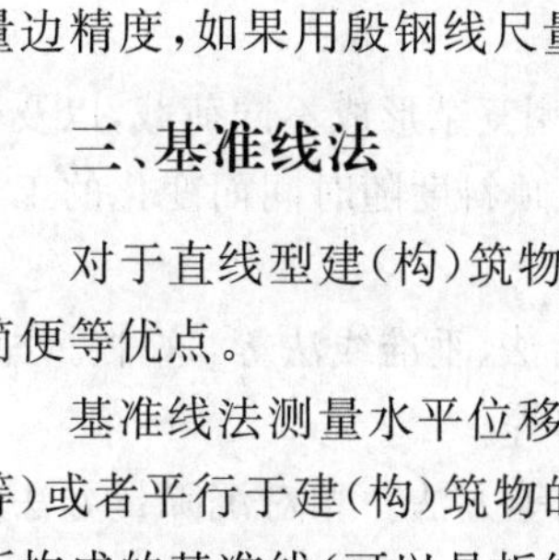

图 1-21　视准线法

(1)基准点的布设。在基坑的四个边上分别布设一对基准点。基准点应离开基坑的距离不小于开挖深度的 3 倍。一对基准点应与被监测点基本在一条直线上,误差不大于 5 cm(图 1-21)。

(2)观测方法。在一个基准点架设仪器,另一个基准点定向。利用经纬仪或激光准直仪直接观测一个强制对中装置的觇牌上的标尺读数。根据精度要求观测多个测回,求平均数

计算位移增量，计算基坑坡顶监测点的本次位移量及累计位移量。

视准线法的优点是观测数据直观，对仪器精度要求不高，方法简便；缺点是受场地影响较大，只适用于规则的基坑，并且距离不宜太远。

（二）引张线法

利用一根拉紧的不绣钢丝（或尼龙丝）建立的基准线（面）来测定点的偏离值的方法，称为引张线法，该方法可以不受大气折光的影响。该法采用一条不锈钢钢丝（直径 0.6～1.2 mm），在两端点处施加张力，使其在水平面的投影为直线，从而测出被测点相对于该直线的偏距。同视准线法相比，该法的基准线是一条物理的直线。

引张线法的特点是：成本低，精度高，其精度主要取决于读数精度，人工读数精度为±(0.2～0.3) mm，自动读数精度优于±0.1 mm，受外界影响小，应用普遍。最新的引张线测量系统采用线阵 CCD 传感器实现自动读数，其量程为几厘米，精度优于±0.1 mm。

（三）激光准直法

激光准直法利用激光的单色性好和方向性强的特点，建立起一条物理的视准线作为测量基准，根据测量原理的不同可分为直接准直和衍射法准直，后者精度高于前者。

任务 1-6 倾斜监测

建筑物产生倾斜的原因主要是地基承载力的不均匀、建筑物体型复杂形成不同荷载，以及受外力风荷、地震等影响引起建筑物基础的不均匀沉降。测定建筑物倾斜度随时间而变化的工作叫倾斜观测。

直接测定倾斜的方法包括经纬仪投影法、激光垂准法、前方交会法、垂准线法等，这种方法多用于基础面积较小的超高建筑物，如电视塔、烟囱、高桥墩、高层楼房等。

间接测定倾斜的方法包括测定基础的相对沉陷量、倾斜仪测量等方法。相对沉降量方法多用于基础面积较大的建筑物，以便于应用水准测量方法观测变形体。

一、直接测定方法

（一）经纬仪投影法

1. 一般建筑物的经纬仪投影

进行倾斜观测之前，首先应在待监测建（构）筑物的两个相互垂直的墙面上各设置上、下两个观测标志，两点应在同一竖直面内。如图 1-22 所示，在距离建（构）筑物高度 1.5 倍之外的地方（以减少仪器竖轴不垂直所造成的误差影响）确定一固定测站，在建筑物顶部确定一点 M，称为上观测点，在测站上对中、整平、安置经纬仪，通过盘左、盘右分中投点法定出 M 点在建（构）筑物室内地坪高度处（±0.000）的投测点 N 称为下观测点。用同样的方法在同一观测时间段内，在与原观测方向垂直的另一方向上，定出另一固定测站，同样的方法定出上观测点 P 和下观测点 Q。间隔一个观测周期后，分别在两个固定的测站上，测出 M、P 的下观测点 N' 点和 P' 点。若 N' 点与 N 点，P' 点与 P 点不重合，则说明

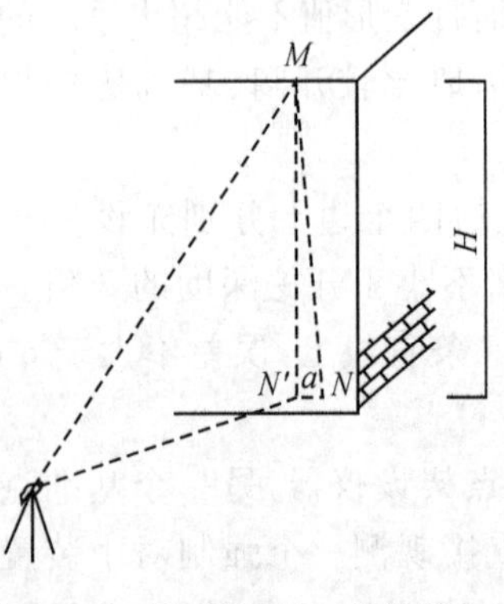

图 1-22 一般建筑物经纬仪投影法

建筑物发生了倾斜。用钢尺量出 $NN'=a$，$PP'=b$，则建筑物的总倾斜量 Δ 为 $e=\Delta=\sqrt{a^2+b^2}$，若建筑物的总高度为 H，则建筑物的总倾斜度为

$$i=\tan\delta=\frac{\Delta}{H} \tag{1-12}$$

2. 圆形建筑物的经纬仪投影

如图 1-23 所示，在圆形建筑物的两个相互垂直的方向上安置经纬仪或全站仪；测站距离圆形建筑物的距离应大于其高度的 1.5 倍；在圆形建筑物的底部横放两把尺子，使两尺相互垂直，且分别垂直于圆形建筑物中心与两测站的连线。经纬仪分别照准建筑物的顶部、底部的边缘，向下投影，则中心线在两方向上的偏心距为

$$\delta_x=\frac{(x_{B_1}+x_{B_3})-(x_{A_1}+x_{A_3})}{2}$$

$$\delta_y=\frac{(y_{B_2}+y_{B_4})-(y_{A_2}+y_{A_4})}{2}$$

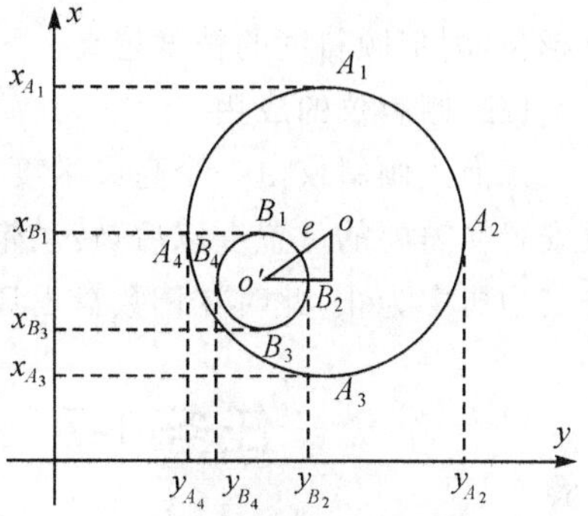

图 1-23　圆形建筑物经纬仪投影法

建筑物的总倾斜量 e 根据 $e=\sqrt{\delta_x^2+\delta_y^2}$ 计算。

若建筑物的总高度为 H，则建筑物的总倾斜度根据式(1-12)计算。

(二)激光垂准法

利用激光垂准仪，测定建筑物底部和顶部与垂准激光束的距离差，从而计算建筑物某轴线(某一面)的倾斜度。这种方法受施工干扰较大，在施工现场较难使用。

二、间接测定方法

当利用相对沉陷量来确定建筑物基础倾斜时，如图 1-24 所示，倾斜观测点与沉陷观测点的位置，一般要配合起来进行布置。目前，我国测定基础倾斜常用的方法有水准测量、液体静力水准测量及使用气泡式倾斜仪。

(一)水准测量

用水准测量的方式测出两个观测点之间的相对沉陷，由相对沉陷与两点之间距离之比，可换算成倾斜角。如图 1-25 所示，定期测出基础两端点的沉降量，并计算出沉降量的差 Δh，再根据两点间的宽度 L 和高度 H，即可推算出该建筑物主体的偏移值 ΔD，即 $\Delta D=\frac{\Delta h}{L}H$。

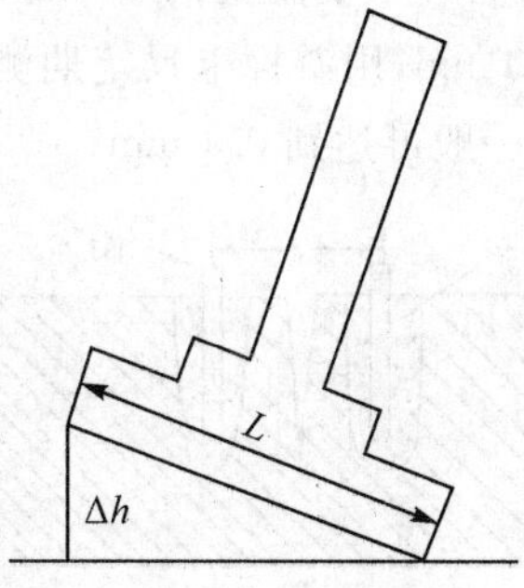

图 1-24　基础倾斜

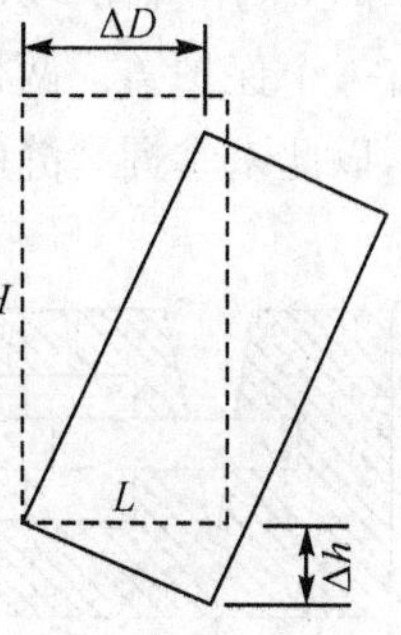

图 1-25　水准测量法测倾斜

对于混凝土坝,采用精密水准仪按二等水准测量进行施测,这样求得的倾斜角精度可达1″～2″。

(二)流体静力水准测量

用液体静力水准测量的方式测定倾斜的实质是利用仪器测出两点的高差,然后计算高差与两点间距离之比,即为监测变形体的倾斜度。

要测定建(构)筑物倾斜度的变化,可进行周期性的观测。这种方式不受距离限制,并且距离越长,测定倾斜度的精度越高。

(三)倾斜仪的应用

气泡式倾斜仪由一个高灵敏度的气泡水准管和一套精密的测微器组成。使用时,将倾斜仪安置在需要的位置上以后,转动带有读数盘的测微轮,通过测微杆向上或向下移动,直至水准气泡居中为止,此时在读数盘上读出该处的倾斜度。

任务 1-7 建筑物的裂缝和挠度监测

一、裂缝监测

建筑物裂缝比较常见,成因不一,危害程度不同。有些裂缝(如滑坡裂缝等)是破坏的开始,多数裂缝都会影响建筑物的整体性,严重的能引起建筑物的破坏。为了保证建筑物的安全,应对裂缝的现状和变化进行观测。

对建筑物产生的裂缝应进行位置、长度、宽度、深度和错距等的定期观测,对建筑物内部及表面可能产生裂缝的部位,应预埋仪器设备,进行定期观测或临时采用适宜方法进行探测。

裂缝观测的主要目的是查明裂缝情况,掌握变化规律,分析成因和危害,以便采取对策,保证建筑物安全运行。裂缝的主要观测方法有测微器法、测缝计、超声波检测等。

(一)测微器法

测微器法主要包括单向测缝标点和三向测缝标点,主要用于表面裂缝的宽度和错距的测量。

1.单向测缝标点

一般用于裂缝宽度的测量,在实际应用中,可根据裂缝分布情况,对重要的裂缝,选择有代表性的位置,在裂缝两侧各埋设一个标点。标志点的形式可采用石膏板、白铁片标志(图1-26),或金属棒标志(图1-27)。石膏板标志用厚10 mm、宽50～80 mm(长度视缝隙大小而定)的石膏板,在裂缝两边固定牢固。当裂缝继续发展时,石膏板不抗拉因而也随之开裂,从而观察裂缝发展的趋势。金属棒标志采用直径20 mm、长约80 mm的金属棒,埋入混凝土内60 mm,外露部分为标点,标点上各有一个保护盖。两标点的距离不得少于150 mm,用游标卡尺定期测定两个标点之间距离变化值,以此来掌握裂缝的发展情况,其测量精度一般可达到0.1 mm。

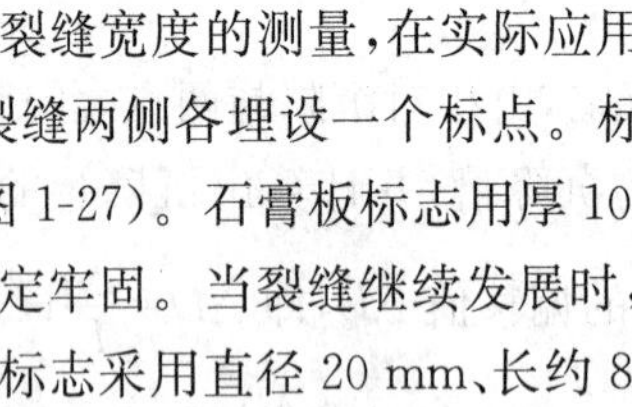

图1-26 白铁片标志

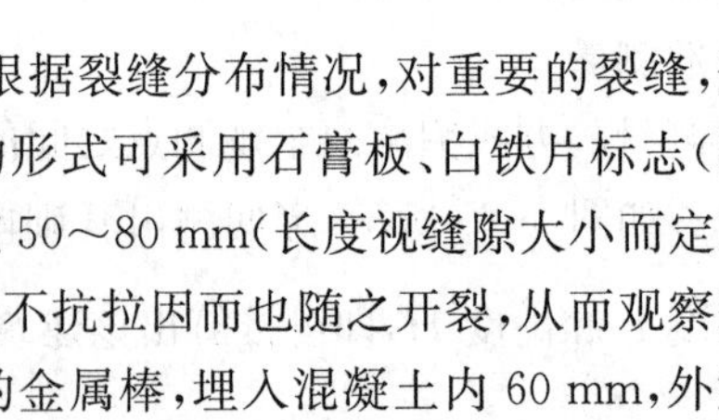

图1-27 金属棒标志

2. 三向测缝标点

三向测缝标点有板式和杆式两种，目前大多采用板式(图 1-28)。板式三向测缝标点是将两块宽 30 mm、厚 5～7 mm 的金属板，做成相互垂直的三个方向的拐角，并在型板上焊三对不锈钢的三棱柱条，用以观测裂缝三个方向的变化，用螺栓将型板锚固定在混凝土上。用外径游标卡尺测量每对三棱柱条之间的距离变化，即可得三维相对位移。

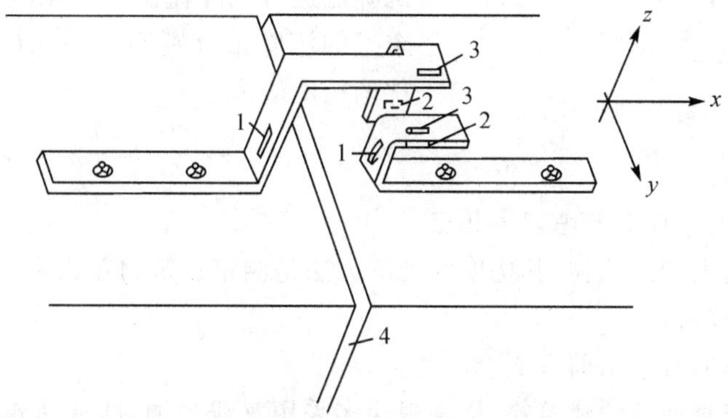

图 1-28　三向测缝计

注：1-观测 x 方向的标点；2-观测 y 方向的标点；3-观测 z 方向的标点；4-伸缩缝

(二)测缝计

测缝计可分为电阻式、电感式、电位式、钢弦式等多种，由波纹管、上接座、接线座及接座套筒组成仪器外壳。

差动电阻式的内部构造是由两根方铁杆、导向板、弹簧及两根电阻钢丝组成，两根方铁杆分别固定在上接座和接线座上，形成一个整体。

(三)超声波检测

超声波用于非破损检测，是以超声波为媒介，获得物体内部信息的一种方法。掌握混凝土表面裂缝的深度，对混凝土的耐久性诊断和修补、加固对策研究有重要意义。当声波通过混凝土的裂缝时，绕过裂缝的顶端而改变方向，使传播路程增加，即通过的时间加长，由此可通过对裂缝绕射声波在最短路程上花费的时间与声波在良好混凝土水平距离上花费的时间进行比较，来确定裂缝的深度。

二、挠度监测

挠度是指建(构)筑物或其构件在水平方向或竖直方向上的弯曲值。例如，桥的梁部在中间会产生向下弯曲，高层建筑物会产生侧向弯曲。建筑物的挠度观测包括建筑物基础、建筑物主体及独立构筑物(如独立土墙、柱)的挠度观测。对于高层建筑物，当较小的面积上有很大的集中荷载时，可能导致基础和建筑物的沉陷，其中不均匀的沉陷将导致建筑物的倾斜，使局部构件产生弯曲并导致裂缝的产生。建筑物的挠度可由观测不同高度处的倾斜换算求得，也可以采用激光准直仪观测的方法求得。

在建筑物的垂直面内，各不同高程点相对于底点的水平移动为挠度。对于高层建筑物，由于它们相当高，故在很小的面积上集中了较大的荷载，从而导致建筑物基础的不均匀下沉，促使建筑物倾斜，局部构件产生歪曲，以致出现裂缝。建筑物的倾斜与竖直方向的弯曲便会导致建筑物的挠曲。对于高大的塔式建筑物来说，在温度和风力作用下，由于挠曲，建筑物会来回摆动，因而需要对建筑物进行动态的摆动观测。

另外，建筑物的挠度可由在不同高度处测得的倾斜量换算求得，还可采用电子倾斜仪、激光垂准仪等测定。

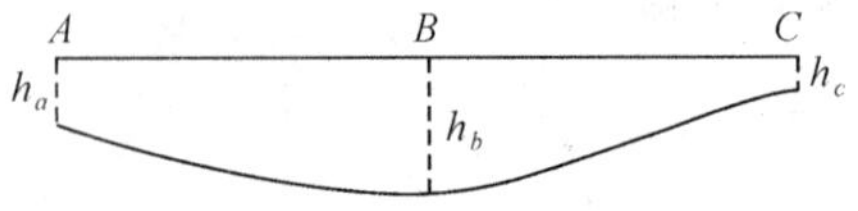

图 1-29　挠度监测

对于平置的构件，至少在两端及中间设置三个沉降点进行沉降监测。如果测得在某时间段内三个点的沉降量分别为 h_a、h_b、h_c（图 1-29），则该构件的挠度值为

$$\tau=\frac{1}{2}(h_a+h_c-2h_b)\frac{1}{S_{ac}} \tag{1-13}$$

挠度观测方法的选择应考虑以下几点：

(1)对于直立高大型建筑物，其挠度的观测方法是测定建筑物在铅垂面内各不同高程点相对于底部的水平位移值。

(2)高层建筑物通常采用前方交会法测定。

(3)对内部有竖直通道的建筑物，挠度观测多采用垂线观测，即从建筑物顶部附近悬挂一根不锈钢丝，下挂重锤，直到建筑物底部。在建筑物不同高程上设置观测点，以坐标仪定期测出各点相对于垂线最低点的位移。比较不同周期的观测成果，即可求得建筑物的挠度值。

(4)如果采用电子传感设备，可将观测点相对于垂线的微小位移变换成电感输出，经放大后由电桥测定并显示各点的挠度值。

任务 1-8　变形监测资料的整编与分析

一、变形监测资料的整理

(一)校核原始数据，检查各次变形观测计算的正确性

人工观测数据一般采取两人对算进行比较，自动观测数据可以抽取部分数据采用不同方法观测进行比较。有条件的情况下，尽可能增加多余观测或多种方法观测以保证观测数据的可靠性。理论上，变形体的变形量是唯一的客观存在。由于观测误差和模型误差的存在，无法获取客观存在的变形场。因此，在外业数据采集过程中、内业数据处理和变形分析中，均应采用合适的方法和程序排除误差干扰，以便获取客观变形场的最佳描述。要采取一定的物理方法或数学模型消除系统误差的影响，获得仅包含偶然误差的观测值空间向量，如采取一定的观测程序和方法消除仪器的误差，将系统误差作为未知参数进行解算等。对观测值进行自由网平差，解算未知量。采用统计检验或其他方法进行点位的稳定性分析，获得每一期的稳定点和变形点集合。将各期稳定点集合的交集作为各期共同的稳定点集合，在原近似值系统下，以共同的稳定点集合作为拟稳基准进行拟稳平差，求得全部网点在各期观测时的点位坐标值。计算各监测点点位的周期变形值和累积变形值。

(二)填写观测数值表

对各种观测值按时间逐点填写观测数据表。

（三）绘制变形过程线、变形分布图

1. 观测点变形过程图

变形分布图反映的是变形的趋势、规律和幅度，是初步判断建筑物是否正常的依据。横坐标为时间，纵坐标为累计变形值。

2. 变形关系曲线

变形关系曲线反映的是变形与某种因素的关系。横坐标为累计变形值，纵坐标为引起变形的因素（温度、荷载、水位）。

3. 变形等值线图

变形等值线图表示的是某一时刻变形在空间分布的情况，是根据建（构）筑物观测点的位置、最终变形量及用内插法绘制的具有等变形值的曲线图。

二、监测数据的预处理

监测数据是一组有序的离散型随机数据，是一串随时间变化而又相互关联的动态数据序列。监测数据作为安全监控分析的基础，它的质量与可靠性至关重要，直接影响安全监控分析的结果。在数据预处理阶段必须对观测数据进行处理，找出粗差并剔除。粗差会严重影响数据处理的结果，并干扰对建筑物的监控和安全评价，因此，有效地识别并剔除粗差，是数据分析处理的基础，对建筑物的安全监控具有重要的意义。下面就目前常用的几种检验方法作一概要介绍。

（一）逻辑检验法

被监测物体的测值一般应有一个逻辑合理的范围，当观测值超出其逻辑合理范围时，则认为测值含有粗差，并判断该次测值无效。

（二）监控模型检验法

桥梁、大坝等水工建筑物经一定时间的变形监测后，可得到一系列监测量的测值，据此，可建立数学预报模型。目前，常用的数学模型有统计模型、确定性模型和混合模型，由于各模型的建立方法有一定的差异，其预报效果也不相同，但三类预报模型的基本形式是基本相同的，目前，以统计模型使用最为普遍。运营期的桥梁索塔变形主要是气温、日照、风力及车流量荷载等因素共同影响的结果。设被监测量的预报模型为

$$\hat{y}=f(C,T,u,t) \tag{1-14}$$

式中，C 为车流量因子；T 为温度因子；u 为风速因子；t 为时效因子。设该模型的模型标准差为 5，则根据预报原理，该监测量的预报值可表示为

$$y_1=f(C_1,T_1,u_1,t_1) \tag{1-15}$$

式中，C_1、T_1、u_1、t_1 分别为观测时的车流量、温度、风速、时效性。当观测值与预报值 y_1 之差大于 ks 时，则认为测值异常，即

$$|y_1^1-y_1|>ks \tag{1-16}$$

式中，k 为系数，与置信水平 α 及样本数 m 有关。

（三）关联分析检验法

在安全监测中为监测某一工程部位的安全情况，一般要布置许多测点。由于测点布置在同一建筑体上，因此，各测点的测值之间存在某种联系。如果建筑物工作状态正常，则监测数据一般应处于正常状态，而当建筑物的结构发生变化时，则相关测点的监测数据都应发生相应

变化。相反，如果某一测点的测值发生异常，而其相关测点的测值正常，则认为建筑物的结构正常，监测系统可能发生了异常或监测数据含有粗差。因此，可以利用这种相关性，来相互检核各塔段监测数据的可靠性。

三、监测资料分析

(一)观测资料分析的内容

观测资料分析主要包括分析归纳建筑物的变形过程、变形规律、变形幅度，分析建筑物变形的原因、变形值与引起变形因素之间的关系，进而判断建筑物的工作情况是否正常。在积累大量观测数据后，又可进一步找出建筑物变形的内在原因和规律，从而修正设计理论和设计所采用的经验系数。这一阶段的工作可分为以下几个方面：

(1)成因分析(定性分析)。成因分析是对结构本身(内固)与作用在建筑物上荷载(外因)，以及测量本身加以分析、考虑，确定变形值变化的原因和规律性。

(2)统计分析。根据成因分析，对实测资料加以统计，从中寻找规律，并推导出变形值与引起变形的有关因素之间的函数关系，一般采用一元回归和多元回归的方法。

(3)变形值预报和安全判断。在成因分析和统计分析的基础上，可根据求得的变形值与引起变形因素之间的函数关系，预报未来变形值的范围，并判断建筑物的安全程度。

观测资料分析是体现观测工作效果的重要环节，分为定性分析、定量分析、定期分析、不定期分析和综合性分析。观测资料分析工作必须以准确可靠的观测资料为基础，在计算分析之前，必须对实测资料进行校核检验，对观测系统和原始资料进行考证。这样才能得到正确的分析成果，发挥应有的作用。

(二)资料分析的常用方法

1.作图分析

将观测资料绘制成各种曲线，常用的是将观测资料按时间顺序绘制成过程线。通过观测物理量的过程线，分析其变化规律，并将其与水位、温度等过程线进行比较，研究相互影响的关系。也可以绘制不同观测物理量的相关曲线，研究其相互关系。这种方法简便、直观，特别适合初步分析阶段。

2.统计分析

用数理统计方法来分析计算各种观测物理量的变化规律和变化特征，分析观测物理量的周期性、相关性和发展趋势，这种方法具有定量的概念，使分析成果更具实用性。

3.对比分析

将各种观测物理量的实测值与设计计算值或模型试验值进行比较，相互验证，寻找异常原因，探讨改进运行和设计、施工方法的途径。对于水工建筑物，由于其实际工作条件的复杂性，必须用其他分析方法处理实测资料，分离各种因素的影响，才能作对比分析。

4.建模分析

采用系统识别方法处理观测资料，建立数学模型，用以分离影响因素，研究观测物理量的变化规律，进行实测值预报和实现安全控制。常用数学模型有以下三种：

(1)统计模型，主要以逐步回归计算方法处理实测资料建立的模型。

(2)确定性模型，主要以有限元计算和最小二乘法处理实测资料建立的模型。

(3)混合模剂，一部分观测物理量(如温度)用统计模型，另一部分观测物理量(如变形)用确定性模型。这种方法能够进行定量分析，是对长期观测资料进行系统分析的主要方法。

四、成果资料的提交

原始观测值绝大多数以数字形式提供，少部分是以模拟形式输出，如持续记录仪器所给出的曲线。变形监测网的周期观测数据需进行观测值的质量检查，如完整性、一致性检查，进行粗差和系统误差检验、方差分量估计，保证变形观测数据处理结果正确可靠。

对于各监测点上的时间序列实测资料，通过插值方法或拟合方法整理成等时间间隔的观测序列以供变形分析使用。观测成果计算和分析中的数字取位应符合规范规定，如取至0.1 mm或0.01 mm。原始记录成果应整洁、清晰，不得涂改，严禁伪造；计算成果应完整、正确，图表应整齐、美观。

每一项变形测量工程应提交下述综合成果资料：

(1)技术设计书和测量方案。

(2)监测网和监测点布置平面图。

(3)标石、标志规格及埋设图。

(4)仪器的检校资料。

(5)原始观测记录(手簿或电子文件)。

(6)平差计算、成果质量评定资料。

(7)变形观测数据处理分析和预报成果资料。

(8)变形过程和变形分布图表。

(9)变形监测、分析和预报的技术报告。

为了获得很高的精度和可靠性，变形监测的数据量通常很大，这使数据处理和成果解释变得复杂。因此，需要从大量数据中提取有用信息，使提交的成果既概括直观，又能反映本质的东西。在技术设计阶段就必须明确成果中哪些参数、哪些变形需要提交，提交成果应以最简单清晰的图表形式及格式，所有的成果都须附上精度说明，最好给出置信域。

任务1-9　变形监测新技术的应用

一、自动化监测技术

利用一些特定的测量技术和设备(如测量机器人等)进行工程建设项目的变形监测，以实现全天候的无人监测。能够高效、全自动、准确、实时地进行监测并分析的一种代替人工操作的监测系统，称为自动化监测系统。它一般由传感器和观测设备、遥测采集器、自动化测读仪表、计算机系统四部分组成。

(一)传感器和观测设备

自动化监测系统中的传感器与人工监测系统中所采用的基本相同，一般可视具体的监测项目具体选用。观测设备一般是一些高精度的自动电子测量仪(全站仪等)、测量机器人、GPS接收机等。

(二)遥测采集器

通过计算机或自动检测仪表进行自动切换，实现一台测读仪表能快速读取数十(甚至数百)个传感器，这样可以节约大量传输电缆，提高了测读的可靠程度和监测工作的效率。

(三)自动化测读仪表

自动化测读仪表的功能与人工监测系统中测读仪表的功能相似。自动测读仪表能够自动切换测点，定时、定点地测读数据，具有数据的切换、存储和显示功能，并可连接多种外围设备(如打印机、绘图仪、磁带机等)。

(四)计算机系统

计算机系统包括主机系统、外围设备和功能强大的软件系统，其在自动监测系统中不仅可以实现对整个监测系统的控制，而且能够对监测数据进行实时处理，使许多先进的技术和手段能够在监测系统中得以应用。

二、GPS 测量技术的应用

GPS 精密定位技术已经广泛地渗透到了经济建设和科学技术的许多领域，尤其是在大地测量学及其相关学科领域，如地球动力学、海洋大地测量学、天文学、地球物理和资源勘探、航空与卫星遥感、精密工程测量、变形监测、城市控制测量等方面的广泛应用，充分显示了卫星定位技术的高精度和高效益。这预示着测绘界将面临一场意义深远的变革，测绘领域会步入一个崭新的时代。

我国测绘行业，GPS 应用起步较晚，但发展速度很快。测绘工作者在 GPS 应用基础研究和实用软件开发等方面取得了大量的成果，从而为 GPS 技术在我国全面推广提供了技术保证。同时，还在 GPS 测量是否适合我国国情的可行性研究方面做了大量的试验。实践证明，GPS 测量技术在许多工作中，比传统的测量技术更具有竞争力，有着操作简便、观测时间短、定位精度高、能全天候作业等优点。

近年来，GPS 技术的发展主要表现在接收机体积的减小、观测精度的提高及功耗的减少上，接收机价格也有明显的下降，并且操作更加方便。另外，数据处理技术也有了很大的发展，为 GPS 技术的推广和应用奠定了基础。

(一)GPS 定位系统的特点

(1)不受时间、地点的限制。GPS 卫星能够覆盖整个地球，即在地球上任一位置、任一时间都至少能同时观测到四颗卫星。因此，不论白天还是夜晚，不论是在海上、天空中还是在陆地上均可随时进行定位、授时等服务。

(2)不受天气限制。无论刮风、下雨、下雪、下雾均可进行 GPS 定位服务，因此，在恶劣的气候环境下也能进行定位，可以保证 GPS 用户按时、顺利地完成任务。

(3)定时定位。对导航用户而言，需实时知道自己所处位置。利用子午仪卫星导航系统要观测若干段时间后才能获得定位结果，而 GPS 利用每秒钟的观测数据就能马上获得定位结果，具有实时性。

(4)不需通视。对于测量而言，点之间只有通视才能进行测量，而 GPS 用于测量的一个显著优点是点之间不需通视，即只要各点能接收到卫星信号，就可以进行定位。因此，可以避免布设许多过渡点，不仅给测量工作带来了方便、节省了费用，而且能提高测量精度。

(5)定位精度高、速度快、自动化程度高。在导航及测量领域，GPS 与常规方法相比，具有精度高、速度快、操作简单、自动化程度高等优点，由此带来了很好的经济和社会效益。

(二)GPS 监测实施

1. 选点要求

GPS 监测网在实地选点时，既要满足 GPS 观测条件，又要考虑监测控制的需要。因此应该注意以下事项：

(1)测站点位置开阔，倾角 15°以上无障碍物。

(2)测站点应避开大功率无线电发射台、雷达站和高压输电线。

(3)20～30 m 以内无突出竖面反身物，以避免引起多路径干扰。

(4)点位应顾及常规加密时便于应用，每一测站点须与两个以上的 GPS 点保持通视。

(5)点位可采用强制对中观测墩，尤要考虑免遭破坏，易于长期保存。

(6)注意交通方便和作业安全。

2. 关于布网

利用 GPS 技术进行测量定位，由于测站间无需通视，而最后求得的是测站点三维坐标，所以笼统地讲，在地面上建立的是一组点组。从这个意义上看，似乎不存在网的概念。但是，为了满足测量作业的精度要求，只能依据相对定位原理进行工作。某点相对于另一点之间要有着必要的联系，同时还要考虑引进多余观测构成图形，用闭合差来检验观测成果和提高精度。因此，GPS 测量一般也布设成网。当然，GPS 网已不同于常规网，不一定要构成三角形，可以根据需要和仪器数量采用导线网等多种形式。

由于变形监测点的分布不同，需要布测控制点的密度是不均衡的。因此，可以根据实际情况进行布测。

项目小结

本项目主要讲述了工程变形监测技术的基本知识。工程变形监测方案设计是工程变形监测项目完成的首要环节，变形监测方法的选择、变形监测的周期和精度、变形监测的仪器选择是工程变形监测方案设计的主要内容，变形监测控制网的建立是变形监测的基础，包括平面控制网和高程控制网。本项目详细介绍了沉降监测、水平位移监测、倾斜监测、裂缝监测和挠度监测等位移监测技术。最后介绍了新技术的应用。

思考与练习题

1. 工程变形监测的主要内容有哪些？

2. 工程变形监测方案主要包含哪些内容？

3. 沉降监测、水平位移监测常用什么方法？

4. 变形监测的成果包含哪些内容？

项目二 水利工程变形监测

［单元概述］

本项目介绍了水利工程变形监测基本知识、水利工程安全监测项目设计、水利工程变形监测网的布设，并对水利工程变形监测中的垂直位移监测、水平位移监测、倾斜监测、挠度监测等监测内容的监测方法和监测技术进行了详细讲述，还介绍了水利工程变形监测项目的资料整理与分析，最后用隔河岩重力拱坝安全监测实例详细说明了水利工程变形监测项目的各个关键环节。

［学习目标］

在本项目的学习过程中，主要完成的学习目标包括：①了解水利工程变形监测的基本知识；②了解混凝土坝、拱坝、土石坝安全监测项目设计基本知识；③掌握水利工程变形监测控制网的布设；④掌握水利工程垂直位移监测、水平位移监测、倾斜监测、挠度监测等监测内容的监测方法与技术。

任务 2-1 水利工程变形监测基本知识

水利工程建筑物必须设置必要的监测项目，用以监控建筑物的安全、掌握其运行规律、指导施工、运行和反馈设计。

一、水利工程变形监测的基本任务

(1)可行性研究阶段。提供安全监测系统的总体设计、监测仪器及设备的数量、监测系统的工程概算。

(2)招标设计阶段。提供监测系统设计文件，包括监测系统布置图、仪器设备清单、各监测仪器设施的安装技术要求、测次要求及工程预算等。

(3)施工阶段。要有施工详图，应做好仪器设备的检验、埋设、安装、调试和保护工作，应绘制竣工图，编写埋设记录和竣工报告；应固定专人进行监测工作，保证监测设施完好和监测数据连续、可靠、完整；应按时进行监测资料分析，评价施工期大坝安全状况，为施工提供决策依据。

(4)首次蓄水阶段。应制定首次蓄水的监测工作计划和主要的监控技术指标；按计划要求做好仪器监测和巡视检查；拟定基准值，定时对大坝安全状态作出评价并为蓄水提供依据。

(5)运行阶段。应进行经常的和特殊情况下的监测工作；定期对监测设施进行检查、维护和鉴定，以确定是否应报废、封存或继续观测、补充、完善和更新；定期对监测资料进行整编和分析；对大坝的运行状态作出评价，建立监测技术档案。

二、大坝安全监测的主要内容和方法

大坝安全监测的内容主要包括大坝位移变形监测、坝体接缝及裂缝监测、渗流量监测、环境量监测和大坝自动化系统监测，分别对大坝水平位移、垂直位移、裂缝、渗漏、扬压力、上下游

水位等进行自动化监测，并配合人工比测校核。利用数据自动化系统对大坝的在线控制、离线分析、安全管理、数据管理、预测预报、工程文档资料测值及图像管理、报表制作、图形制作等日常大坝安全测控和管理的全部内容，进行收集整理、智能分析，从而获得反映大坝工作状态的有关信息，提供给各级管理部门进行安全评估，以便采取有效措施，确保大坝安全。

大坝安全监测的方法主要有巡视检查和仪器监测两种。巡视检查从施工期到运行期，对各级大坝均须进行。巡视检查中如发现大坝有损伤、附近岸坡有滑移崩塌征兆或其他异常迹象，应立即上报，并分析其原因。仪器监测的方法有多种，常用的水平位移监测方法主要有引张线法、视准线法、激光准直法、交会法、倾斜仪与位移计法、卫星定位法和导线法等；垂直位移的监测方法主要有精密水准法、三角高程法、沉降仪法、沉降板法和多点位移计法等；挠度监测的常用方法主要有正垂线和倒垂线监测法；裂缝的监测主要利用测微器和测缝计进行；应力应变的监测主要是利用测压管和测压计进行；渗流的监测除了采用测压管和测压计以外，还可采用传感器法。水库库岸稳定监测的监测对象主要有地面绝对位移、地面相对位移、钻孔深部位移、应力、水环境、地震、人类有关活动等。

任务 2-2　水利工程安全监测设计

一、混凝土重力坝安全监测设计

混凝土重力坝是最常用的混凝土坝结构形式，主要依靠自重来维持坝体的稳定。重力坝通常由若干坝段组成，坝上布置的孔口及闸门较多。由于大体积混凝土浇筑，纵横缝较多，可能出现的工程问题主要有深层滑动、基础不均匀沉降、渗流、复杂应力、高速水流、工程材料等问题，因此监测的重点应针对这些可能的工程问题，通过采用相应的监测项目和方法，监测坝体及基础的稳定、强度及渗流等性状。

混凝土重力坝的监测项目主要有变形监测、渗流监测、应力应变及温度监测，以及水力学监测、动力性能监测等专项监测。

（一）变形监测

变形监测项目主要包括水平位移监测、垂直位移监测、坝体挠度监测及基础倾斜监测等。通过变形监测，可了解大坝及基础在水压、温度及扬压力等荷载作用下的稳定状况。

1. 水平位移监测

由于混凝土重力坝一般均为直线形大坝，垂直于坝轴线方向（顺水流方向）的变形是影响大坝安全的主要因素，因此水平位移监测主要是量测其顺水流方向的位置变化，即垂直于坝轴线方向（横向）的变形。大多数混凝土重力坝均采用垂线、引张线和真空激光准直线法监测水平位移，少数大坝（小型大坝或老坝）采用视准线法监测水平位移，近年来也有采用GPS进行监测的探索。由于垂线、引张线和真空激光准直的监测精度较高，均可达到±(0.1～0.3) mm，而且获得成果受外界因素影响较小。因此，只要条件允许，建议优先考虑采用垂线、引张线和真空激光准直线法作为监测水平位移的方案。

2. 垂直位移监测

建筑物及其基础在自重、上下游水压力、温度等因素的影响下，会产生垂直方向的位移变形，在枢纽上下游一定范围的地壳，也会受其影响产生形变。为量测垂直位移的绝对量，要在地壳形变范围以外设置基准点。为了减少日常观测工作量和减少测量误差的累积，需要在大坝附近设置水准工作点，用作量测建筑物及其基础相对垂直位移的依据。因此，需建立高程监测网，以高程基准点为基准，监测工作点的稳定性及枢纽上下游一定范围的地壳形变。

垂直位移监测的量测方法较多，主要有精密水准、液体静力水准遥测仪、垂直位移自动化监测系统、竖直传高、真空激光准直、三角高程测量、测温钢管标、多点位移计和基岩变形计等，可根据工程的需要选择应用。

3. 挠度监测

量测建筑物的挠度是指测定建筑物垂直面内各不同高程点相对于底部基点的水平偏移。对于混凝土重力坝，通过挠度观测可以了解坝体各高度处的水平位移情况，给坝体变形、应力状态、安全情况等的分析提供必要的资料。

挠度观测的方法很多，但基本上可分为建筑物挠度观测和基岩挠度观测两大类。建筑物挠度观测通常使用的观测设备是利用正垂线和引张线(真空激光准直线)来实现。基岩挠度量测设施主要有倒垂组法、多点倒垂法和钻孔倾斜仪法等。

4. 倾斜监测

为监测大坝混凝土自重、库水位、温度等因素变化而引起的坝体及基础的倾斜转动形态，需要进行倾斜(转动角)观测。

坝体和坝基的倾斜观测，可应用精密水准、静力水准、倾角计、电水平尺和气泡倾斜仪等设备进行监测。基础附近测点宜设在横向廊道，也可在下游排水廊道和基础廊道内对应设置测点。坝体测点与基础测点宜设在同一垂直面上，并尽量设在垂线所在的坝段内。

(二)应力应变及温度监测

混凝土重力坝的应力应变及温度监测的主要内容有混凝土应力及温度监测、接触缝面开合度监测、基岩变形监测、孔洞应力监测、锚固(锚杆、锚索)应力监测、钢管应力监测、蜗壳应力监测等。

通过这些监测，可以了解大坝各关键部位在外荷载作用下的应力状况，以及大坝坝体和基础的整体性，评价大坝结构的强度安全性，并为施工温度的控制和监测资料的分析提供混凝土温度资料。

(三)渗流监测

混凝土重力坝的渗流监测主要包括坝基扬压力监测、坝体渗压监测、坝基渗流量监测、坝体渗流量监测、地下水位及绕坝渗流监测、水质分析等。其中，坝基扬压力是影响坝体稳定的重要荷载，坝体渗压及渗流量、坝基渗流量、绕坝渗流等是否正常是分析评价大坝及基础渗流稳定的重要依据。

二、拱坝安全监测设计

拱坝也是常用的混凝土坝结构形式。拱坝主要依靠两岸拱座的推力来维持坝体的稳定。拱浇筑时由若干坝块组成，蓄水前纵横缝均进行灌浆，使拱坝形成整体。拱坝可能出现的工程问题主要有坝肩失稳、坝基破坏、温度应力、施工质量、高速水流等问题，因此监测的重点应针对这些可能的工程问题，采用相应的监测项目和方法，监测坝体、坝肩及基础的稳定、强度等性状。

拱坝的监测项目与混凝土重力坝监测项目基本相同，主要有变形监测、渗流监测、应力、应变及温度监测，以及水力学监测、动力性能监测等专项监测。与重力坝相比，拱坝的坝肩稳定问题更为重要，扬压力对薄拱坝坝体稳定的影响比重力坝要小，但对重力拱坝比较重要。由于拱坝结构比重力坝单薄，其坝体应力一般也比重力坝要大，如拱冠梁部位及拱圈与坝肩接触处。

拱坝变形监测的一些项目包括垂直位移监测、坝体挠度监测和倾斜监测，监测方法与混凝土重力坝的监测方法基本一致。但拱坝水平位移的监测方法与混凝土重力坝有较大差别。混凝土重力坝的水平位移主要监测顺水流方向的位移，而拱坝则需要同时监测径向和切向的水平位移。所以，监测混凝土重力坝常用的准直方法(引张线、真空激光准直线、视准线等)，如果用于监测洪坝的水平位移则往往很不理想，拱坝坝体和坝基的水平位移应以垂线为主要方法进行监测。

拱坝的应力应变及温度监测的主要内容有混凝土应力及温度监测、接触缝面开合度监测、基岩变形监测、孔洞应力监测、锚固(锚杆、锚索)应力监测、钢管应力监测、蜗壳应力监测等。与重力坝相比，拱坝的三向应力状态更为明显。

拱坝的渗流监测同样包括坝基扬压力监测、坝体渗压监测、坝基渗流量监测、坝体渗流量监测、地下水位及绕坝渗流监测、水质分析等。

三、土石坝安全监测设计

土石坝是用土料和石料构筑的挡水建筑物，在中低高度的大坝中最为常见。土石坝由坝体、防渗结构、排水系统及护坡四个部分组成。土石坝坝体材料为散粒多孔材料，渗透性很强。土石坝可能出现的工程问题主要有洪水漫顶、渗漏和管涌、滑坡和液化、裂缝、冲刷和气蚀等问题。因此，监测的重点是大坝渗流、变形及巡视检查等，以监控大坝及基础的稳定、渗流等性状。

土石坝的重点监测部位主要有最大坝高或原河床段、合龙段、与混凝土坝接合部、地形突变处、曲线段、地质条件复杂处，坝内埋管段，以及运行中可能出现异常的部位，在这些坝段处确定重点监测断面进行重点监测。土石坝的监测项目主要有变形监测、渗流监测、应力、应变及温度监测、巡视检查，以及水力学监测等专项监测。

(一)变形监测

表面水平位移监测包括坝顶表面水平位移监测和上下游坝坡表面水平位移监测。通常应用边角交会、视准线及 GPS 法进行监测。深层的水平位移通常应用倾斜仪及引张线式位移计，也可应用正、倒垂线及倒垂线组的方法进行监测。

表面垂直位移监测包括坝顶表面垂直位移监测和上下游坝坡表面垂直位移监测。在重要监测断面自坡脚至坝顶进行全断面监测，并增加垂直位移测点的密度。通常应用精密水准法进行测定。深层的垂直位移通常应用电磁式沉降仪及水管式沉降仪测定，也可应用钢管组进行测定。

土石坝与混凝土坝(或岸坡)接合处的变形对土石坝的安全影响较大，所以必须加强监测。土石坝与混凝土坝(或岸坡)接合部的变形监测包括土石坝与混凝土坝(或岸坡)接合处的变形监测、土石坝接合区的脱开监测、垂直位移监测和接缝开合度监测。

土石坝本身裂缝将严重影响土石坝安全。土石坝的表面裂缝，凡缝宽大于 5 mm、缝长大于 5 m、缝深大于 2 m 的纵横向缝，都必须进行监测。一般采用皮尺、钢尺及简易测点等简单工具进行测量。对 2 m 以内的浅缝，可用坑槽法检查裂缝深度、宽度及形状等；对深层裂缝，可采用探坑进行检查，必要时埋设测缝计(位移计)进行监测。

(二)渗流监测

土石坝坝体浸润线的高低与坝坡稳定有密切关系,也是土石坝渗流监测的重要内容。浸润线的监测一般选择有代表性的观测断面,采用测压管进行监测,既可监测坝体渗压分布,又可监测防渗体的防渗效果和排水体的排水效果。

坝基渗压的大小和分布是否正常将关系到坝基渗流是否稳定和坝基是否会发生渗透破坏。通过监测坝基渗压,可以了解坝基的渗压分布和实际水力坡降,分析大坝的防渗和排水设施的作用。坝基渗压一般采用测压管或渗压计监测。

土石坝渗流量的变化反映了坝体及基础的渗流状况,通过观测渗流量变化,结合渗压观测,可以分析大坝及基础的渗流状况是否正常。渗流量监测也是土石坝渗流监测的重要内容之一,一般在大坝下游分区或不分区设置量水堰观测。

此外,根据工程实际情况和需要,土石坝的渗流监测还包括绕坝渗流监测和水质分析。

(三)应力应变监测

与混凝土坝相比,土石坝应力应变监测相对简单,其重要性也小些。但根据工程结构特点和监测需要,对关键的部位也应布置应力应变测点,监测结构的应力应变变化。土石坝的应力应变监测主要包括土压力监测、防渗墙应力应变监测等。

任务 2-3 水利工程变形监测网布设

一、大坝变形监测控制网的布设

(一)大坝高程控制网布设

对于水利枢纽的高程控制网来说,长期观测大坝垂直位移的小环双金属基点,即水准基准点。水准基准点应设在库区影响半径之外(图 2-1(b)),实践证明高程控制网的水准基准点应埋在坝址下游 1.5～3 km 处的河岸附近(图 2-1(a))。基点远离坝址,固然有稳定的优点,但长距离引测,精度又会降低,为保证最弱点的观测精度(如重力坝为 1～2 mm),基点一般不能离监测场地太远。

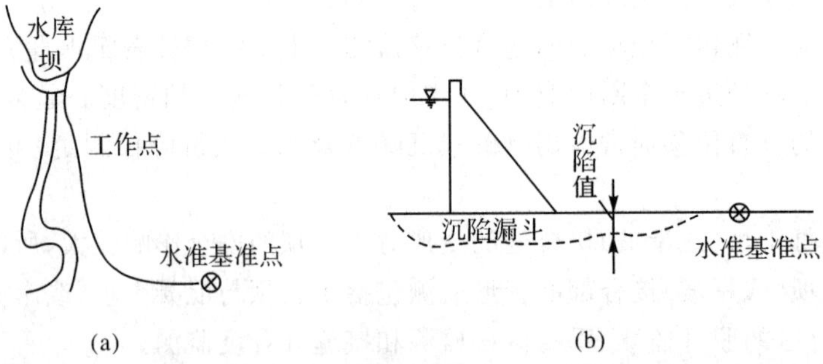

图 2-1 水准基准点的埋设位置

(二)平面变形控制网布设形式

一般坝体平面网由起始基准点、工作点与监测点构成,网的图形取决于大坝分布、地面特征、测量条件、要求的精度和其他因素。控制网除了遵守一般控制网布网原则外,还应结合多种手段进行综合利用。例如，大坝监测使用的电测遥控法、正倒垂线法、引张线法等非光学的手段，能获得较高的相对精度，但不能获得变形的绝对位移量，但结合变形监测网，把廊道引张线两端点与变形网点重合，便可获得其绝对位移值。

二、监测点的布设

（一）监测断面的布设

1. 土石坝

（1）观测横断面。布置在最大坝高、原河床处、合龙段、地形突变处、地质条件杂处、坝内埋管或运行可能发生异常反应处。一般不少于 2～3 个。

（2）观测纵断面。在坝顶的上游或下游布设 1～2 个，在上游坝坡正常蓄水位以上处布设 1 个，正常蓄水位以下可视需要设临时断面，下游坝坡布设 2～5 个。

（3）内部断面。一般布置在最大断面及其他特征断面处，可视需要布设 1～3 个，每个断面可布设 1～3 条观测垂线，各观测垂线还应尽量形成纵向观测断面。

界面位移一般布设在坝体与岸坡连接处、不同坝料的组合坝型交界处及土坝与混凝土建筑物连接处。

2. 混凝土坝

（1）观测纵断面。通常平行坝轴线在坝顶及坝基廊道设置观测纵断面，当坝体较高时，可在中间适当增加 1～2 个纵断面。当缺少纵向廊道时，也可布设在平行坝轴线的下游坝面上。

（2）内部断面。布置在最大坝高坝段或地质、结构复杂坝段，并视坝长情况布设 1～3 个断面，应将坝体和地基作为一个整体进行布设。拱坝的拱冠和拱端一般宜布设断面，必要时也可在 1/4 拱处布设。

3. 近坝区岩体及滑坡体

（1）两坝肩附近的近坝区岩体。垂直坝轴线方向各布设 1～2 个观测横断面。

（2）滑坡体顺滑移方向布设 1～3 个观测断面，包括主滑线断面及其两侧特征断面。

（3）必要时可大致按网格法布置。

（二）水平位移监测点布设

1. 位移标点

（1）土石坝。在每个横断面和纵断面交点处布设位移标点，一般每个横断面不少于 3 个。位移标点的纵向间距，当坝长小于 300 m 时取 30～50 m，坝长大于 300 m 时，一般取 50～100 m。

（2）混凝土坝。在观测纵断面上的每个坝段、每个垛墙或每个闸墩各布设 1 个标点，对于重要工程也可在伸缩缝两侧各布设 1 个标点。

（3）近坝区岩体及滑坡体。在近坝区岩体每个断面上至少布设 3 个标点，重点布设在靠坝肩下游面。在滑坡体每个观测断面上的位移标点一般不少于 3 个，重点布设在滑坡体后缘起至正常蓄水位之间。

2. 工作点

（1）土石坝。在两岸每一纵排标点的延长线上各布设 1 个工作点。当坝轴线为折线或坝长超过 500 m 时，可在坝身每一纵排标点中部增设工作点兼标点，工作点的间距取决于采用的测量仪器。

(2)混凝土坝。可将工作点布设在两岸山体的岩洞内或位移测线延长线的稳定岩体上。

(3)近坝区岩体及滑坡体。选择距观测标点较近的稳定岩体建立工作点。

3. 校核基点

(1)土石坝。一般仍采用延长方向线法,即在两岸同排工作点连线的延长线上各设1～2个校核基点,必要时可设置倒垂线或采用边角网定位。

(2)混凝土坝。校核基点可布设在两岸灌浆廊道内,也可采用倒垂线作为校核基点,此时校核基点与倒垂线的观测墩宜合二为一。

(3)近坝区岩体及滑坡体。可将工作点和校核基点组成边角网或采用交会法进行观测。有条件时也可设置倒垂线。

(三)垂直位移监测点布设

在通常情况下,垂直位移采用精密水准测量方法观测。对于混凝土大坝,一般按照一等水准测量的精度要求进行观测,对于土石坝和滑坡体一般采用二等水准测量的精度要求进行观测。为验证测量成果的可靠性,水准线路应构成附合、闭合线路,或组成水准网。对于中小型工程和施工期的工程,可根据位移的实际情况适当降低观测精度。

水准测量的基准点应根据工程建筑物的规模、受力区范围、地形地质条件及观测精度要求等综合考虑,原则上要求这种类型的点能长期稳定,且变形值小于观测误差。为达到上述要求,一般在大坝下游1～3 km处布设一组(3个)或在两岸各布设一组(3个)水准基准点,各组内的3个基准点组成50～100 m的等边三角形,以便检核基准点的稳定性。对于山区高坝,可在坝顶及坝基高程附近的下游分别建立水准基准点。

水准基准点的形式可采用土基标、地表岩石标、深埋钢管标、双金属管标等,具体形式可根据实际情况确定。

一般分别在坝顶及坝基处各布设一排沉降监测标点,在高混凝土坝中间高程廊道内和高土石坝的下游马道上,也应适当布置观测标点。另外,对于混凝土坝,每个坝段的相应高程各布设1点;对于土石坝,沿坝轴线方向至少布设4～5个点,在重要部位可适当增加;对于拱坝,在坝顶及基础廊道每隔30～50 m布设1个点,其中在拱冠、1/4拱及两岸拱座应布设标点,近坝区岩体的标点间距一般为0.1～0.3 km。

沉降标点可根据实际需要采用综合标、混凝土标、钢管标、墙上标等形式。

三、监测点标石的埋设

(一)水平位移监测点标石的埋设

水平位移监测位移标按埋设位置不同,可设计成综合标、混凝土标、钢管标和墙上标等形式。其中,综合标是将水平位移和垂直位移标点结合起来的一种监测标,该类型的标多用于坝面监测工作(图2-2和图2-3);混凝土标适用于坝顶、廊道及其他混凝土建筑物的位移监测工作,也可用于基岩的位移监测工作,其监测标点一般直接布置在基岩上(图2-4);钢管标是当基础部位浇注的混凝土较厚时,为了监测地基岩石的位移所建立的一种监测标(图2-5);墙上标多用于净空较矮的廊道内,不便竖立3 m长的水准尺时,可在廊道墙上埋设墙上标,并用特制的微型水准尺进行观测,该尺也可用于外表面的标点观测。

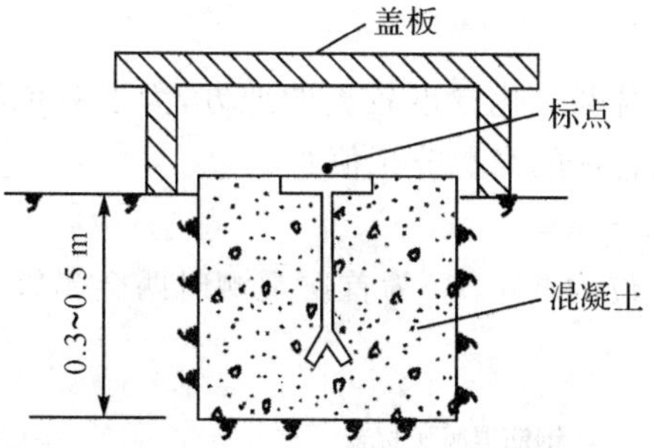

图 2-2　岩石上的工作点综合标

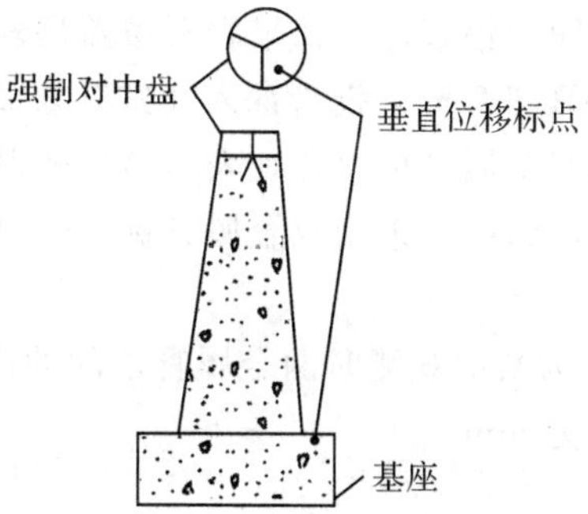

图 2-3　综合标

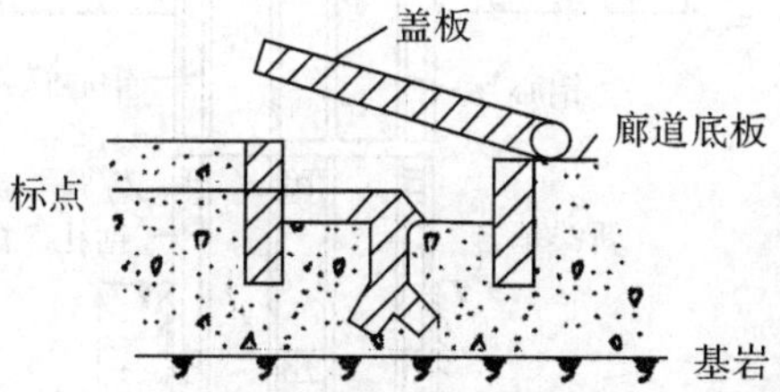

图 2-4　混凝土标

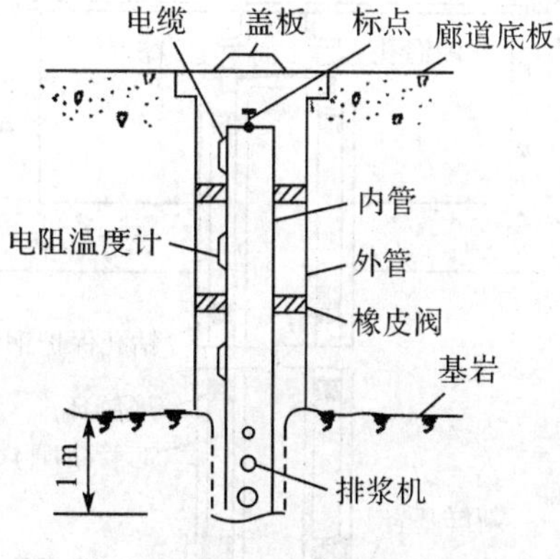

图 2-5　钢管标

(二)垂直位移监测点标石的埋设

根据实际情况设计水准基准点结构时,可采用以下几种形式:

(1)土基标。如图 2-6 所示,此标石由标志和底盘组成,在标石柱的顶部用不锈钢或玛瑙制成水准标志,并在底盘正北方向安装一个水准标志的副点以作校核。底盘应埋设于最大冻土深度以下 0.5 m 处,不得小于 0.5 m。

(2)岩石标。适用于岩石覆盖层较薄的地表岩石标,也可用混凝土表面(图 2-7)。

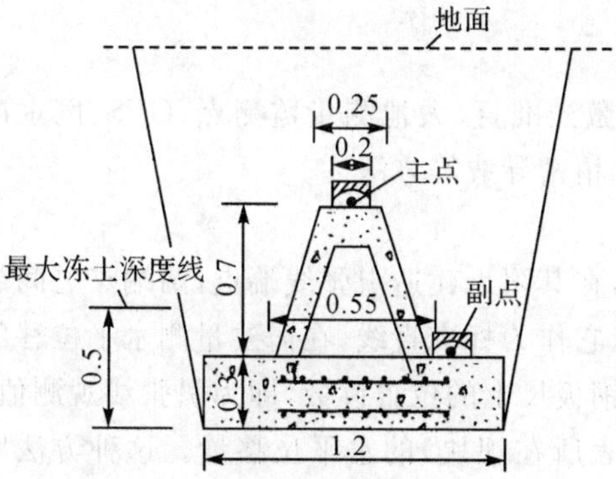

图 2-6　土基中的水准标石(单位:m)

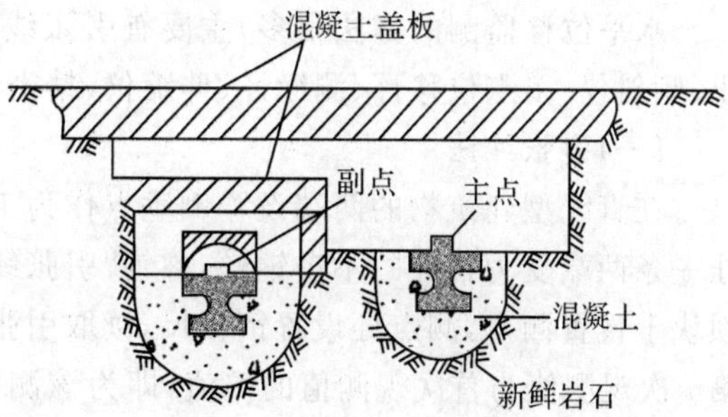

图 2-7　地表岩石标

(3)深埋钢管标。如果岩石覆盖层较厚,为了使水准基准点埋设于新鲜岩石上,可设计深埋钢管标(图 2-8)。钢管深入新鲜基岩 2 m 以下。

(4)双金属管标。在地表覆盖层较厚,全年温度变化幅度较大的地方,为了避免温度变化影响基点高程,可采用双金属管标(图 2-9)。铜管标的高程改正值为

$$\Delta_{钢}=h_1-h_0 \tag{2-1}$$

式中,h_1 为某次观测时两金属管之间的高差,单位为 mm;h_0 为首次观测时两金属管之间的高差,单位为 mm。

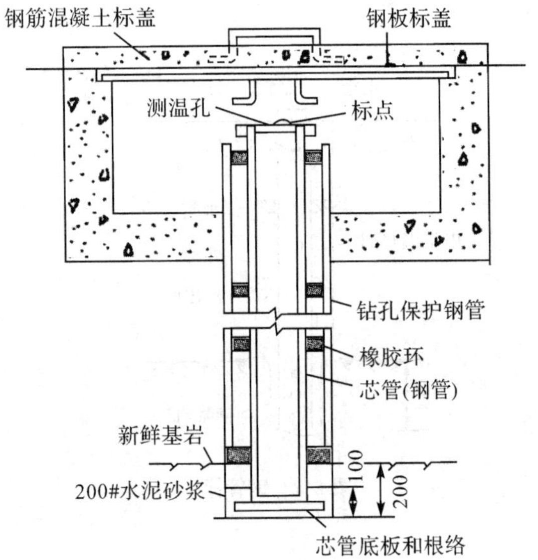

图 2-8 深埋钢管标(单位:cm)

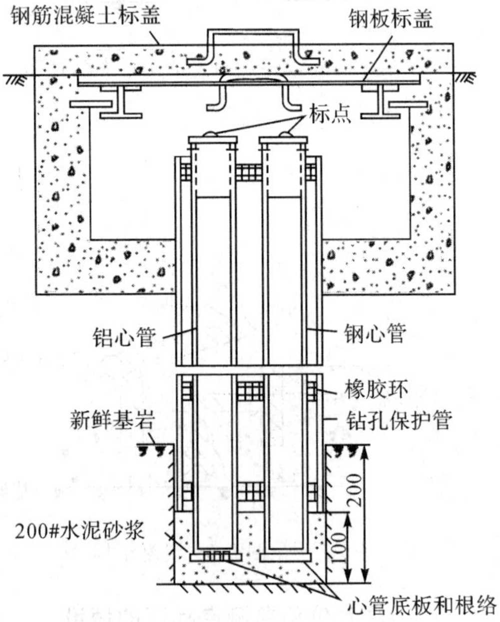

图 2-9 双金属管标(单位:cm)

任务 2-4 水利工程变形监测的实施

一、水平位移的监测

水平位移监测的方法很多,主要有引张线、真空激光准直、大地测量监测点、GPS、倒垂准线、倾斜仪、多点位移计、测缝计、伸缩仪、精密量距和精密导线等方法。

(一)引张线法

在直线型建筑物的两端设置倒垂点作为工作点,在其附近建造引张线端点,两端点之间悬挂一条两端受力拉伸的不锈钢丝,称为“引张线”。以它作为标准直线,在需要量测水平位移的坝块上设置测点,测点处设置钢板尺,读取引张线在钢板尺上的位置读数,即为引张线观测值,第 i 次观测值与首次观测值的差值,即为该测点(代表所在坝块)的水平位移量。这种方法叫做引张线法。

引张线法的主要设施部件有端点设备、测点设备、测线和保护管等。

（1）端点设备。在坝体上直接建造一个钢筋混凝土墩，其上装置有夹线装置、滑轮、线锤连接装置、重锤等（图 2-10）。

（2）测点设备。测点设备有钢板尺、浮托装置、保护管、保护箱等（图 2-11）。

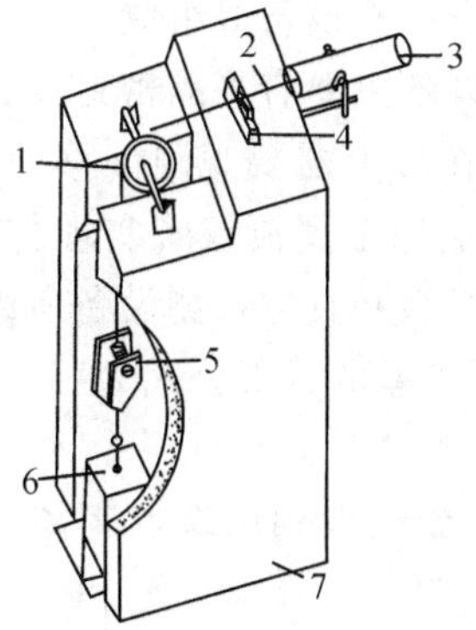

图 2-10　端点装置示意

注：1-滑轮；2-测线；3-保护管；4-夹线装置；5-线锤连接装置；6-重锤；7-混凝土墩座

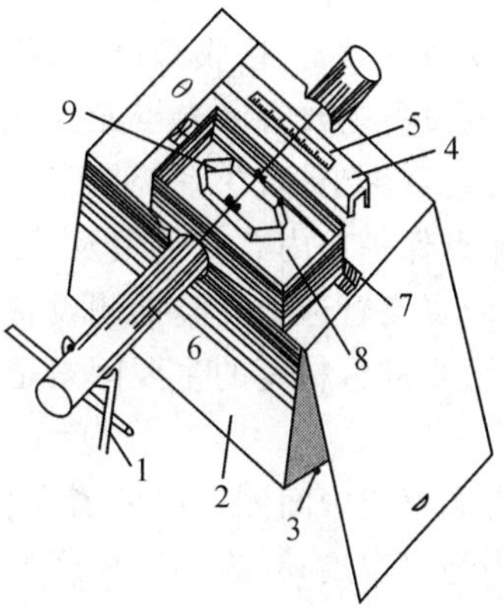

图 2-11　测点装置示意

注：1-保护管支架；2-测点保护箱；3-钢筋；4-槽钢；5-读数尺（标尺）；6-测线保护管；7-角钢；8-水箱；9-浮船

（3）测线越长引张线两端所需的拉力越大，长度为 200～600 m 的引张线，一般采用（40～80）×9.8N 的重锤张拉。

（4）钢板尺必须选择优质不锈钢钢板尺，最小分划线为毫米。浮托装置包括支承钢丝的浮船、水盒。浮船的排水量为

$$Q=\frac{1}{2}(S_1+S_2)W_1+W_2 \tag{2-2}$$

式中，Q 为排水量；S_1 为本点与左侧邻近测点之间的距离；S_2 为本点与右侧邻近测点之间的距离；W_1 为钢丝的单位长度重量；W_2 为浮船自重。

为了提高引张线的灵敏度，应选用两头呈尖形的浮船；浮船体积一般为排水量的 1.2～1.5 倍，水盒的尺寸大小应使浮船在其内有充分的活动余地。为防止意外损坏和防风，应设置保护装置，即在端点处设立观测室、测点处设立保护箱、测线全部置于保护管内。保护管直径的设计需要考虑测线的弧垂、管身弯曲、安装误差、坝体变形等因素。测线弧垂为

$$D=S^2W/(8H)$$

式中，S 为测点间距；W 为钢丝单位长度重量；H 为水平拉力，近似等于锤重。

若混凝土坝引张线测点间距约 24 m，选用钢丝直径为 1 mm，悬挂重锤的重量为 40 kg，可算得测点间钢丝的弧垂值为 10 cm，所以保护管的直径应大于 100 mm。

利用引张线法测定坝块水平位移量，是由测点处的引张线观测值和端点处的倒垂线观测值共同计算得出的。根据大量实测资料统计，引张线法测定建筑物水平位移量的中误差为 ±(0.1～0.3) mm。

随着大坝安全监测的自动化程度不断提高，引张线观测也由人工观测向自动化方向发展，迄今已取得不少成果。在实现引张线的自动化时，如未能对引张线水箱加水、浮船位置调整等方面实现自动化，就不能将引张线线体自动调整为准直线，无论引张线遥测仪精度再高，测值

也不能反映坝体的实际变形。因此，在实现引张线的自动化时，不仅要实现测读数据自动化，还应有相应的引张线自动化规套设备。

(二)真空激光准直法

真空激光准直法是一种光学准直测量法，它以激光光束作为标准直线。真空激光准直系统由激光发射端设备、接收端设备、测点设备、真空管道和真空抽测设备等组成。

发射端设备主要有激光点光源、平晶密封段等。接收端设备主要有平晶密封段、人工观测坐标仪、自动观测坐标仪、系统控制终端、系统采集终端等。在坝上需要观测位移的坝块上设置测点，测点保护箱内有波带板及其遥控定位设备。箱侧两端用金属波纹管实现与真空管道的软连接。真空管道和真空抽测设备主要由真空管道、真空机组和真空检测设备所组成。

影响激光准直精度的主要因素是折光差。光学准直法折光差的近似公式为

$$Q=0.394u\times v(P/T^2)\delta_t\times10^{-6} \tag{2-3}$$

式中，Q 为准直线中间测点偏离值中含有的折光差；u、v 分别为测点到两端点距离；P 为气体压强；T 为绝对温度；δ_t 为温度梯度。

从式(2-3)可知，准直线中间测点偏离值中的折光差最大，即 $u=v=L/2$ 时，式(2-3)可改写为

$$Q=0.098L^2(P/T^2)\delta_t10^{-6} \tag{2-4}$$

式中，L 为准直线两端点之间距离。

从式(2-4)可以看出，测线中间点最大折光差与准直线两端点之间距离平方、真空管内气体压强及温度梯度成正比。为了保证激光准直的精度，真空管道内的气压一般应控制在20 kPa以下，但长距离激光准直测线，真空管道内的气压控制值应由式(2-3)算得。

根据有关资料报道，真空激光准直的综合精度为±(0.1～0.3) mm，精度较高。自动化程度也很高，尤其是能同时获得水平和垂直位移的监测成果，优点很明显；缺点是工程建造和维护费用较高，由于是集中式监测，部分设备故障可能造成全线无法监测。例如，若测线中间有一个测点的起落架发生故障阻断激光线，则全线测点都将无法取得观测值。

(三)大地测量法

大地测量法是监测建筑物及其基础、滑坡、高边坡等变形的一种重要方法，尤其是监测滑坡和高边坡变形的主要方法。

近年来随着高精度电子经纬仪、测距仪、测量机器人等仪器的出现，大大提高了大地测量仪器的自动化水平。在此基础上，长江勘测技术研究所研究成功了大地测量监测自动化系统，实现了监测方案优化和观测、数据通信及成果处理分析的自动化，大大提高了监测精度和监测速度，较好地满足了安全监测快速、高精度的要求，在三峡工程的应用中取得了较好的效果。

(四)GPS 测量法

目前，变形监测网和大地测量监测点大多数是应用边角测量方案来实现的。随着 GPS 技术的不断进步，应用 GPS 测量法进行变形监测已成发展趋势之一，其观测精度已逐渐能满足大坝安全监测的要求，而自动化水平也可以大大提高，所以 GPS 测量法在工程变形监测中有望得到广泛的应用。

应用 GPS 测量法进行工程安全监测的主要优点有以下几点：

(1)网形灵活，有利于图形优化。GPS 测量法不受通视条件的限制，选点较为灵活，有利于图形优化，提高网形设计精度。

(2)自动化程度高。用 GPS 接收机进行测量时，只要将天线准确地安置在测站上，主机就可安放在离测站不远处，也可放在室内，通过专用通信线与天线连接，接通电源，启动接收机，仪器就自动开始工作。结束测量时，仅需关闭电源，取下接收机，便完成了野外数据采集工作。如果在一个测站上需进行较长时间的连续观测，目前已有接收机可储存连续几天的观测数据，十分方便。如果对每一监测网点都建立观测房，就可以进一步实现全自动化观测。

(3)观测速度快。应用 GPS 测量法，观测迅速，根据有关资料的统计比常规测量快 2～5 倍。

(4)精度高。近年来随着 GPS 技术的进步，其测量精度也大大提高，基本上已能满足变形监测的精度要求，而且由于该项技术发展很快，前途越见光明。

(5)可全天候监测。GPS 观测不受气候等外界因素的影响，即使风雨交加也可进行观测，这是常规测量法无法实现的，这个优点对于实现汛期实时监测尤为重要。

(6)有利于基准点的选定。应用 GPS 测量法建立工程变形监测网，布设范围可扩大至更加稳定的区域，有利于建立稳定可靠的变形监测基准点。

(五)倒垂组

在一个观测室内设置几条不同埋设深度的倒垂线，即构成一个倒垂组。通过它可以深入了解关键部位基础下不同深度的岩体的变形规律。这种方法目前越来越受到重视。例如，意大利的 Ridracoli 坝和我国的葛洲坝均用倒垂组法对关键部位基础岩体进行监测。意大利的 Ridracoli 坝还实现了联机实时监测，对大坝安全进行实时预报，取得了较好的效果。

(六)视准线法

视准线法是一种光学准直测量法，适用于任何地形条件，所以在安全监测中应用比较广泛，特别是在土石坝、滑坡监测中应用尤多。近年来，随着测量机器人的开发，可将其用于视准线观测，有助于使视准线观测实现自动化。但是，视准线法受外界气候条件影响较大，根据大量实测资料统计分析，视线总长度在 300 m 左右时，测定水平位移中误差约为±1 mm；随着视线长度增加，精度将很快下降，所以视准线法只能应用于视线长度不长或精度要求不太高的监测部位。

(七)倾斜仪

为了测定坝体或边坡岩体的水平位移及倾斜变化，特别是量测深部岩体结构面上下岩盘间的错动，可使用便携式或固定式倾斜仪，而较为常用的是便携式倾斜仪。目前，国内外倾斜仪的性能——测量范围、灵敏度、精度都相似，而长期稳定性方面国产倾斜仪比国外知名品牌倾斜仪尚有一定差距。

(八)多点位移计

量测建筑物及其基础某一特定方向的位移常用多点位移计。多点位移计有杆式和弦式两种，由于受材料徐变影响，弦线常随着时间延长而产生松弛，不能真实地传递位移，特别是用于深孔时，观测值的精度和可靠性较差。杆式仪器能较好地传递位移，观测值的可靠性与精度易于得到保证，因此杆式多点位移计使用较为普遍。

(九)测缝计

测定裂缝相对位移的测缝计有人工量测和自动化量测两种。人工量测裂缝的方法是在裂缝两边埋入测头，定期使用游标卡尺测量裂缝的位移。人工法可以量测较宽的表面裂缝，但应用部位受限制且不能实现自动化，难以广泛应用，所以最常应用的还是电测测缝计。

(十)伸缩仪

伸缩仪是精密测量两点水平距离相对变化的仪器，目前国内常用的 SS-4 型丝式伸缩仪，同时具有人工量测和自动量测的功能，在伸缩仪测线上逐段增加测点，以监测各点间的相对变化。配接数据采集器或测量控制单元，可与计算机联网。在三峡工程永久船闸排水洞廊道内，应用伸缩仪监测船闸高边坡不同深度的岩体的水平位移，可以取得较好效果。

(十一)精密量距

精密量距是一种精密测量两点间水平距离的方法，这种方法还常用于检测伸缩仪、竖直传高仪内的钢丝(殷钢丝)的材料徐变值。

(十二)精密导线

精密导线法是我国 20 世纪 80 年代初研发的监测拱坝水平位移的方法。导线边长及转折角复测采用固定的专用精密测量设备，如图 2-12 所示，它们由三槽式测角底盘、底盘中心处的微型双丝觇标、用于测量导线边长变化的殷钢丝、殷钢丝固定端的夹线卡座、活动端的衡拉力架及读数轴杆头等构成。这些设备都安置于测墩顶部的一块 300 mm×300 mm 的钢板上。应用这套专用精密测量设备，不仅方便量边、测角及设备保护，而且保证了导线边长变化与导线两测角中心点间距离变动一致。该方法已应用于丹江口混凝土坝左右岸转弯坝段的水平位移监测，并取得了较好效果。

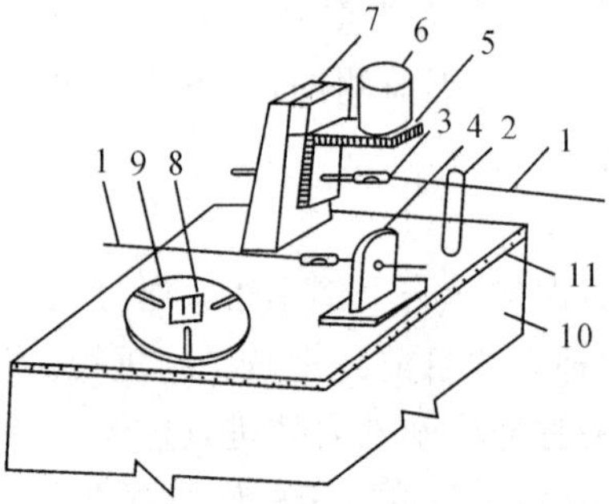

图 2-12　导线边长及转折角测量设备

注：1-殷钢丝；2-轴杆头；3-固定卡头；4-夹线卡座；5-L 形连接板；6-重锤；7-拉力架；8-微型觇标；9-仪器底盘；10-观测墩；11-观测墩连接板

二、垂直位移的监测

垂直位移监测的量测方法较多，主要有精密水准、液体静力水准遥测仪、垂直位移自动化监测系统、竖直传高、真空激光准直、三角高程测量、测温钢管标等。

(一)精密水准测量

应用精密水准法进行建筑物及其基础垂直位移监测，是目前国内外应用最为广泛的方法。从基准点(或工作点)出发，沿水准路线上施测各个垂直位移监测点(坝体上的监测点，多采用地面标志、墙上标志等标型；坝外测点多采用岩石标、钢管标等标型)。在垂直位移监测路线中应尽量设置固定测站和固定转点，每测次都保持相同，这将大大提高水准测量的精度和速度。

应用精密水准法进行建筑物及其基础垂直位移监测，不仅具有精度高、成果可靠的优点，而且是目前将坝外水准工作点高程传入坝内的主要手段。但其缺点是观测工作量大，目前尚处于人工操作状态，尽管近年来采用了电子水准仪和电子记录，自动化程度有所提高，但仍只能达到半自动化的水平。

(二)液体静力水准遥测仪

大坝(包括建筑物与基础)的垂直位移量是评价大坝安全度和验证水工设计参数的重要效应量。采用精密水准测量法施测，虽耗费很大力量，但在速度和精度方面都不尽如人意，在重要时刻(如汛期)难以及时提供垂直位移量变化状态的信息。为此，通过近 20 年的研究开发，坝内垂直位移监测逐步应用液体静力水准遥测仪来代替精密水准法以实现自动化观测，为实时评价大坝安全度提供可靠数据。

（三）垂直位移自动化监测系统

应用静力水准仪测得的垂直位移量仅是相对垂直位移量，还需组成垂直位移监测自动化系统，才能及时为预报大坝安全提供依据。通过多年努力，由长江勘测技术研究所和中国地震局地震研究所共同联合研制成了 VAMS 型大坝垂直位移自动化监测系统。

VAMS 型大坝垂直位移自动化监测系统主要由液体静力水准遥测仪、水准工作点、数据采集装置（ICU 或称为 DAU）和相应数据自动采集、管理及处理分析软件等组成。静力水准遥测仪只能量测各测点之间的相对垂直位移量，因此必须建立垂直位移工作点，与静力水准遥测仪联系在一起，从而获得各测点的绝对垂直位移量。水准工作点一般采用双金属标型。根据我们的研究，双金属标所采用的钢、铝心管，要分别取样并依据标深确定检测精度检定其膨胀系数，心管必须具有合适的刚度，当标志深度确定后，需依据材料力学计算该标心管的直径，从而保证双金属标具有更准确、可靠的性能。目前双金属标遥测仪已研制成功，将它与静力水准遥测仪配合使用，可实现垂直位移监测系统的自动化。

（四）竖直传高

所有的水利枢纽都需要将高程从一个高程面传递到另一个高程面，如将高程从基础引测至大坝顶部，从某一廊道引测至另一廊道。因此，高程传递是大坝垂直位移监测系统中必不可少的组成部分，是联系坝顶和基础、表层和深层、局部和整体的一个纽带。目前，国内外实施的垂直位移自动化大都是相对独立的系统，得到的是相对位移量。若是能实现高程传递自动化，就能把各部位相对的垂直位移自动化系统联系起来，使用统一基准，得到绝对位移量，成为完整的垂直位移自动化系统。

实现高程传递较为常用的有钢带尺（或线尺）测量法、光电测距法、竖直传高仪法。其中竖直传高仪法优点较多。

（五）真空激光准直法

真空激光准直测量法不仅能监测水平位移，还能监测垂直位移，观测精度可达 0.1～0.3 mm。该法一般与双金属标型的工作点构成一个系统，能同时测得相对垂直位移量和绝对垂直位移量。

（六）三角高程测量法

坝外垂直位移监测还常用三角高程测量法。三角高程测量法是测定两点间的边长和垂直角，通过计算求得两点间的高差，不同测次之间的高差之差即为垂直位移量。这种方法不仅简单、快速，而且可以监测那些人员难以到达点位的垂直位移量，特别适用于近坝区岩体、高边坡和滑坡体的垂直位移监测。近年来随着测量机器人的推广应用，三角高程测量法在拱坝和土坝的监测中也得到了广泛应用，从而达到应用测量机器人同时实现水平位移和垂直位移监测自动化的目的。但是该方法的精度受大气折光影响较大，限制了它的使用范围，一般要求推算边长不应大于 600 m，每条边的测边中误差不应大于 3 mm，量测仪器高的中误差不得大于 0.1 mm。还应采取多种技术措施减少垂直折光影响，以提高测定垂直位移量的精度。

（七）测温钢管标

为了监测重点部位深层岩体的垂直位移，常应用测温钢管标进行测定。若还需监测不良地质夹层的相对变形，可在不良地质夹层的上下盘各设置一座测温钢管标，能获得准确可靠的、绝对和相对的垂直位移量，这种监测方法在葛洲坝工程软弱夹层监测中取得了较好效果。

三、挠度监测

建筑物的挠度监测是测定建筑物某个垂直面内不同高程点相对于底部基点的水平位移。对水工建筑物(尤其是拱坝及双曲拱坝)进行挠度监测，可以了解不同高度处的坝体的水平位移状况，为分析坝体的变形、应力状态和安全状态等提供必要的资料。

挠度监测分为建筑物挠度监测和基岩挠度监测两大类。

(一)建筑物挠度监测

建筑物挠度监测目前常用的设施是正垂线。正垂线法具有设备简单、施工方便、造价低和观测精度高等优点。利用正垂线观测坝体挠度有两种方法，即多点观测法和多点夹线法。它们各有优缺点，应根据被监测建筑物的特点合理选用。

(1)多点观测法。多点观测法是在每个观测点上设置观测墩，放置垂线坐标仪观测同一根自由铅垂的正垂线，以获得挠度观测数据，比较适用于自动化观测。但由于每个观测点都需要一台观测仪器，故设备费用较高。

(2)多点夹线法。多点夹线法是把一台垂线坐标仪设置在高程最低处的观测墩上，在不同高程的各个观测点处埋设活动夹线装置。进行观测时，自上而下(或自下而上)依次用各测点处的活动夹线装置夹住正垂线，待正垂线静止后应用垂线坐标仪读取各点对应的垂线坐标值，以获得挠度监测数据。

多点夹线法的优点是仅需一台坐标仪就可以进行，设备费用较低，但缺点是需多次夹放正垂线，不仅容易使线体受损伤而影响观测精度，而且较难实现自动化。因此，目前大型水利工程采用多点观测法的较多，而中小型工程如果对自动化要求不高，也可采用多点夹线法。

(二)基岩挠度监测

正垂线法只能测得坝体上不同高程点相对于坝基点的位移量，不能测得坝基深层岩体的位移量，然而坝基的位移情况对分析每一座大坝(尤其是薄拱坝)的安全是十分重要的，必须进行基岩的挠度监测。基岩挠度监测的主要方法分述如下。

1.钻孔倾斜仪

钻孔倾斜仪是目前测定基岩挠度变形较常用的方法，用于测定两个层面的相对变形，其精度是很高的。但由于受零点飘移、温飘、探头和导管精度等影响，钻孔倾斜仪的系统精度并不很高。例如，美国 Sinco 公司生产的 100 型倾斜仪，其读数灵敏度为±0.02 mm/500 mm，但系统精度仅为±6 mm/30 m。因此，应用钻孔倾斜仪测定岩体内两个层面的相对变形效果较好，用于监测变形量较大的土坝或高边坡的岩体变形效果也比较好，若用于大坝基础岩体变形，则往往难以满足精度要求。

2.倒垂线法

应用倒垂线测定基岩不同深度的水平位移，也是目前较常用的方法，它又可分为两大类，即倒垂组法和多点倒垂法。

(1)倒垂组法。应用倒垂组法测定基岩变形，又可分为倒垂组和多线倒垂两种。

应用倒垂组测定基岩变形是在同一位置设置几个不同深度的倒垂，以组成倒垂组来测定不同深度处的基岩变形。这种方法的优点是不仅可测出相对变形和绝对变形，而且准确可靠，所以被广泛用于关键部位的监测。

在大型工程中,常开凿了一些大口径观测竖井,可在其中安装由长江水利委员会综合勘测局研制成功的多线倒垂。

多线倒垂的大致结构是在竖井的中心设置一条倒垂线作为基点线(工作点),根据需要在不同高程处的竖井壁上埋角钢作为测点,测点处固定不锈钢丝(或殷钢丝)的一端,另一端牵到竖井口的观测架上,成为一条测点线。观测时,依次将测点线与浮体连接,使其垂直后用坐标仪进行读数。多线倒垂的优点是充分利用了大口径观测竖井,以达到监测基岩水平和垂直位移的目的。在新滩滑坡监测中使用,取得了较好的效果。

(2)多点倒垂法。多点倒垂法是利用一条倒垂线借助相关设备量测不同深度处基岩位移的一种方法,由苏联研制成功。它的大致结构与量测方法是:在一个大口径的倒垂孔内,中心位置安装一根倒垂线,沿孔壁在不同深度的岩体上安装测点装置,在孔口处有专用定位装置,还有坐标仪观测装置。施测时,使用专用的定位装置,使倒垂线卡在观测点装置上,待倒垂线静止后应用坐标仪测定该测点的观测值,以获得该点位移量。在苏联克拉斯诺亚尔斯克等大坝使用过这种多点倒垂,成果可靠,精度很好。但是它要求倒垂孔直径至少 60 cm,设备及其安装非常复杂,观测也较麻烦,这是它的不足之处。

四、倾斜监测

为监测大坝混凝土自重、库水位、温度等因素而引起的坝体及基础的倾斜(转动)性状,需要进行倾斜(转动角)监测。

坝体和坝基的倾斜监测,可应用精密水准、静力水准、倾角计、电水平尺和气泡倾斜仪等方法进行。基础部位的测点宜设在横向廊道内,也可在下游排水廊道和基础廊道内对应设置测点。坝体测点与基础测点宜设在同一垂直面上,并应尽量设在有垂线装置的坝段内。

(1)精密水准法。应用精密水准法测定坝体及其基础倾斜是最经典的方法。为了提高监测精度,应用精密水准法监测倾斜时,两倾斜测点之间距离,在基础附近不宜小于 20 m,坝顶不宜小于 6 m。

倾斜监测要求精度较高,需采用一等水准监测,按一等水准的要求测站高差中误差为 ±0.08 mm,计算可得基础倾斜的中误差可优于 ±0.8″,坝顶倾斜的中误差可优于 ±2.8″,可见其精度还是很高的。此法的主要缺点是目前尚处于人工观测状态,难以实现自动化。

(2)静力水准法。应用静力水准法可监测坝体及其基础的倾斜,测定基础倾斜的中误差可优于 ±(0.4″～0.7″),测定坝顶倾斜的中误差可优于 ±(1.4″～2.4″),精度是很高的,并且同时具有人工读数和自动化监测的功能。目前已得到广泛的应用,三峡工程就是应用静力水准法作为垂直位移和倾斜监测的主要手段。

(3)倾角计与电水平尺。倾角计用于测量某点的倾角变化,目前国内外倾角计种类很多,仪器的分辨率为 0.2″～8″,测量范围为 ±(10°～53°),可以根据工程需要选择适用仪器。

倾角计的主要优点是:没有必须有一定距离的要求,所以实际使用时比较方便。其不足之处是由于倾角计是点测量,受所在点温度等局部变化影响较大,如点位布设不当,将影响其监测精度。为此,倾角计应尽可能布设在温度变化较小的地方。

为了减少倾角计受局部温度的影响,美国 Sinco 公司推出了 EL 水平原位倾斜仪,该仪器能测量 1 m 以内一个方向相对两点的倾角变化,也可联结起来进行多点测量,还可进行遥测。

(4)气泡倾斜仪。气泡倾斜仪内有一个精密的长水准器,其格值一般为 5″左右,其底座长度不小于 300 mm。气泡倾斜仪也用于监测某监测点的倾斜值。

五、特殊基础的变形监测

一个理想的变形监测系统量测各种变形量的基准值应是原始状态下的初始值。但是有的变形量由于受外界条件限制,无法测得初始值。例如,基础岩体地质条件非常复杂时需进行的基础回弹监测,其初始值应为覆盖层开挖前的观测值,开工前无法测得,只得以开挖到建基面后测得的首次值来作为基准值。由于没有收集到完整的监测数据,必将影响到对建筑物及其基础安全评估分析的准确性,所以在基础岩体地质条件复杂的特殊情况下应采取一些特殊方法补救,以便得到较为完整的监测资料。为此需要进行特殊基础条件下的变形监测,尽可能多地获得基岩的变形全过程数据。目前,特殊基础条件下的变形监测主要有以下监测内容。

(一)基础岩体回弹变形监测

为了测得基础岩体回弹变形垂直位移的完整数据系列,在开挖前,应尽早利用地质勘探阶段的大口径(直径为 800～1 000 mm)钻孔,沿孔深在孔壁上预先设置几行测点(以水工建筑物设计基础面高程以下部位为重点),随着覆盖层的开挖,定期采用精密水准测量结合竖直传递高程法量测孔壁上那些测点的高程变化,从而了解基础岩体回弹变形的全过程。根据这些实测的监测数据,为确定数学模型中的基岩变形性能模拟提供依据,以便选取合适的解释模型,采用反馈分析技术,对施工期特殊基础条件下的基岩变形的可能极限值作出预报,以求达到既确保建筑物安全又节省工程费用的目的。这种量测基础岩体回弹变形的监测方法,在葛洲坝工程中得到应用,并取得了较好效果。

(二)在地应力作用下的基础岩体错动变形监测

在地质条件非常复杂(如基岩存在软弱夹层)的特殊情况下,深挖基坑(或高边坡)边壁临空面很高大时,地应力可能沿其作用方向推动剪切带的上盘岩体,使之循其主滑面产生错动变形,这是基坑(或高边坡)施工和未来建筑物不安全的重要因素。为此,必须在开挖前就建立量测深挖基坑(或高边坡)边壁位移的测点,应用边角交会法或视准线法测定深挖基坑(或高边坡)边壁的水平位移,应用精密水准法测定深挖基坑(或高边坡)边壁的垂直位移。为了进一步深入了解在地应力作用下的岩体错动变形,还应充分利用地质勘探平硐和大口径钻孔进行监测。

任务 2-5　水利工程变形监测的资料整理

一、观测资料整理分析的一般规定

对观测分析的基本要求是应正确、深入地认识大坝工作状态和测值变化规律,准确、及时地发现问题和作出安全判断,充分利用现场观测所取得的信息,有效地为安全运行和设计、施工、科研服务。

对观测资料的分析要客观和全面,切忌主观和片面,力求较正确地反映坝体变形的真实情况和规律。要把握监测值和结构状态的内在联系,不停留在表面的描述上。在观测手段所提供的信息范围内,对大坝所存在的较大问题,要找得准,既不遗漏,也不虚报;要抓得及时,在有明显迹象时就应察觉,在可能带来严重后果之前就有明确的判断。

为了做好观测分析工作,除了要具备数量上充分、质量上合乎要求的观测资料以外,还应详尽地阅读大坝的勘测、设计、施工资料，掌握观测期坝址水文、气象、地震等资料，在这个基础上运用适当的方法，通过认真细致的工作，从资料中提炼出有用的信息。

具体来说应遵守以下规则：

(1)资料分析的项目、内容和方法应根据实际情况而定，但对于变形量、渗漏量、扬压力及巡视检查的资料必须进行分析。

(2)直接反映大坝工况(如大坝的稳定性和整体性，灌浆帷幕、排水系统和止水工作的效能，经过特殊处理的地基工况等)的监测成果，应与设计预期效果相比较。

(3)应分析大坝材料有无恶化的现象，并查明其原因。

(4)对于主要监测物理量应建立数学模型，借以解释监测量的变化规律，预报将来的变化，并确定技术警戒范围。

(5)应分析各监测量的大小、变化规律及趋势，揭示大坝的缺陷和不安全因素。

(6)分析完毕后应对大坝工作状态作出评估。

二、观测资料分析的内容和方法

在观测设计付诸实施、观测设备已经安装埋设、投入使用以后，原型观测包括现场观测、成果整理、资料分析三个环节。能真实反映实际情况并具有一定精度的现场观测，是整理分析工作的基础和前提；而将观测数据加工成理性认识的分析成果，则是观测目的的体现；根据现场记录进行计算得到所观测物理量的数值，并将它编列成系统的、便于查阅使用的图、表、说明的工作，通常称作“整理”，它是介于现场观测和资料分析之间的中间环节。

(一)观测资料分析的基础工作

(1)资料的收集与积累。观测成果体现为一定形式的资料，观测资料是观测工作的结晶。收集和积累观测资料才能为利用观测成果提供条件。为了对观测成果进行分析，必须了解各种有关情况，这也需要有相当的资料。因此，收集和积累资料是整理分析的基础。观测分析水平与分析者对资料掌握的全面性及深入程度密切相关。正确的结论只能来自适当收集的具有代表性的资料。观测人员必须十分重视收集和积累资料，并熟悉资料。资料收集、积累的范围与数量，应根据需要与可能而定，厂部、分场和班组存档的分工应便于使用，并有利于长期管理和保存。

为了做好观测分析工作，应收集、积累或熟悉、掌握的资料有以下三个方面：

第一，观测资料。①观测成果资料，包括现场记录本、成果计算本、成果统计本、曲线图、观测报表、整编资料、观测分析报告等；②观测设计及管理资料，包括观测设计技术文件和图纸、观测规程、手册、观测措施及计划、总结、查算图表、分析图表等；③观测设备及仪器资料，包括观测设备竣工图、埋设安装记录、仪器说明书、出厂证书、检验或鉴定记录、设备变化及维护、改进记录等。

第二，水工建筑物资料。坝的勘测、设计及施工资料包括坝区地形图、坝区地质资料、基础开挖竣工图、地基处理资料、坝工设计及计算资料、坝的水工模型试验和结构模拟试验资料、混凝土施工资料、坝体及基岩物理力学性能测定结果等。坝的运用、维修资料包括上下游的水位流量资料、气温、降水、冰冻资料、泄洪资料、地震资料。坝的缺陷检查记录、维修、加固资料等。

第三，其他资料。包括国内外坝工观测成果及分析成果，各种技术参考资料等。

(2)观测资料的整理与整编。从原始的现场观测数据，变成便于使用的成果资料，要进行一定的加工,以适当的形式加以展示,这就是观测资料整理。清楚而明晰的展示,对于了解和正确地解释资料有重要的帮助。观测资料整理是资料分析的基础,常包括计算、绘图、编成果册三个环节。

第一,计算。把现场数化为成果数值,如根据水准测量记录测点高程及垂直位移等。

第二,绘图。把成果数据用图形表示出来,如绘制过程线、分布图、相关图等。根据几何原理,用曲线的形式、形状、长度、曲率、所围面积或用散点、曲面等几何图形来表示观测值与时间、位置、各有关物理量之间的关系,这就是观测成果的作图表示法。它简明直观地展现出观测值的变化趋势、特点、相互关系等,是观测资料整理中最常用的成果表达方式,如等值线图。

第三,编成果册。把成果表、曲线图作适当整理并加以说明,汇编成册,提供使用。

(3)观测资料的初步分析。观测资料分析是从已有的资料中,抽出有关信息,形成一个概括的、全面的数量描述的过程,并进而对资料作出解释、导出结论、作出预测。初步分析是介于资料整理和分析之间的工作。常用的方法是绘制观测值过程线、分布图和相关图,对观测值作比较、对照。

第一,绘制观测值过程线。以观测时间为横轴,所考查的观测值为纵坐标点绘的曲线叫过程线,它反映了观测值随时间而变化的过程。由过程线可以看出观测值变化有无周期性,最大值最小值是多少,一年或多年变幅有多大,各时期变化梯度(快慢)如何,有无反常的升降等。图上还可同时绘出有关因素如水位、气温等的过程线,来了解观测值和这些因素的变化是否相适应,周期是否相同,滞后多长时间,两者变化幅度大致比例等。图上也可同时绘出不同测点或不同项目的曲线,来比较它们之间的联系和差异。

第二,绘制观测值分布图。以横坐标表示测点的位置,纵坐标表示观测值所绘制的台阶图或曲线叫分布图,它反映了观测值沿空间分布情况。由图可看出观测值分布有无规律,最大、最小数值在什么位置,各点间特别是相邻点间的差异大小等。图上还可绘出有关因素如坝高等的分布值,来了解观测值的分布是否和它们相适应。图上也可同时绘出同一项目不同测次和不同项目同一测次的数值分布,来比较其间的联系和差异。

当测点分布不便用一个坐标来反映时,可用纵横坐标共同表示测点位置,把观测值记在测点位置旁边,然后绘制观测值的等值线图进行考察。

第三,对观测值作比较对照。

与历史资料对照。和上次观测值相比较,看是连续渐变还是突变;和历史极大、极小值比较,看是否有突破;和历史上同条件观测值比较,看差异程度和偏离方向(正或负)。比较时最好选用历史上同条件的多次观测值作参照对象,以避免片面性。除比较观测值外,还应比较变化趋势、变幅等方面是否有否异常。

与相关资料对照。和相邻测点观测值互作比较,看它们的差值是否在正常范围之内,分布情况是否符合历史规律;在有关项目之间作比较,如水平位移和挠度,坝顶垂直位移和坝基垂直位移等,看它们是否有不协调的异常现象。

与设计计算、模型试验数值比较。看变化和分布趋势是否相近,数值差别有多大,测值是偏大还是偏小。

与规定的安全控制值相比较,看观测值是否超限。和预测值相比较,看出入大小是偏于安全还是偏于危险。

（二）观测资料分析的内容

观测资料分析的主要内容包括十个方面。

(1)分析监测物理量随时间或空间而变化的规律。①根据各物理量的过程线，说明该监测量随时间而变化的规律、变化趋势，其趋势有否向不利方向发展；②同类物理量的分布曲线，反映了该监测量随空间而变化的情况，有助于分析大坝有无异常征兆。

(2)统计各物理量的有关特征值。统计各物理量历年的最大和最小值(包括出现时间变幅、周期、年平均值及年变化趋势等)。

(3)判别监测物理量的异常值。主要进行以下判别：①将观测值与设计计算值相比较；②将观测值与数学模型预报值相比较；③将同一物理量的各次观测值相比较，同一测次邻近同类物理量观测值相比较；④看观测值是否在该物理量多年变化范围内。

(4)分析监测物理量变化规律的稳定性。主要进行以下分析：①历年的效应量与原因量的相关关系是否稳定；②主要物理量的时效量是否趋于稳定。

(5)应用数学模型分析资料。对于监测物理量的分析，一般用统计学模型，也可用确定性模型或混合模型。应用已建立的模型作预报，其允许偏差一般采用$\pm 2s$(s为剩余标准差)；分析各分量的变化规律及残差的随机性；定期检验已建立的数学模型，必要时予以修正。

(6)分析坝体的整体性。对纵缝和拱坝横缝的开度及坝体挠度等资料进行分析，判断坝体的整体性。

(7)判断防渗排水设施的效能。根据坝基(拱坝拱座)内不同部位或同部位不同时段自渗漏量和扬压力观测资料，结合地质条件分析判断帷幕和排水系统的效能。在分析时，应注意渗漏量随库水位的变化而急剧变化的异常情况，还应特别注意渗漏出浑浊水的不正常情况。

(8)校核大坝稳定性。重力坝的坝基实测扬压力超过设计值时，应进行稳定性校核。拱坝拱座出现上述情况时，也应校核稳定性。

(9)分析巡视检查资料。应结合巡视检查记录和报告所反映的情况进行上述各项分析。

(10)评估大坝的工作。根据以上的分析判断，按上述有关规定，对大坝的工作状态作出评估。

（三）观测资料分析的方法

资料分析的方法有比较法、作图法、特征值的统计法及数学模型法。

1.比较法

比较法有监测值与技术警戒值相比较、监测物理量的相互对比、监测成果与理论的或试验的成果(或曲线)相对比。

(1)技术警戒值是大坝在一定工作条件下的变形量、渗漏量及扬压力等设计值，或有足够的监测资料时经分析求得的允许值(允许范围)，在蓄水初期可用设计值作技术警戒值，根据技术警戒值可判定监测物理量是否异常。

(2)监测物理量的相互对比是将相同部位(或相同条件)的监测量作对比，以查明各自变化量的大小、变化规律和趋势是否具有一致性和合理性。

例如，图2-13(a)是某大坝在灌浆廊道内各测点的垂直位移分布图，图2-13(b)是此大坝在灌浆廊道内测得的坝基垂直位移过程线，三条过程线相应的测点分别位于25、30、33坝段。这些过程线表明在1978年上半年前，30坝段与25及33坝段的观测值变化速率是不一致的。经检查30号坝段处在基岩破碎带范围内，于是对该坝段基岩部位进行了灌浆处理。从1978年下半年开始，30号坝段的垂直位移增长速率与其他两坝段的垂直位移增长速率基本上就一致了。

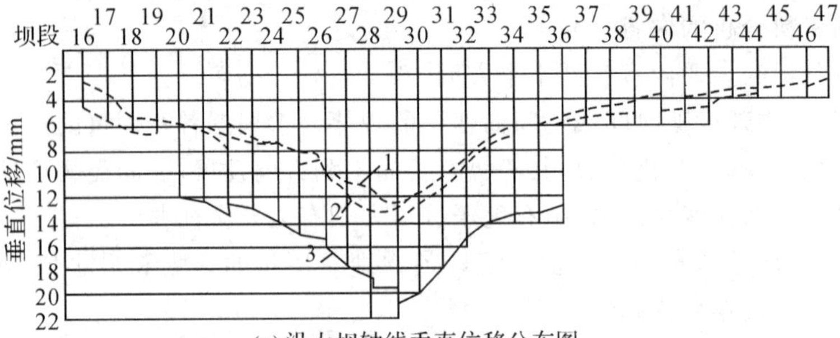

(a) 沿大坝轴线垂直位移分布图

注：1-1978年8月；2-1978年11月；3-1979年4月

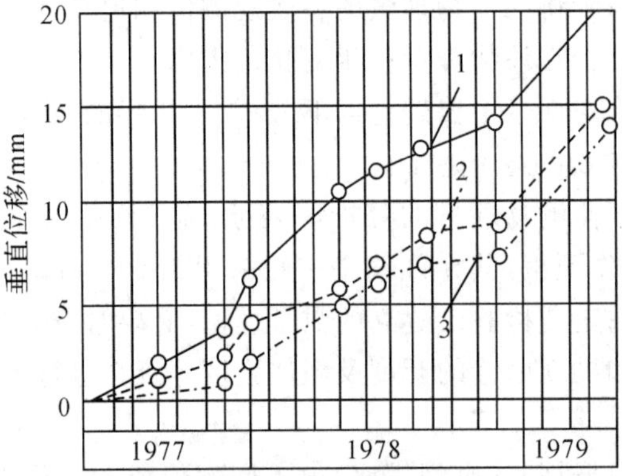

(b) 垂直位移过程线

注：1-30坝段；2-25坝段；3-33坝段

图 2-13 坝基垂直位移观测结果

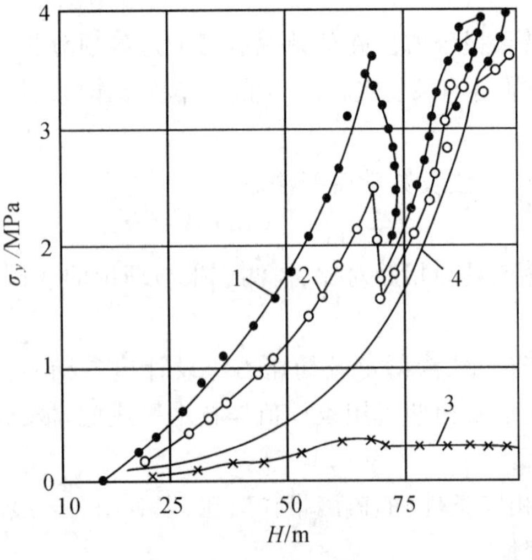

图 2-14 坝踵混凝土应力 σ_y 与上游水位之间关系

注：H-上游水位；1-第 39 号电站坝段；2-第 26 号非溢流坝段；3-第 32 号电站坝段；4-按有限单元法计算的 $\sigma_y=f(H)$

(3)监测成果与理论的或试验的成果相对照比较其规律是否具有一致性和合理性。图 2-14是某大坝的坝踵混凝土应力 σ_y 与上游水深之间的相关图。从这张相关图可以看出，第 32 号坝段实测坝踵部位混凝土应力 σ_y 曲线与上游水位的升高无关，且与有限单元计算的曲线及 39、26 号坝段坝踵部位实测应力的变化规律也不一致。经研究，第 32 号坝段坝踵接缝已经裂开，因而产生这种现象。

2. 作图法

根据分析的要求，画出相应的过程线图、相关图、分布图及综合过程线图等。由图可直观地了解和分析观测值的变化大小及其规律，影响观测值的荷载因素和其对观测值的影响程度，观测值有无异常。

图 2-15 是根据变形过程线来判断观测值所处状态的示意图。图 2-16 是某坝坝基发生

漏水事故中13号垛水平位移过程线。由过程线可知，1962年11月6日该垛位移值突然增大，向下游移动达19.56 mm，向右达14.53 mm，位移的上下游向和左右向的变化率也与以前的速率有着显著差异，这是该事故在水平位移观测值中的异常反应。

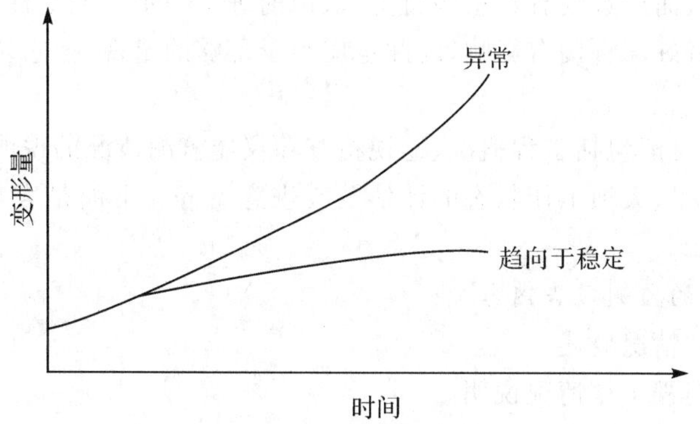

图2-15　变形量随时间的变化过程

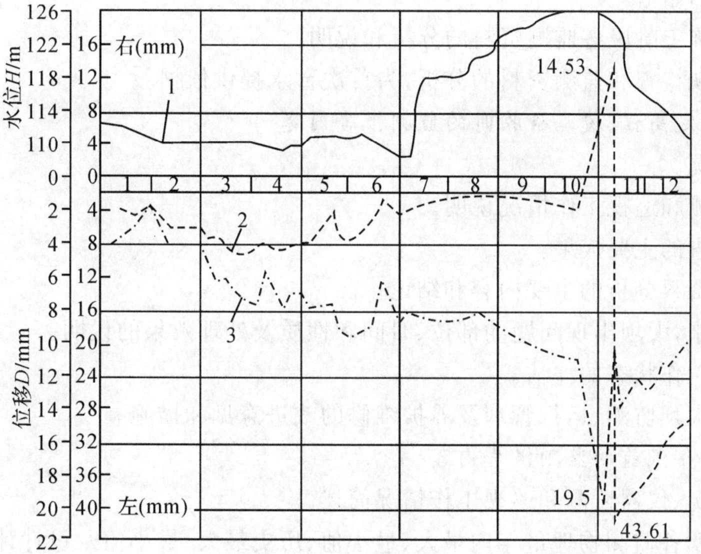

图2-16　某坝1962年13号垛水平位移过程线

注：1-库水位；2-左右向；3-上下向

3.特征值的统计法

特征值包括各物理量历年的最大值和最小值（包括出现时间）、变幅、周期、年平均值及年变化趋势等。通过特征值的统计分析，可以看出监测物理量之间在数量变化方面是否具有一致性和合理性。

4.数学模型法

用数学模型法建立原因量（如库水位、气温等）与效应量（如位移）间的关系是监测资料定量分析的主要手段。它分为统计学模型、确定性模型及混合模型。有较长时间的观测资料时，一般常用统计模型(回归分析)。当有可能求出原因间的函数关系时,也可采用确定性模型或混合模型。

从成果的形式看,资料分析的方法还可以分为定性分析和定量分析两种。前者所得的认识是分析的初步阶段;而后者则有数量的概念,认识前进了一步。但定性分析是定量分析的基础,对定量分析的质量好坏直接有影响,因此也应给予足够的重视,把它切实做好。

(四)监测报告

监测报告的内容一般包括工程概况、巡视检查和仪器监测情况的说明、巡视检查资料和仪器监测资料的分析结果、大坝工作状态的评估及改进意见等。下面是大坝各监测阶段时的监测报告内容。

1.第一次蓄水时的监测报告内容

(1)蓄水前的工程情况概述。

(2)仪器监测和巡视工作情况说明。

(3)巡视检查的主要成果。

(4)蓄水前各有关监测物理量测点(如扬压力、渗漏量、坝和地基的变形、地形标高、应力、温度等)的蓄水初始值。

(5)蓄水前施工阶段各监测资料的分析和说明。

(6)根据巡视检查和监测资料的分析,为首次蓄水提供依据。

2.蓄水到规定高程、竣工验收时的监测报告内容

(1)工程概况。

(2)仪器监测和巡视工作情况说明。

(3)巡视检查的主要成果。

(4)该阶段资料分析的主要内容和结论。

(5)蓄水以来,大坝出现问题的部位、时间和性质及处理效果的说明。

(6)对大坝工作状态的评估。

(7)提出对大坝监测、运行管理及养护维修的改进意见和措施。

3.运行期每年汛前的监测报告内容

(1)工程情况、仪器监测和巡视工作情况简述。

(2)列表说明各监测物理量年内最大、最小值、历史最大、最小值及设计计算值。

(3)年内巡视检查的主要结果。

(4)对本年度大坝的工作状态和存在问题作分析说明。

(5)提出下年度大坝监测、养护维修的意见和措施。

4.大坝鉴定时的监测报告内容

(1)工程概况。

(2)仪器监测和巡视工作情况说明。

(3)巡视检查的主要成果。

(4)资料分析的主要内容和结论。

(5)对大坝工作状态的评估。

(6)说明建立、应用和修改数学模型的情况和使用的效果。

(7)大坝运行以来,出现问题的部位、性质和发现的时间,处理的情况及其效果。

(8)根据监测资料的分析和巡视检查找出大坝潜在的问题,并提出改善大坝运行管理、养护维修的意见和措施。

(9)根据监测工作中存在的问题,应对监测设备、方法、精度及测次等提出改进意见。

5.大坝出现异常或险情时的监测报告内容

(1)工程简述。

(2)对大坝出现异常或险情状况的描述。

(3)根据巡视和监测资料的分析,判断大坝出现异常或险情的可能原因和发展趋势。

(4)提出加强监视的意见。

(5)对处理大坝异常或险情的建议。

任务 2-6　清江隔河岩重力拱坝安全监测

一、工程概述

隔河岩水利枢纽是湖北省清江干流第一期开发工程,是一座以发电为主、兼有防洪、航运等综合效益的大型水利枢纽。其重力拱坝坝顶全长 653.8 m,坝顶高程 206.0 m,最大坝高 151.0 m,底宽 75.75 m。大坝共分 30 个坝段,从右至左 1～5 号坝段为右岸重力坝,挡水前缘长 97.5 m;6～22 号坝段为重力拱坝,长 375.95 m;22～26 号坝段为左岸重力墩,长 80.0 m;27 号坝段由第一级垂直升船机上闸首占用,长 34 m;28～30 号坝段为左岸重力坝,长 66.0 m。重力拱坝布置在两岸不对称的 U 形峡谷中,右岸较陡,左岸在高程 130 m 以上地形渐缓,根据具体的地形、地质条件,在高程 150.0 m 以下设置重力拱坝,左岸高程 132.0～150.0 m 部位设置重力墩,以弥补地形上的不足。高程 150.0 m 以上设置重力坝,形成比较特殊的上部为重力坝、下部为重力拱坝的特殊坝型,简称上重下拱式组合坝型。经设计优化,将溢流坝段封拱高程由 150.0 m 提高到 180.0 m,并向两岸拱座逐渐降低,左岸降到 150.0 m,右岸降到 160.0 m。在立面上也形成一个略呈弧形的拱顶面,它不仅改善了坝体应力,使上下两种坝型应力协调,又使坝体体型美观、上下协调。

重力拱坝设计成上游面直立,下游面变坡的三圆心变截面体型,简称三心单曲重力拱坝。拱坝上游面的圆弧半径为 312 m(即坝轴线),中心角 14°～20°范围为等截面坝段,其下游坡度为 1∶0.5;两侧为变截面坝段,从拱冠至拱座,下游坡由 1∶0.5 渐变至 1∶0.7。

拦河大坝主要坐落在寒武系下统石龙洞组灰岩上,岩层总厚 142～175 m,岩层走向为北东 70°与河床近乎正交,倾向上游,倾角 25°～30°。两岸坝肩上部为平善坝灰岩页岩互层,坝基岩石较新鲜完整,具有筑高坝的地质条件。灰岩下面为石牌页岩,具有相对不透水性,为防渗帷幕提供了良好的隔水条件。灰岩岩性坚硬,页岩强度相对软弱。坝基主要工程地质问题是有顺河断层和软弱夹层,左岸有 F_8、F_{10}、F_{25} 断层,右岸有 F_{173}、F_{18}、F_{16}、F_4 和 F_{180} 断层,河床有 F_{12} 等断层。

隔河岩坝址位于石灰岩峡谷出口处,厚层石灰岩是良好的拱坝基础,但以下三方面的问题需要慎重对待。一是软弱夹层与断层相互切割,使坝肩岩体稳定性削弱,设计采用网络状混凝土传力柱、阻滑键,在岩体内部予以加固。坝肩的稳定至关重要,需要进行多方面的监测。二是左岸山势不够陡峭,坝的上部难以形成拱的作用,故坝体采用下拱上重的坝型。这种坝型结构新颖，虽经分析研究，但大坝的实际变形、应力和安全度还需用准确的监测资料验证。三是厚层灰岩喀斯特较发育，对深帷幕灌浆提出了很高要求，坝基的渗压渗流不仅是水量损失的问题，而且与坝体能否安全工作密切相关，也要求进行严密的监测。

二、变形监测设计

隔河岩重力拱坝变形监测是在整体联系网控制下，由分部、分项的变形监测组成监测体系。整体联系网是由水平位移监测网和垂直位移监测网与坝内的弦矢导线、竖直传高、精密几何水准及正倒垂线组成的从整体到局部、互为校核、互为基准的立体控制网络。在整体联系网的控制下，水平位移主要以倒垂作为工作点，用弦矢导线、精密测角导线、精密量距及正垂线进行分部监测。在倒垂线控制不到的地方，采用三角交会法或边角交会法补充监测其水平位移。垂直位移主要采用精密几何水准和静力水准的方法进行监测，其水准绒路起讫于监测部位附近所设置的水准工作点。

重力拱坝变形监测的重点是拱冠、1/4 拱圈及拱座部位，因而在 8 号、10 号、15 号、21 号及 26 号坝段各布置一个重点监测断面。在各重点监测断面上均布设有倒垂线、正垂线、弦矢导线测点和精密导线测点、精密水准点和静力水准点等，用以监测坝体各廊道层的水平位移和垂直位移。

(1)倒垂线。在坝体 1 号、8 号、10 号、15 号、21 号及 26 号坝段基础廊道、“右灌高程 82.5 m”及“左灌高程 107.5 m”平硐共布置了 11 条倒垂线(含 3 个倒垂组)。这些倒垂线和正垂线联系可监测坝体和基础重点部位的径向、切向位移和坝体挠度，以及深层岩体位移及夹层错动，同时充当导线的工作点。

(2)正垂线。在坝体 1 号、8 号、10 号、15 号、21 号及 26 号坝段、12 号和 17 号坝段的竖直传高孔内、左岸灌浆平硐吊物井和右岸灌浆平硐通风井内共布置了 20 条正垂线。同一坝段相距较远的正垂线和正垂线之间、正垂线和倒垂线之间的联系通过精密量距实现。

(3)精密测角导线。在坝体高程 145 m 廊道、“左灌高程 107.5 m”及“右灌高程 121.5 m”平硐内各布置一条精密测角导线。

(4)弦矢导线。在坝体高程 203.5 m 廊道布置一条弦矢导线。

(5)三角交会点。在坝体下游面及右岸拱座部位布置了 20 个三角交会点。

(6)静力水准。在坝体基础廊道、高程 85 m、高程 105 m、高程 122 m 及高程 145 m 廊道共布置了 9 套静力水准，共 49 个测点。

(7)精密几何水准。在静力水准测点、精密测角导线及弦矢导线测点处均对应布置一个墙上水准标点或地面水准标点；在坝体基础廊道、坝顶和“左灌高程 60 m”平硐布置精密几何水准线路。以上共计 98 个墙上水准标点和 111 个地面水准标点。

(8)深埋钢管标。在 15 号坝段基础布置了 2 个深埋钢管标，以监测基础不同深度的沉陷。

(9)竖直传高。在坝体 8 号、12 号、17 号及 26 号坝段各布置了一套竖直传高系统，以实现坝顶和坝体各层廊道之间的高程联系。

三、应力应变及温度监测设计

一般拱坝选取拱冠和 1/4 拱处的坝段作为主要监测坝段，然后沿不同高程选 3～5 个观测截面，每个截面上应布置 2～3 个测点。隔河岩重力拱坝选取拱冠 15 号坝段作为关键监测断面，右岸9号坝段和21号坝段作为重要监测断面。选取高程70 m、高程112 m、高程131 m及封拱顶面（高程152～178 m）等4个观测截面，仪器主要布置在这4个截面及基岩约束区，主要监测坝体应力、温度的分布和变化、坝体纵横缝开度的变化、深孔及廊道局部钢筋的受力情况、拱座部位的基岩变形及拱座推力等。

拱坝应力比较复杂，应力监测一般按三向应力布置，因此应变观测多用七至九向应变计组，少数可为五向应变计组。应变计组的主平面平行于大坝上下游面，即由水平、45°、垂直、135°方向四个仪器组成的平面应平行于上下游面，并配套布置无应力计。拱座处布置基岩变形计或多点位移计监测基岩的变形。为了解坝段之间接缝开合度情况，在不同高程布置测缝计。为了解坝体温度场的变化，在监测断面呈网格状布设温度计。在大坝与坝肩接触缝面布置应力计观测拱座推力。

拱座处理部位的监测包括左岸F_8断层、302号剪切带、G_9剪切带和右岸F_4断层、301号剪切带的阻滑键、传力柱，以及右岸拱座预应力加固处理部位监测，主要监测阻滑键和传力柱混凝土受力情况、混凝土和围岩结合面的变化、预应力的变化及预应力加固部位的岩体变形。

统计隔河岩重力拱坝在大坝和基础各部位共布置监测仪器859个，其中应变计363个、无应力计64个、应力计10个、钢筋计51个、渗压计7个、测缝计195个、基岩变形计10个、多点位移计5个（孔）、裂缝计4个、温度计145个、测力器5个。监测项目有应力监测、温度监测、基岩变形监测等。

四、渗流监测设计

（1）扬压力监测。根据大坝及基础的特点和渗控工程要求，对河床部位坝段、拱座坝段及消力池护坦进行重点监测。在大坝基础布置四条监测全断面（河床部位三条，重力墩一条），船闸设置一条监测断面。另在不同的坝段布置一定数量的零星测点，使之纵横对应，左右向也能形成若干条监测断面，以监测和分析大坝三向渗流情况。

坝体基础廊道及两岸灌浆平硐为监测纵断面，其中以高程120 m以下基础廊道、“左灌高程60 m”及“右灌高程82.5 m”平硐为重点监测部位，主要监测主排水帷幕处的扬压力及渗透压力；坝体基础的8～9号、11～12号、13～14号、15～16号、17～18号及21～22号横缝廊道为横向监测断面，主要监测坝基扬压力，以上部位共布置了100支测压管。另在14号坝段坝基布置了2支U形测压管。

在护坦左右和尾坎廊道的封闭帷幕前及排水幕处共布置了8个测压管，以监测帷幕的防渗效果；在护坦的中间底板基础部位布置4个U形测压管监测底板的扬压力。

（2）渗流量监测。根据坝体、坝基、两岸渗流量分开测量综合分析的原则，在灌浆平硐与混凝土坝结合部位设置量水堰量测绕坝渗流量。在混凝土坝基础廊道内，坝体排水与基础排水分开并分区量测。在排水沟人集水井处设量水堰，共布置量水堰20个。

（3）绕坝渗流及地下水位监测。为反映绕坝渗流的平面和立面渗流形态，充分利用两岸不同高程的灌浆及排水平硐这一有利条件，在两岸共布设87支测压管。测点一般成对布置（帷幕前后各1个），既可监测绕坝渗流、地下水位，也可监测和验证灌浆帷幕的防渗效果。在左岸帷幕末端均布设了测点，以监测绕幕渗流情况。

左岸利用排水平硐，布置了地下水位长期监测孔。右岸利用护坦以右山体内排水平硐及厂房高边坡后排水廊道，布置了地下水位长期监测孔。

(4)重要地质构造带渗流监测。为了解断层的渗透情况及处理效果,对主要的断层、夹层部位布设了测点。同时利用不同高程的平硐对断层进行多点监测,以了解其空间渗流状态。

项目小结

水利工程变形监测是应用最多的工程变形监测项目之一,本单元基于水利工程变形监测项目的工作过程,系统讲述了水利工程变形监测项目的技术设计、变形监测网的建立、变形监测的实施、变形监测资料的整理与分析。最后,用实例说明了以上几个关键环节的作业方法。

思考与练习题

1. 水利工程变形监测的基本任务是什么?
2. 混凝土重力坝、拱坝、土石坝安全监测项目分别有哪些?
3. 水利工程监测网的布设的标石有哪几类?
4. 水平位移、垂直位移的监测方法分别有哪些?
5. 水利工程变形监测资料分析的内容有哪些?

项目三　工程建筑物变形监测

［单元概述］

本项目介绍了工程建筑物变形监测的基本知识，并对工程建筑物变形监测中的沉降监测、水平位移监测、倾斜监测、裂缝监测等内容的监测方法和监测技术进行了详细讲述，还介绍了工程建筑物变形监测项目的资料整理与分析。最后，用某建筑物变形监测的实例说明了工程建筑物变形监测项目的各个关键环节。

［学习目标］

在本项目的学习过程中，主要完成的学习目标包括：①了解工程建筑物变形监测的基本知识；②掌握工程建筑物沉降监测、水平位移监测、倾斜监测和裂缝监测等内容的监测方法与技术；③了解工程建筑物变形监测资料的整理与分析方法。

任务 3-1　工程建筑物变形监测的基本知识

一、工程建筑物变形监测的目的

由于各种因素的影响，工程建筑物及其设备的运营过程中都会产生变形。这种变形如果超过了规定的限度，就会影响建筑物的正常使用，严重时还会危及建筑物的安全。因此，在工程建筑物的施工和运营期间，必须对它们进行变形监测。

一般来讲，建筑物变形主要是由两方面的原因引起的。一种是自然条件及其变化，即建筑物地基的工程地质、水文地质、土壤的物理性质、大气温度等；另一种是与建筑物本身相联系的原因，即建筑物本身的荷重、建筑物的结构、型式及动荷载（如风力、振动等）的作用。此外由于勘测、设计、施工及运营管理工作做得不合理，也会引起建筑物的变形。

二、工程建筑物变形监测的内容

建筑物的变形监测内容包括沉降监测、水平位移监测、倾斜监测、裂缝和挠度监测。

（一）建筑物沉降监测

建筑物的沉降是地基、基础和上层结构共同作用的结果。此项监测资料的积累是研究解决地基沉降问题和改进地基设计的重要手段。同时，通过监测来分析相对沉降是否有差异，以监视建筑物的安全。

（二）建筑物水平位移监测

建筑物水平位移指建筑物整体平面移动，其原因主要是基础受到水平应力的影响，如地基处于滑坡地带或受地震影响。要测定平面位置随时间变化的移动量，以监视建筑物的安全或采取加固措施。

（三）建筑物倾斜监测

高大建筑物上部和基础的整体刚度较大，地基倾斜（差异沉降）即反映出上部主体的倾斜，监测目的是验证地基沉降的差异和监视建筑物的安全。

(四)建筑物裂缝监测

当建筑物基础局部产生不均匀沉降时,其墙体往往出现裂缝。系统地进行裂缝变化监测,根据裂缝监测和沉降监测资料,来分析变形的特征和原因,并采取措施保证建筑物的安全。

(五)建筑物挠度监测

建筑物挠度监测是测定建筑物构件受力后的弯曲程度。对于平置的构件,在两端及中间设置沉降点进行沉降监测,根据测得某时间段内这三点的沉降量,计算其挠度;对于直立的构件,要设置上、中、下三个位移监测点,进行位移监测,利用三点的位移量可算出其挠度。

三、建筑物变形观测的精度等级

在建筑物的变形监测中,由于其监测内容主要是基础沉降和建筑物本身的倾斜,其监测精度应根据建筑物的允许沉降值、允许倾斜度和允许相对弯矩来决定。同时,也应考虑其沉降速度。建筑物的允许变形值大多是由设计单位提供的,测量单位可直接套用。《工程测量规范》(GB 50026—2007)规定了变形观测的等级划分及精度要求(表 3-1),《建筑变形测量规程》(JGJ/T 8—1997)也规定了建筑沉降观测的等级划分及其精度要求(表 3-2)。

表 3-1　变形观测等级划分及精度要求

变形测量等级	沉降观测	位移观测	主要适用范围
	观测点测站高差中误差/mm	观测点坐标中误差/mm	
特级	±0.05	±0.3	特高精度要求的特种精密工程的变形测量
一级	±0.15	±1.0	地基基础设计为甲级建筑的变形测量,重要的古建筑和特大型市政桥梁等变形测量
二级	±0.5	±3.0	地基基础设计为甲级、乙级建筑的变形测量,场地滑坡测量,重要管线、大型市政桥梁的变形测量,地下工程施工及运营中变形测量等
三级	±1.5	±10.0	地基基础设计为乙级、丙级建筑的变形测量,地表、道路及一般管线的变形测量,中小型市政桥梁的变形测量等

表 3-2　建筑物沉降观测的等级及其精度要求

变形观测等级	观测点测站高差中误差/mm	适用范围
特级	±0.05	特高精度要求的特种精密工程和重要科研项目变形观测
一级	±0.15	高精度要求的大型建筑物和科研项目变形观测
二级	±0.50	中等精度要求的建筑物和科研项目变形观测,重要建筑物主体倾斜观测、场地滑坡观测
三级	±1.50	低精度要求的建筑物变形观测,一般建筑物主体倾斜观测、场地滑坡观测

注:(1)观测点测站高差中误差,指几何水准测量测站高差中误差或静力水准测量相邻观测点相对高差中误差。

(2)沉降水准测量闭合差要求:一级小于 $0.3\sqrt{n}$ mm,二级小于 $1.0\sqrt{n}$ mm(其中 n 为测站数)。

从表 3-1 和表 3-2 可以看出,两种规范衡量精度的标准不一样。但是无论根据哪种规范,即使是只需满足两种规范中最低等级的精度要求,建筑工程沉降监测也必须采用国家一、二等精密水准测量的方法。

四、变形测量精度等级的确定

对一个实际工程来说，变形测量的精度等级应先根据各类建（构）筑物的变形允许值按表 3-3和表 3-4 的规定进行估算，然后按以下原则确定：

（1）当仅给定单一变形允许值时，应按所估算的观测点精度选择相应的精度等级。

（2）当给定多个同类型变形允许值时，应分别估算观测点精度，并应根据其中最高精度选择相应的精度等级。

（3）当估算出的观测点精度低于表 3-1 中三级精度的要求时，宜采用三级精度。

（4）对于未规定或难以规定变形允许值的观测项目，可根据设计、施工的原则要求，参考同类或类似项目的经验，对照表 3-1 的规定，选取适宜的精度等级。

表 3-3　最终沉降量观测中误差的要求

序号	观测项目或观测目的	观测中误差的要求
1	绝对沉降（如沉降量、平均沉降量等）	①对于一般精度要求的工程，可按低、中、高压缩性地基土的类别，分别选 ±0.5 mm、±1.0 mm、±2.5 mm；②对于特高精度要求的工程可按地基条件，结合经验与分析具体确定
2	（1）相对沉降（沉降差、基础倾斜、局部倾斜等）；（2）局部地基沉降（如基坑回弹、地基土分层沉降）及膨胀土地基变形	不应超过其变形允许值的 1/20
3	建筑物整体性变形（如工程设施的整体垂直挠曲等）	不应超过允许垂直偏差的 1/10
4	结构段变形（如平置构件挠度等）	不应超过变形允许值的 1/6
5	科研项目变形量的观测	可视所需提高观测精度的程度，将上列各项观测中误差乘以 1/5～1/2 的系数后采用

表 3-4　工程建筑物的地基变形允许值

变形特征		地基土类别	
		中低压缩性土	高压缩性土
砌体承重结构基础的局部倾斜		0.002	0.003
工业与民用建筑相邻柱基的沉降差	框架结构	0.002l	0.003l
	砌体墙填充的边排柱	0.000 7l	0.001l
	当基础不均匀沉降时不产生附加应力的结构	0.005l	0.005l
单层排架（结构柱距为 6 m）柱基的沉降量/mm		（120）	200
桥式吊车轨面的倾斜（按不调整轨道考虑）	纵向	0.004	
	横向	0.003	
多层和高层建筑的整体倾斜	$H_g \leqslant 24$	0.004	
	$24 < H_g \leqslant 60$	0.003	
	$60 < H_g \leqslant 100$	0.002 5	
	$H_g > 100$	0.002	

续表

变形特征		地基土类别	
		中低压缩性土	高压缩性土
体型简单的高层建筑基础的平均沉降量/mm		200	
高耸结构基础的倾斜	$H_g \leqslant 20$	0.008	
	$20 < H_g \leqslant 50$	0.006	
	$50 < H_g \leqslant 100$	0.005	
	$100 < H_g \leqslant 150$	0.004	
	$150 < H_g \leqslant 200$	0.003	
	$200 < H_g \leqslant 250$	0.002	
高耸结构基础的沉降量/mm	$H_g \leqslant 100$	400	
	$100 < H_g \leqslant 200$	300	
	$200 < H_g \leqslant 250$	200	

注:(1)本表数值为建筑物地基实际最终变形允许值。

(2)有括号者仅适用于中压缩性土。

(3)l 为相邻基的中心距离(mm),H_g 为自室外地面起算的建筑物高度(m)。

(4)倾斜指基础倾斜方向两端点的沉降差与其距离的比值。

(5)局部倾斜指砌体承重结构沿纵向 6~10 m 内基础两点的沉降差与其距离的比值。

五、建筑物变形观测的频率

在施工过程中,频率应大些,一般有三天、七天、半月三种周期,到了竣工投产以后,频率可小一些,一般有一个月、两个月、三个月、半年及一年等不同的周期。在施工期间也可以按荷载增加的过程进行观测,即从观测点埋设稳定后进行第一次观测,当荷载增加到 25%时观测一次,以后每增加 15%观测一次。竣工后,一般第一年观测四次,第二年观测两次,以后每年一次。在掌握了一定的规律或变形稳定后,可减少观测次数。这种根据日历计划(或荷载增加量)进行的变形观测称为正常情况下的系统观测。

当建筑变形观测中发生下列情况之一时,必须立即报告委托方,同时应及时增加观测次数或调整变形测量方案:①变形量或变形速率出现异常变化;②变形量达到或超出预警值;③周边或开挖面出现塌陷、滑坡;④建筑本身、周边建筑及地表出现异常;⑤由于地震、暴雨、冻融等自然灾害引起的其他变形异常情况。

任务 3-2　建筑物的沉降观测

建筑物在施工期间及竣工后,由于自然条件即建筑物地基的工程地质、水文地质、大气温度、土壤的物理性质等因素的变化和建筑物本身的荷重、结构、型式及动荷载的作用,建筑物产生均匀或不均匀的沉降,尤其不均匀沉降将导致建筑物开裂、倾斜甚至倒塌。建筑物沉降观测是通过采用相关等级及精度要求的水准仪,通过在建筑物上所设置的若干观测点定期观测相对于建筑物附近水准点的高差随时间的变化量,获得建筑物实际沉降的变化或变形趋势,并判定沉降是否进入稳定期和是否存在不均匀沉降对建筑物产生影响,建筑物沉降观测应测定建筑及地基的沉降量、沉降差及沉降速度。

一、沉降观测的基本知识

(一)沉降观测的目的

监测建筑物在垂直方向上的位移(沉降),用以确保建筑物及其周围环境的安全。建筑物沉降观测应测定建筑物地基的沉降量、沉降差及沉降速度,并计算基础倾斜、局部倾斜、相对弯曲及构件倾斜。

(二)沉降产生的主要原因

(1)自然条件及其变化,即建筑物地基的工程地质、水文地质、大气温度、土壤的物理性质等。

(2)与建筑物本身相联系的原因,即建筑物本身的荷重、建筑物的结构、型式及动荷载(如风力、震动等)的作用。

(三)沉降观测的原理

按照一定的周期,测量观测点相对于稳定水准点的高差,以计算观测点的高程,并将不同时间所得同一观测点的高程加以比较,从而得出观测点在该时间段内的沉降量,即

$$\Delta H = H_i^{(j+1)} - H_i^{(j)}$$

式中,i 表示观测点点号;j 表示观测期数。

二、沉降变形监测的精度和周期

(一)沉降变形观测精度

(1)地基基础设计为甲级的建筑及有特殊要求的建筑沉降观测,应根据表 3-3 规定的建筑地基变形允许值,按式(3-1)和式(3-2)估算观测点测站高差中误差 μ

$$\mu = m_s / \sqrt{2Q_H} \tag{3-1}$$

$$\mu = m_{\Delta s} / \sqrt{2Q_h} \tag{3-2}$$

式中,m_s 为沉降量 s 的观测中误差,单位为 mm;$m_{\Delta s}$为沉降差 Δs 的观测中误差,单位为 mm;Q_H 为网中最弱观测点高程 H 的权倒数;Q_h 为网中待求观测点间高差 h 的权倒数。其中 m_s 和 $m_{\Delta s}$应按表 3-2 确定。

按下列原则确定精度级别:①当仅给定单一变形允许值时,应按所估算的观测点精度选择相应的精度等级;②当给定多个同类型变形允许值时,应分别估算观测点精度,并应根据其中最高精度选择相应的精度等级;③当估算出的观测点精度低于表 3-1 中三级精度的要求时,应采用三级精度。

(2)对于未规定或难以规定变形允许值的观测项目,可根据设计、施工的原则要求,参考同类或类似项目的经验,对照表 3-1 的规定,选择适应的精度等级。

(3)当需要采用特级精度时,应对作业过程和方法作出专门的设计和论证后实施。

(二)沉降观测的周期

(1)建筑物施工阶段的观测,应随施工进度及时进行。一般建筑,可在基础完工后或地下室砌完后开始观测。大型、高层建筑,可在基础垫层或基础底部完成后开始观测。观测次数与间隔时间应视地基与加荷情况而定。民用高层建筑可每加高 1～5 层观测一次,工业建筑可按不同施工阶段(如回填基坑、安装柱子和屋架、砌筑墙体、设备安装等)分别进行观测。如果建筑物均匀增高,应至少在增加荷载的 25%、50%、75%和 100%时各测一次。施工过程中如果暂时停工,在停工时及重新开工时应各观测一次,停工期间,可每隔 2～3 个月观测一次。

(2)建筑物使用阶段的观测次数,应视地基土类型和沉降速度大小而定。除有特殊要求者外,一般情况下,可在第一年观测 3～4 次,第二年观测 2～3 次,第三年后每年一次,直至稳定为止。

(3)在观测过程中,如有基础附近地面荷载突然增减、基础四周大量积水、长时间连续降雨等情况,均应及时增加观测次数。当建筑物突然发生大量沉降、不均匀沉降或严重裂缝时,应立即进行逐日或 2～3 天一次的连续观测。

三、沉降观测高程基准点的布设和测量

(一)基准点的布设要求

(1)建筑沉降观测应设置基准点,当基准点离所测建筑距离较远时,还可加设工作点。对特级沉降观测的基准点数不应少于四个,其他级别沉降观测的基准点数不应少于三个,工作点可根据需要设置。基准点和工作点应形成闭合环或形成由附合路线构成的结点网。

(2)基准点应设置在位置稳定,易于长期保存的地方,并应定期复测。基准点在建筑施工过程中 1～2 月复测一次,稳定后每季度或每半年复测一次。当观测点测量成果出现异常,或测区受到地震、洪水、爆破等外界因素影响时,需及时进行复测,并对其稳定性进行分析。

(3)基准点的标石应埋设在基岩层或原状土层中,在建筑区内,点位与邻近建筑的距离应大于建筑基础最大宽度的 2 倍,标石埋深应大于邻近建筑基础的深度。在建筑物内部的点位,标石埋深应大于地基土压缩层的深度。

(4)基准点和工作点应避开交通干道、地下管线、仓库堆栈、水源地、河岸、松软填土、滑坡地段、机器振动区及其他可能使标石、标志易遭腐蚀和破坏的地方。

(二)高程基准点的测量要求

(1)高程控制测量宜使用水准测量方法。对于二、三级沉降观测的高程控制测量,如不方便使用水准测量时,可使用电磁波测距三角高程测量方法。

(2)几何水准测量的技术要求见表 3-5、表 3-6、表 3-7。

表 3-5 仪器精度要求和观测方法

变形测量等级	仪器型号	水准尺	观测方法	仪器 i 角要求
特级	DSZ05 或 DS05	因瓦合金标尺	光学测微法	≤10″
一级	DSZ05 或 DS05	因瓦合金标尺	光学测微法	≤15″
二级	DS05 或 DS1	因瓦合金标尺	光学测微法	≤15″
三级	DS1	因瓦合金标尺	光学测微法	≤20″
	DS3	木质标尺	中丝读数法	

注:光学测微法和中丝读数法的每测站观测顺序和方法,应按现行国家水准测量规范的有关规定执行。

表 3-6 水准观测的技术指标 单位:m

等级	视线长度	前后视距差	前后视距累积差	视线高度
特级	≤10	≤0.3	≤0.5	≥0.8
一级	≤30	≤0.7	≤1.0	≥0.5
二级	≤50	≤2.0	≤3.0	≥0.3
三级	≤75	≤5.0	≤8.0	≥0.2

表 3-7 水准观测的限差要求

单位：mm

<table>
<tr><th colspan="2">等级</th><th>基辅分划（黑红面）读数之差</th><th>基辅分划（黑红面）所测高差之差</th><th>往返较差及附合或环线闭合差</th><th>单程双测站所测高差较差</th><th>检测已测测段高差之差</th></tr>
<tr><td colspan="2">特级</td><td>0.15</td><td>0.2</td><td>$\leqslant 0.1\sqrt{n}$</td><td>$\leqslant 0.07\sqrt{n}$</td><td>$\leqslant 0.15\sqrt{n}$</td></tr>
<tr><td colspan="2">一级</td><td>0.3</td><td>0.5</td><td>$\leqslant 0.3\sqrt{n}$</td><td>$\leqslant 0.2\sqrt{n}$</td><td>$\leqslant 0.45\sqrt{n}$</td></tr>
<tr><td colspan="2">二级</td><td>0.5</td><td>0.7</td><td>$\leqslant 1.0\sqrt{n}$</td><td>$\leqslant 0.7\sqrt{n}$</td><td>$\leqslant 1.5\sqrt{n}$</td></tr>
<tr><td rowspan="2">三级</td><td>光学测微法</td><td>1.0</td><td>1.5</td><td rowspan="2">$\leqslant 3.0\sqrt{n}$</td><td rowspan="2">$\leqslant 2.0\sqrt{n}$</td><td rowspan="2">$\leqslant 4.5\sqrt{n}$</td></tr>
<tr><td>中丝读数法</td><td>2.0</td><td>3.0</td></tr>
</table>

注：n 为测站数。

四、沉降观测点的布置方法与要求

（一）沉降观测点的布置

沉降观测点的位置要能全面反映建筑物地基变形特征，并结合地质情况及建筑结构特点确定，点位宜选设在下列位置：

（1）建筑物的四角、核心筒四角、大转角处及沿外墙每 10～15 m 处或每隔 2～3 根柱基上。

（2）高低层建筑物、新旧建筑物、纵横墙等交接处的两侧。

（3）建筑物裂缝、后浇带和沉降缝两侧、基础埋深相差悬殊处、人工地基与天然地基接壤处、不同结构的分界处及填挖方分界处。

（4）宽度不小于 15 m 或小于 15 m，而地质复杂及膨胀土地区的建筑物，在承重内隔墙中部设内墙点，在室内地面中心及四周设地面点。

（5）邻近堆置重物处、受振动有显著影响的部位及基础下的暗浜（沟）处。

（6）框架结构建筑物的每个或部分柱基上，或沿纵横轴线设点。

（7）片筏基础、箱形基础底板或接近基础结构部分的四角处及其中部位置。

（8）重型设备基础和动力设备基础的四角、基础型式或埋深改变处及地质条件变化处两侧。

（9）电视塔、烟囱、水塔、油罐、炼油塔、高炉等高耸建筑物，沿周边在与基础轴线相交的对称位置上布点，点数不少于四个。

（二）沉降观测标志的形式与埋设要求

沉降观测标志可根据不同的建筑结构类型和建筑材料，采用墙（柱）标志、基础标志和隐蔽式标志（用于宾馆等高级建筑物）等型式。各类标志的立尺部位应加工成半球形或有明显的突出点，并涂上防腐剂。

标志的埋设位置应避开如雨水管、窗台线、暖气片、暖水管、电气开关等有碍设标与观测的障碍物，并应视立尺需要离开墙（柱）面和地面一定距离。隐蔽式沉降观测点标志的型式，可按图 3-1、图 3-2、图 3-3 的规格埋设。

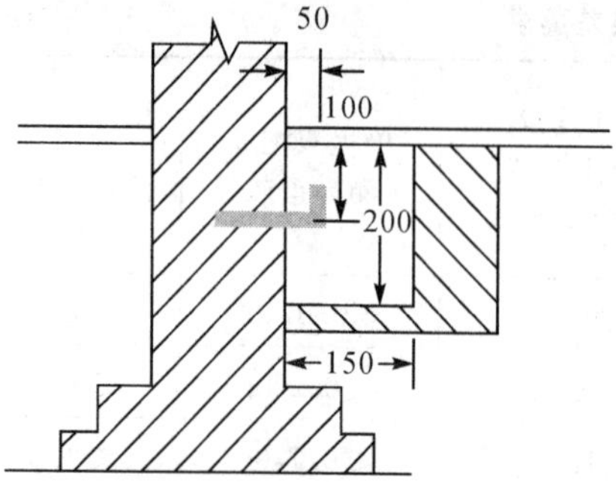

图 3-1 窨井式标志

注：适用于建筑物内部埋设，单位：mm

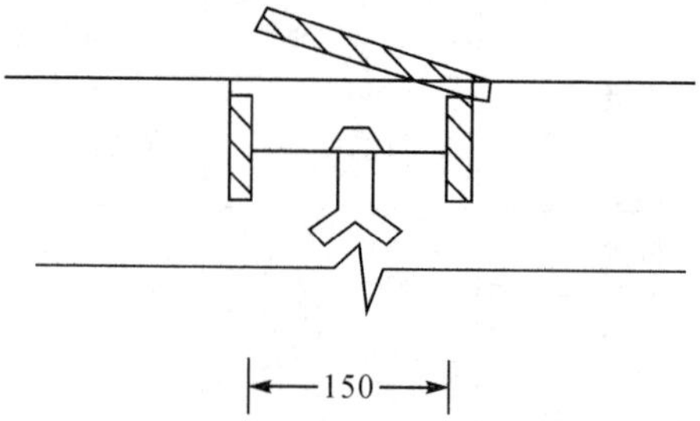

图 3-2 盒式标志

注：适用于设备基础上埋设，单位：mm

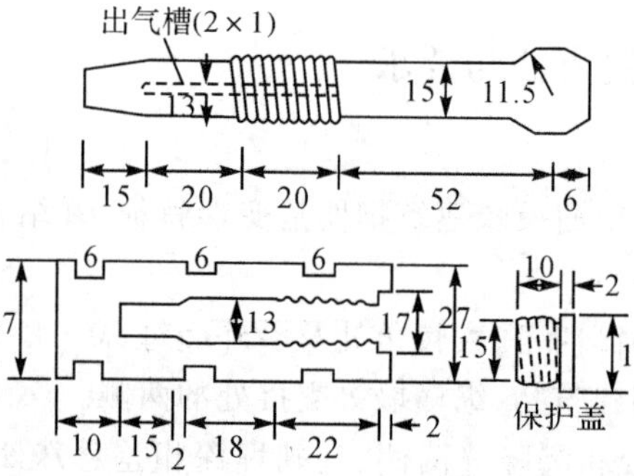

图 3-3 螺栓式标志

注：适用于墙体上埋设，单位：mm

五、沉降观测方法与观测要求

(1)作业中应遵守的规定：观测应在成像清晰、稳定时进行；仪器离前、后视水准尺的距离应力求相等，并不大于 50 m；前、后视观测，应使用同一把水准尺；经常对水准仪及水准标尺的水准器和 i 角进行检查。当发现观测成果出现异常情况并认为与仪器有关时，应及时进行检验与校正。

(2)为保证沉降观测成果的正确性，在沉降观测中应做到五固定：定水准点、定水准路线、定观测方法、定仪器和定观测人员。

(3)首次观测值是计算沉降的起始值，操作时应特别认真、仔细，并应连续观测两次取其平均值，以保证观测成果的精确度和可靠性。

(4)每测段往测与返测的测站数均应为偶数，否则应加入标尺零点差改正。由往测转向返测时，两标尺应互换位置，并应重新整置仪器。在同一测站上观测时，不得两次调焦。转动仪器的倾斜螺旋和测微鼓时，其最后旋转方向，均应为旋进。

(5)每次观测均需采用环形闭合方法或往返闭合方法，当场进行检查，其闭合差应在允许闭合差范围内。

(6)在限差允许范围内的观测成果，其闭合差按测站数进行分配，计算高程。

六、观测结果与结果判定

(一)观测工作结束后应提交的成果

(1)沉降观测成果表。

(2)沉降观测点位分布图。

(3)工程平面位置图及基准点分布图。

(4)p-t-s(荷载、时间、沉降量)曲线图(视需要提交)。

(5)建筑物等沉降曲线图(如观测点数量较少可不提交)。

(6)沉降观测分析报告。

(二)根据沉降量与时间关系曲线判定沉降是否进入稳定阶段

对于重点观测和科研观测工程,若最后三个周期观测中每周期沉降量不大于 $2\sqrt{2}$ 倍测量中误差,可认为已进入稳定阶段。一般观测工程,若最后 100 天的沉降速率小于 0.01～0.04 毫米/天,可认为已进入稳定阶段,具体取值宜根据各地区地基土的压缩性确定。

任务 3-3　建筑物的倾斜观测

一、观测点的布设与要求

(一)主体倾斜观测点位的布设基本要求

(1)当从建筑外部观测时,测站点的点位应选在与倾斜方向成正交的方向线上、距照准目标 1.5～2.0 倍目标高度的固定位置。当利用建筑物内部竖向通道观测时,可将通道底部中心点作为测站点。

(2)对于整体倾斜,观测点及底部固定点应沿着对应测站点的建筑主体竖直线,在顶部和底部上下对应布设;对于分层倾斜,应按分层部位上下对应布设。

(3)按前方交会法布设的测站点,基线端点的选设应顾及测距或长度丈量的要求。按方向线水平角法布设的测站点,应设置好定向点。

(二)主体倾斜观测点位的标志设置基本要求

(1)建筑物顶部和墙体上的观测点标志,可采用埋入式照准标志形式。有特殊要求时,应专门设计。

(2)不便埋设标志的塔形、圆形建筑物及竖直构件,可以照准视线所切同高边缘认定的位置,或用高度角控制的位置作为观测点位。

(3)位于地面的测站点和定向点,可根据不同的观测要求,采用带有强制对中设备的观测墩或混凝土标石。

(4)对于一次性倾斜观测项目,观测点标志可采用标记形式或直接利用符合位置与照准要求的建筑物特征部位,测站点可采用小标石或临时性标志。

二、建筑物主体倾斜观测的精度要求

(1)如果是通过测量建筑物顶点相对于底点的水平位移来确定建筑物的主体倾斜,则可根据给定的倾斜允许量,以及建筑物整体性变形观测中误差不应超过其变形允许值分量 1/10 的要求，确定最终位移量观测中误差；再根据式(3-1)或(3-2)估算单位权中误差 μ；最后根据表 3-1的规定选择位移测量的精度等级。

(2)如果建筑具有足够的整体结构刚度，可通过测量建筑物基础差异沉降来测量建筑物的整体倾斜。先根据表 3-3，确定最终沉降量观测中误差，再根据表 3-2 的规定选择高程测量的精度等级。

三、观测方法与观测要求

(一)直接测定法

(1)经纬仪投点法。观测时，应在底部观测点位置安置量测设施(如水平读数尺等)。在每测站安置经纬仪投影时，应按正倒镜法根据所测每对上下观测点标志间的水平位移分量，按矢量相加法求得水平位移值(倾斜量)和位移方向(倾斜方向)。经纬仪的位置要求设置在离建筑物较远的地方(距离最好大于 1.5 倍建筑物的高度)，以减少仪器纵轴不垂直的影响。

(2)测水平角法。对塔形、圆形建筑物或构件，每测站的观测，应以定向点作为零方向，以所测各观测点的方向值和至底部中心的距离，计算顶部中心相对底部中心的水平位移分量。对矩形建筑，可在每测站直接观测顶部观测点与底部观测点之间的夹角，或上层观测点与下层观测点之间的夹角，以所测角度值与距离值计算整体的或分层的水平位移分量和位移方向。

以烟囱为例，为精确测定中心倾斜进而确定其整体倾斜情况，可在离烟囱高 1.5～2.0 倍远、且能观测到烟囱勒角部分处、互相垂直的两个方向上选定两个测站，并做好固定标志。在烟囱上标出作为观测用的标志点 1、2、3、4(或观测特征点)，再选定一个远方的不动点为零方向。如图 3-4 所示，测站 1 以 M_1 为零方向，依次测出各标志点的方向值，并计算上部中心的方向 $a=\frac{(2)+(3)}{2}$和勒角部分中心的方向 $b=\frac{(1)+(4)}{2}$。再通过测量测站 1 点到烟囱中心的水平距离 L_1，即可计算出倾斜分量 $a_1=L_1(b-a)$。然后，移站到测站 2，以 M_2 为零方向，依次观测各标志点的方向值，计算另一个方向烟囱上部中心的方向 $a'=\frac{(6)+(7)}{2}$和烟囱勒角部分中心的方向 $b'=\frac{(5)+(8)}{2}$。再通过测量测站 2 至烟囱中心的水平距离，即 L_2，计算出倾斜分量 $a_2=L_2(a'-b')$。用矢量相加的方法，可求得烟囱上部相对于勒角部分的倾斜值和倾斜方向，进而计算出烟囱的倾斜度。对于烟囱等高耸构筑物，往往在测定其倾斜的同时，在其下部还均匀布设不少于四个的沉降观测点，观测其沉降情况，同倾斜现象一起进行研究分析。

(3)前方交会法。所选基线应与观测点组成最佳构形，交会角宜在 60°～120°之间。水平位移计算，可采用直接由两周期观测方向值之差解算坐标变化量的方向差交会法，也可采用每周期计算观测点坐标值，再以坐标差计算水平位移的方法。

(4)吊垂球法。应在顶部或需要的高度处观测点位置上，直接或支出一点悬挂适当重量的垂球，在垂线下的底部固定读数设备(如毫米格网读数板)，直接读取或量出上部观测点相对底部观测点的水平位移量和位移方向。

(5)激光铅直仪观测法。应在顶部适当位置安置接收靶，在其垂线下的地面或地板上安置激光铅直仪或激光经纬仪，按一定周期观测，在接收靶上直接读取或量出顶部的水平位移量和位移方向。作业中仪器应严格置平、对中，应旋转 180°观测两次取其中数。对超高层建筑，当仪器设在楼体内部时，应考虑大气湍流影响。

(6)激光位移计自动记录法。位移计宜安置在建筑物底层或地下室地板上,接收装置可设在顶层或需要观测的楼层,激光通道可利用未使用的电梯井或楼梯间隔,测试室宜选在靠近顶部的楼层内。当位移计发射激光时,从测试室的光线示波器上可直接获取位移图像及有关参数,并自动记录成果。

(7)正锤线法。锤线宜选用直径 0.6～1.2 mm 的不锈钢丝,上端可锚固在通道顶部或需要高度处所设的支点上。稳定重锤的油箱中应装有黏性小、不冰冻的液体。观测时,由底部观测墩上安置的量测设备(如坐标仪、光学垂线仪、电感式垂线仪),按一定周期测出各测点的水平位移量。

(8)摄影测量法。当建筑物立面上观测点数量较多或倾斜变形比较明显时,也可采用近景摄影测量方法。

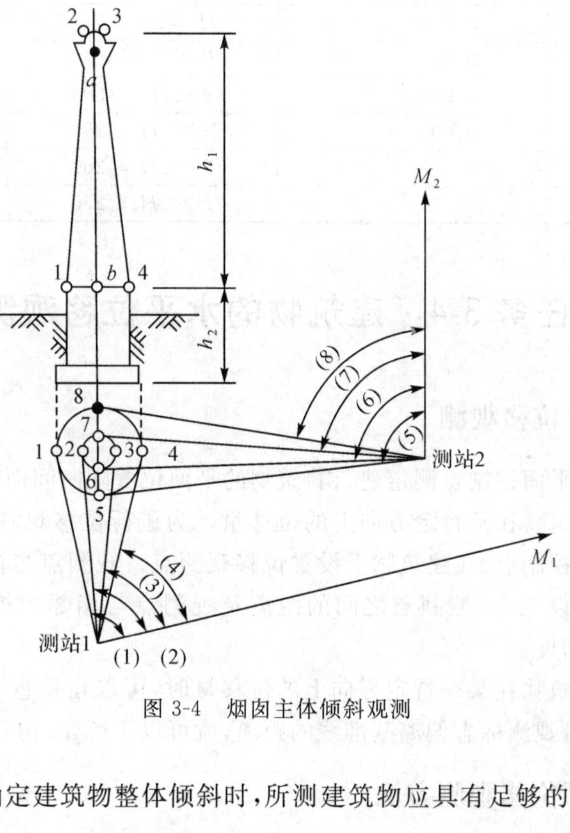

图 3-4　烟囱主体倾斜观测

(二)间接测定法

按相对沉降间接确定建筑物整体倾斜时,所测建筑物应具有足够的整体结构刚度。可选用方法如下:

(1)倾斜仪测记法。采用的倾斜仪(如水管式倾斜仪、水平摆倾斜仪、气泡倾斜仪或电子倾斜仪)应具有连续读数、自动记录和数字传输的功能。监测建筑物上部层面倾斜时,仪器可安置在建筑物基础面上,以所测楼层或基础面的水平角变化值来反映和分析建筑物倾斜的变化程度。

(2)测定基础沉降差法。可在基础上选设观测点,采用水准测量方法,以所测各周期的基础沉降差换算求得建筑物整体倾斜度及倾斜方向。

四、观测成果与分析

(一)观测成果

倾斜观测工作结束后,应提交下列成果:

(1)倾斜观测点位布置图。

(2)观测成果表、成果图。

(3)主体倾斜曲线图。

(4)观测成果分析资料。

(二)成果分析

建筑物主体倾斜观测结果需小于倾斜容许值。建筑物主体倾斜的容许值见表 3-8。

表 3-8 建筑物主体倾斜的容许值

多层和高层建筑的整体倾斜		高耸结构基础的倾斜	
建筑物高度	倾斜允许值	建筑物高度	倾斜允许值
$H_g \leqslant 24$	0.004	$H_g \leqslant 20$	0.008
$24 < H_g \leqslant 60$	0.003	$20 < H_g \leqslant 50$	0.006
$60 < H_g \leqslant 100$	0.002 5	$50 < H_g \leqslant 100$	0.005
$H_g > 100$	0.002	$100 < H_g \leqslant 150$	0.004
		$150 < H_g \leqslant 200$	0.003
		$200 < H_g \leqslant 250$	0.002

任务 3-4 建筑物的水平位移观测

一、建筑物水平位移观测

位移观测是根据平面控制点测定建(构)筑物的平面位置随时间而移动的大小和方向。有时只要求测定建(构)筑物在某特定方向上的位移量。为进行位移观测,在建筑物施工时要在建筑物附近埋设测量控制点、在建筑物上设置位移观测点。观测点与控制点应位于同一直线上。控制点至少须埋设三个,控制点之间的距离及观测点与相邻的控制点间的距离要大于 30 m,以保证测量的精度。

当要测定建(构)筑物在某一特定方向上的位移量时,可以在垂直于待测定的方向上建立一条基准线,定期测量观测标志偏离基准线的距离,就可以了解建(构)筑物的水平位移情况。

二、建筑物水平位移观测方法

位移观测的方法有多种,最常用的有前方交会法、基准线法、激光准直法、导线法、引张线法等,应根据实际情况选用适当的观测方法。

(1)前方交会法。在测定大型工程建筑物(如塔形建筑物、水工建筑物等)的水平位移时,可利用变形影响范围以外的控制点用前方交会法测定位移观测点的坐标,并与前次观测结果比较,确定水平位移量。

(2)基准线法。如图 3-5 所示,在建筑物一侧布设与墙面大致垂直的基准线 AB,当建筑物未发生位移时,P 点位于基准线 AB 的延长线上。观测位移时,在 A 点安置经纬仪,照准 B 点,向墙面上投得点 P',如果 P' 与 P 不重合,则距离差即为建筑物的水平位置值,同理可观测其他方向的位移值。

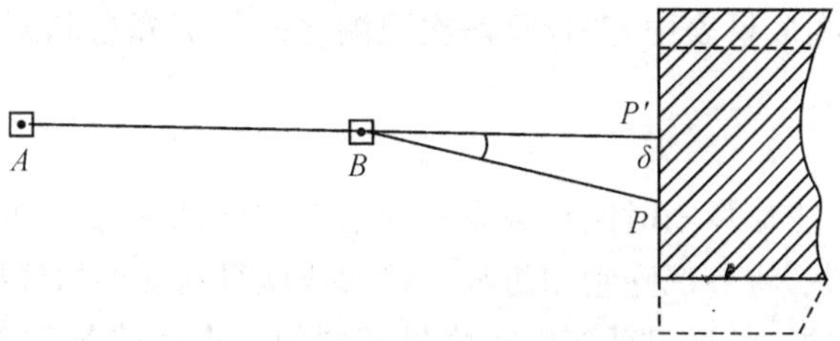

图 3-5　基准线法观测建筑物位移

(3)激光准直法。激光准直法利用激光测量仪器,用可见激光束的投影点清晰显示建(构)筑物的位移情况。例如,在图 3-5 中,在 A 点安置激光经纬仪,则投影点 P' 会出现激光亮点,特别方便观测且具有较高精度。

(4)精密导线法。对于非直线形建筑物,如重力拱坝、曲线桥梁及一些高层建筑物的位移观测,宜采用精密导线法测量各观测点的坐标,并与前次观测坐标比较确定观测点的位移量。

任务 3-5　建筑物的裂缝观测

建筑物受不均匀沉降、地基处理不当、地表和建筑物相对滑动和设计问题等影响,局部会出现过大的拉应力,而混凝土受浇灌、养护、水温、气温或其他外界因素的影响,墙体会产生裂缝。建筑物的倾斜允许值与结构体系、结构材料、构件的连接结构、建筑物的使用、荷载和自振周期等有关。当在建筑物中发现了裂缝现象,为了观察其现状和变化,应对其进行监测。如果一个建筑物有多处裂缝,应绘制表示裂缝位置的裂缝位置图,并对裂缝编号。为观测一个裂缝的宽度变化,一般应在其两端(最宽处与最窄处)设置观测标志,标志的方向应垂直裂缝。

裂缝观测的标志通常有三种:石膏板标志、白铁皮标志和金属标志。详细说明请参考任务 1-6 的内容。

裂缝观测的周期应视裂缝变化速度而定。通常开始半月一次,以后一月一次。当发现裂缝加大时,应增加观测次数,直至几日一次或每日一次的连续观测。

裂缝观测时,其宽度应量至 0.1 mm,每次观测应量测裂缝位置、形态和尺寸,注明日期,附必要的照片资料。

裂缝观测资料整理包括绘制裂缝位置图和编制裂缝观测成果表。

任务 3-6　建筑物变形监测资料整理

一、变形监测资料的整理

变形监测的成果应包括沉降监测点平面图、倾斜监测点平面图、裂缝监测比较示意图、沉降监测成果汇总表、变形曲线图及变形等值线图等。

(一)列表汇总

每次观测结束后,应检查记录中的数据和计算是否准确,精度是否合格,然后把各次监测点的高程，列入沉降监测成果表中，并计算两次观测之间的沉降量和累计沉降量，同时还要注明观测日期及荷重情况。

(二)作图

变形曲线图是反映变形量随时间荷载发展的情况，以横坐标表示时间，纵坐标下半部表示沉降量，上半部表示荷载，将各沉降量用折线连接而成就得到变形曲线图。变形等值线图是表示变形在空间分布的情况，是通过建筑物沉降量相同的各点在建筑物平面图上连接成曲线的形式表示的。

二、变形监测资料成果

建筑物变形监测提交的监测资料应包括以下内容：

(1)变形观测记录手簿。

(2)变形观测点位置图。

(3)变形监测成果表。

(4)变形关系曲线图(变形等值图)。

(5)变形监测成果分析报告。

三、建筑物变形监测报告

变形监测报告的编写工作是一项重要的工作内容，建筑物的变形监测报告一般在全部工程完成后进行提交，但每次观测数据成果须进行分析，并递交建设方、监理方等相关单位。建筑物的沉降量、沉降差、倾斜值应在规范容许范围之内，如有数据异常，应及时报告有关部门，及时采取措施处理质量隐患。若数据正常，应在竣工后将根据监测资料及数据分析判定得出的结论，提交建设方作为结构质量验收的依据之一，为以后建筑物结构变化、荷载变化提供原始依据。

变形监测报告应包括以下内容：

(1)工程项目名称。

(2)委托人：委托单位名称(姓名)、地址、联系方式等。

(3)监测单位：监测单位名称、地址、法定代表人、资质等级、联系方式等。

(4)监测目的。

(5)监测起始日期及监测周期。

(6)项目概况：建筑物工程地质结构等情况、建筑物现状描述等。

(7)变形监测依据：执行的技术标准、本地区建筑物变形监测实施细则等法规依据、其他依据等。

(8)变形监测方法及相关监测数据、图表说明，主要有：①监测点等监测要素说明；②变形监测方法及测量仪器的说明；③变形监测精度的确定及依据；④监测数据处理原理与方法；⑤具体监测过程说明。

(9)变形监测成果：①变形监测成果表及其说明；②观测点位置图及关系曲线图(变形等值图)。

(10)其他需要说明的事项。

任务3-7　建筑物沉降观测实例

一、工程概况

某住宅楼为三层结构，施工期间需对该楼进行六次沉降观测，布设沉降观测点共六个，具体点位布置见图3-6。

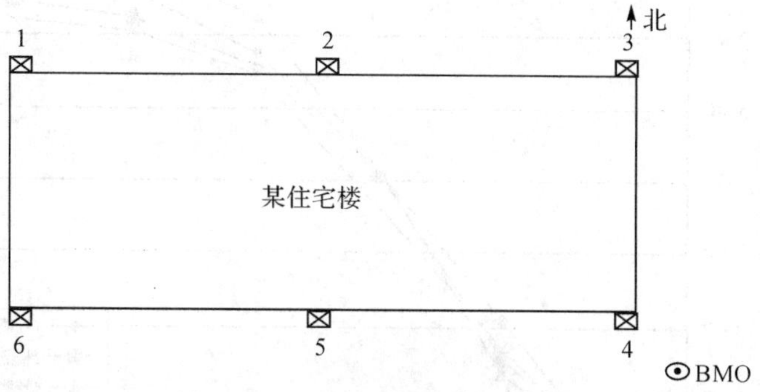

图3-6　某住宅楼沉降观测布点

注：⊠-沉降观测点位；⊙-BMO沉降观测基准点

二、观测方法

此次沉降观测采用仪器两次测高法进行观测。现场观测时，整个观测过程为一闭合回路。受现场条件限制时，可使用适当的转点进行观测。

三、成果整理

每次观测结束后，应及时计算出每次观测后各个测点的相对高程，同时计算出各个测点的本次沉降量和累计沉降量。计算公式为

本次沉降＝本次高程－上次高程

累计沉降＝本次高程－首次高程

沉降观测汇总结果见表3-9。

表3-9　沉降观测成果表　单位：mm

观测点	第1次		第2次		第3次		第4次		第5次		第6次	
	沉降量		沉降量		沉降量		沉降量		沉降量		沉降量	
	本次	累计	本次	累计	本次	累计	本次	累计	本次	累计	本次	累计
1	0.00	0.00	2.08	2.08	2.03	4.11	1.65	5.76	0.83	6.59	0.35	6.94
2	0.00	0.00	1.57	1.57	2.51	4.08	1.47	5.55	0.69	6.24	0.22	6.46
3	0.00	0.00	1.83	1.83	2.55	4.38	1.61	5.99	0.63	6.62	0.20	6.82
4	0.00	0.00	1.36	1.36	2.76	4.12	2.12	6.24	0.75	6.99	0.31	7.30
5	0.00	0.00	1.51	1.51	2.15	3.66	1.90	5.56	0.58	6.14	0.27	6.41
6	0.00	0.00	1.70	1.70	1.91	3.61	1.82	5.43	0.60	6.03	0.16	6.19

四、成果分析

(一)沉降量—时间曲线图(S—t)

取 1 号测点、2 号测点、4 号测点、6 号测点为例,沉降量—时间曲线图见图 3-7。

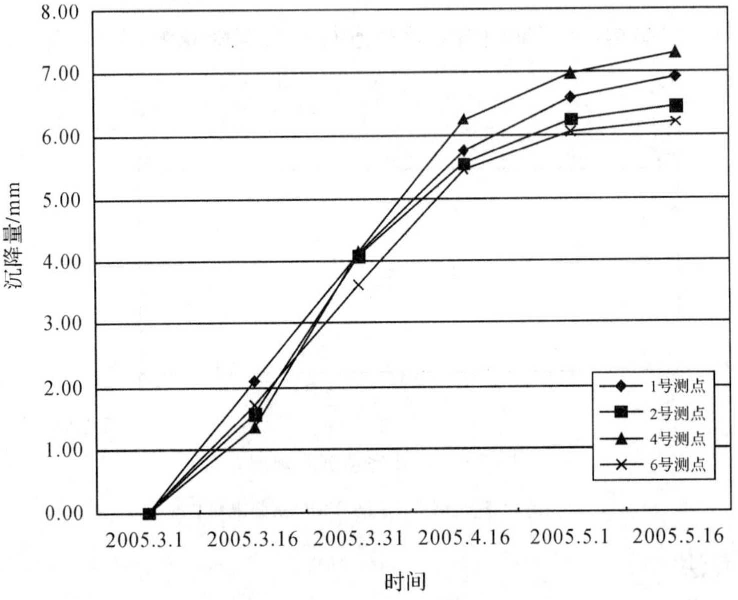

图 3-7 沉降量—时间曲线

(二)沉降速率—时间曲线图(V—t)

取 1 号测点、2 号测点、4 号测点、6 号测点为例,沉降速率—时间曲线见图 3-8。

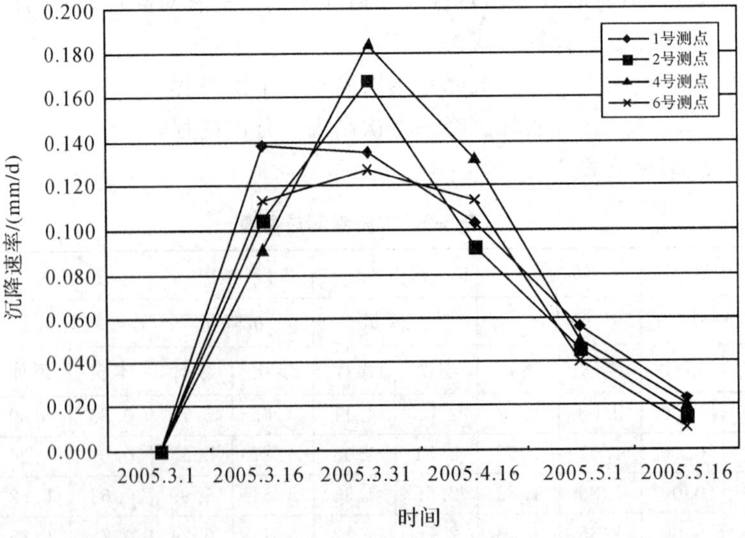

图 3-8 沉降速率—时间曲线

从沉降观测成果中可知，自 2004 年 3 月 1 日～2004 年 5 月 16 日，该楼的平均沉降量为 6.69 mm，最大沉降量为 4 号测点 7.30 mm，最小沉降量为 6 号测点 6.19 mm。最近一次平均沉降速率为 0.016 8 毫米/天，其中最近一次最大沉降速率为 1 号测点，最大值 0.023 3 毫米/天。

五、沉降观测中常遇到的问题及其处理

(一)曲线在首次观测后即发生回升现象

在第二次观测时即发现曲线上升，至第三次后，曲线又逐渐下降。发生此种现象，一般都是由于首次观测成果存在较大误差引起的。此时，如周期较短，可将第一次观测成果作废，而采用第二次观测成果作为首测成果。因此，为避免发生此类现象，编者建议首次观测应适当提高测量精度，认真施测，或进行两次观测，相比较，确保首次观测成果可靠。

(二)曲线在中间某点突然回升

发生此种现象的原因，多半是因为水准基准点或沉降观测点被碰所致，如水准基准点被压低，或沉降观测点被撬高，此时，应仔细检查水准基准点和沉降观测点的外形有无损伤。如果很多沉降观测点都出现此种现象，则水准基准点被压低的可能性很大，此时可改用其他水准点作为水准基准点来继续观测，并再埋设新水准点，以保证水准点个数不少于三个；如果只有一个沉降观测点出现此种现象，则多半是该点被撬高(如果采用隐蔽式沉降观测点，则不会发生此现象)，如果观测点被撬后已活动，则需另行埋设新点，若点位尚牢固，则可继续使用，对于该点的沉降量计算，则应进行合理处理。

(三)曲线自某点起渐渐回升

产生此种现象一般是由于水准基准点下沉所致。此时，应根据水准点之间的高差来判断最稳定的水准点，以此作为新水准基准点，将原来下沉的水准基准点废除。另外，埋在裙楼上的沉降观测点，由于受主楼的影响，有可能会出现属于正常的渐渐回升现象。

(四)曲线的波浪起伏现象

曲线在后期呈现微小波浪起伏现象，其原因一般是测量误差所造成的。曲线在前期波浪起伏之所以不突出，是因下沉量大于测量误差之故；但到后期，由于建筑物下沉极微或已接近稳定，因此在曲线上就出现测量误差比较突出的现象。此时，可将波浪曲线改成为水平线。后期测量宜提高测量精度等级，并适当地延长观测的间隔时间。

项目小结

本项目在介绍工程建筑物变形监测基本知识的基础上，详细讲述了工程建筑物的沉降监测、水平位移监测、挠度监测和裂缝监测等内容的监测方法与技术，并介绍了工程建筑物变形监测资料的整理与分析。最后，以某建筑物变形监测实例说明了工程建筑物变形监测的内容与方法。

思考与练习题

1. 工程建筑物变形监测的内容有哪些？
2. 建筑物沉降监测点的布设有哪些基本要求？
3. 建筑物沉降监测的监测方法有哪些？
4. 建筑物水平位移监测的监测方法有哪些？
5. 建筑物倾斜监测方法有哪些？
6. 建筑物变形监测报告的内容有哪些？

项目四　道路工程变形监测

［单元概述］

本项目介绍了道路工程中涉及的变形监测项目，包括公路工程变形监测、边坡工程变形监测、桥梁工程变形监测、高速铁路工程变形监测等内容，并针对每个监测项目详细讲述了变形监测的内容、变形监测方案的编制、变形监测的方法等。最后，以某高速公路变形监测实例说明了道路工程变形监测的主要内容。

［学习目标］

在本项目的学习过程中，主要完成的学习目标包括：①了解公路工程变形监测的基本知识；②掌握公路工程变形监测的监测方法；③了解边坡工程变形监测的基本知识；④掌握桥梁工程变形监测的内容和监测方法；⑤了解高速铁路工程变形监测的基本知识。

任务 4-1　公路工程变形监测

一、公路工程施工中软土地基的变形问题

我国地域辽阔，地形地貌呈多样化，且地质情况复杂多变，其中软土在我国分布极为广泛。软土地基具有抗剪强度低、透水性弱、压缩性高的特点，其工程力学性能较差。如果直接采用软土层作为地基，将会影响结构工程的稳定性和耐久性。另外，若软土地基处理不当，也会严重影响工程质量和使用功能，甚至造成工程事故，给国民经济建设带来极大的损失。因此，在公路工程施工建设过程中，路堤在跨越软土区时，除了要保证其稳定外，还必须使其变形不致过大。如果变形过大且超过允许值，将会带来过大的非均匀沉降，影响其正常使用。在现在的高等级公路建设中，有些公路工程中存在着某些软土段的变形问题没有处理好的情况。软土层厚的部分沉降较大，软土层薄或非软土段沉降较小，由此造成公路纵向沉降不均匀，路面的平整度受到影响，甚至发生路面断裂现象，使汽车无法高速行驶，严重威胁到公路交通的正常使用。在桥头过渡段、地质条件不好的地段，此种问题更加突出。

对土体的力学性质进行分析，可知土体的变形问题主要包括地基沉陷和土体侧向位移。一般来说，如果土体侧向膨胀大，将会使其竖向位移加大，而侧向变形过大往往是地基失稳的先兆。因此，在公路工程的路基设计中，应对土体的竖向变形和侧向变形给予足够的重视。基于此，为了在公路工程建设中，及时防止因设计和施工不完善而引起的意外工程事故，同时为了对工程建设的发展及施工情况进行评价处理，以及为公路的使用进行安全预报，必须进行公路建设的变形监测工作，尤其是对软土路堤的施工，其填筑过程中和竣工后的固结强度和位移情况，应进行严格的变形监测。

由于高速公路、高等级公路设计车速高，因而对路面平整性要求也高。在软土地基上修筑高等级公路路堤，最突出的问题是稳定和沉降。因此，软土地基路堤的施工应注意监测填筑过程及以后的地基变形动态，对路堤施工实行动态监测。一般来说，软土路堤的施工监测主要有

如下作用：

(1)可以保证路堤在施工中的安全和稳定。

(2)能正确预测施工后沉降，使施工后沉降控制在设计的允许范围之内。

(3)可以解决公路设计与施工中的疑难问题，并为以后类似工程的设计和施工提供第一手的可借鉴资料。

二、公路工程施工监测的原则

(1)变形监测点应布设在变形可能较显著的部位。一般而言，地基条件差、地形变化大、设计问题多的部位和土质调查点附近均应设置变形观测点，桥头纵向坡脚、填挖交界的填方端、沿河等特殊路段均应增加观测点。

(2)尽可能地在路堤的纵向或是横向布设较多的监测点，以反映路堤的真实变形情况。但监测点设置得过多，往往会使监测费用增多，相应的监测工作量及监测点的保护工作量均会大大增加，且会与施工进展相冲突，对施工造成不便。因而在进行具体监测方案设计确定监测点的位置及数量时，应从满足监测要求和有利于施工的角度来考虑，一般路段沿纵向每隔100～200 m设置一个监测断面，桥头路段应设计2～3个监测断面。

(3)沿河、临河等临空面大且稳定性差的路段，应进行路基土体内部水平位移监测。对每层软土路基需进行土体内部垂直和水平位移监测。

(4)各监测点的布设，应根据设计的要求，同时还应针对工程场地的地质、地形条件等情况综合考虑而确定。公路工程监测中的监测点，一般有三种，即工作点、校核基点和变形观测点。各种监测用的标石桩的桩顶上应预埋刻有十字线的半圆形测头。其中，工作点是作为控制变形观测点的基准点，应设在变形区以外，且为了保证工作点的基准性和测点的长期观测，工作点桩应采用废弃的钻探用无缝钢管或预制混凝土桩。埋置时要求打入硬土层中不小于2.0 m，在软土地基中要求打入深度大于10 m，且桩周顶部50 cm采用现浇混凝土加以固定，并在地面上浇筑1.0 m×1.0 m×0.2 m的观测平台，桩顶露出平台15 cm，在顶部固定好基点测头。校核基点桩用以控制工作点桩，要求布设在变形区以外地基稳定的地方，在平原地区要求采用无缝钢管或预制混凝土桩，并打入岩层或具有一定深度的硬土层中，打入深度大于10 m，在丘陵或岩体露头的区域，可采用预制混凝土桩打到硬土层或直接以坚硬的露头岩体作校核基点，控制基点四周必须采用永久性保护措施，并定期与工作点桩校核。

各类测点在观测期中必须采取有效措施加以保护或由专人看管。测量标志一旦遭受碰损，应立即复位并复测。

(5)监测周期应根据工程变形的实施情况来确定。在施工期间，应每填筑一层进行一次位移监测；若两次填筑时间间隔较长，则每3天至少观测一次。路堤填筑完成后，堆载预压期间的观测应视路基稳定情况而定，一般半月或每月监测一次。

(6)当路堤稳定性出现异常而可能失稳时，应立即停止加载并采取果断措施，待路堤恢复稳定后，方可继续填筑，并适当增加监测次数。

三、公路施工现场监测的方案编制

公路施工监测必须在施工前编制监测方案(也称监测大纲)，制定详尽的监测实施计划。通常，制定的公路施工监测方案，应确定以下所述的内容。

(1)确定监测路段及监测目的。一般除设计规定的路段外，均应按有关规范规定，确定出具体的监测路段，以及监测要达到的目的。同时还应考虑观测时的通视条件及变形监测点的埋设条件。

(2)在明确路基施工的填筑材料、填筑速率、填筑质量控制标准与方法和填筑工艺的基础上，制定整个监测工作的流程及总的监测历程。

(3)提出施工期的沉降预测曲线。依据公路工程设计图纸及相应的工程地质资料，提出路堤施工坡率、沉降土方补加方式及不同处理形式路段、与公路结构物相接路段的施工期沉降预测曲线。

(4)确定软土地基监测的监测项目及变形监测点的埋设位置。通常应根据工程的性质和重要性有选择性地确定监测项目。同时，为便于各观测数据的互相验证与分析，在确定监测项目的变形监测点埋设位置时，尽可能将同一个监测路段中所有测点集中布置在同一个监测断面上，并绘制监测路段监测项目平面布置图和仪标布设断面图。在平面布置图中，应画出路堤范围、监测区段号、埋设仪标的断面桩号、各种仪标平面布设位置及监测基准点的布设位置。在仪标布设断面图中，应具体标示出各种埋设仪标在各个监测断面中的水平向和垂直向的埋设位置。

图 4-1 为某监测段的测点布置平面示意图，图 4-2 则为其对应的立面布置示意图。

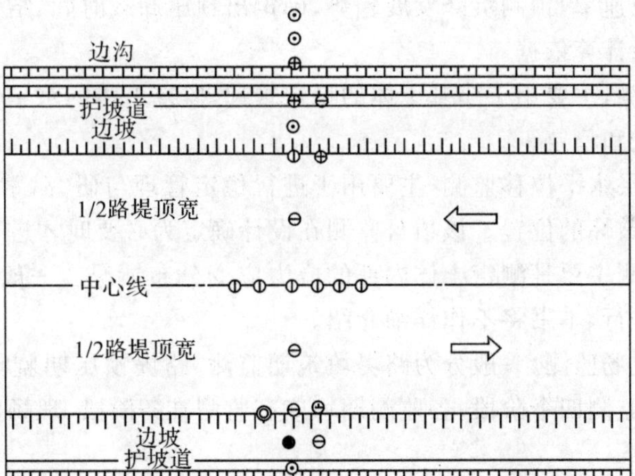

图 4-1　监测点平面布置

注：⊖-测斜标；⊕-地面沉降标；⦶-深层沉降标；⊖-孔隙水压力计；⊖-水杯；●-分层沉降标；◎-单孔出水量井；⊙-边桩

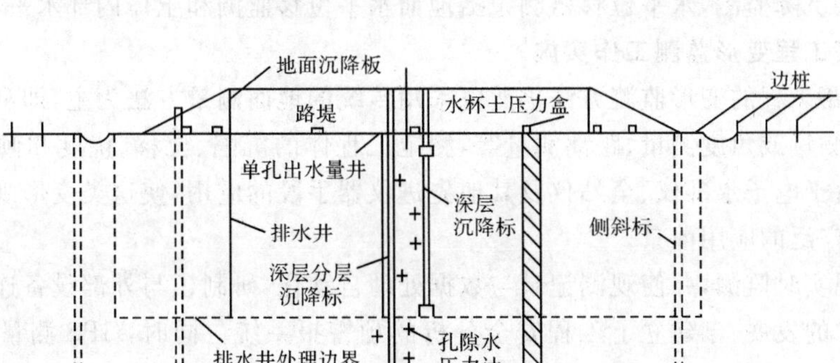

图 4-2　监测点立面布置

(5)确定各监测项目所采用的监测仪器及所埋设仪标的名称或类型,制定监测规程及仪标埋设的要点和应达到的标准和要求。

(6)确定监测频率。根据不同监测项目的监测要求,确定出相应的监测频率。应注意,各个监测项目的初次观测务必准确。一般要求所有的监测仪标均应在地基处理后、路基填筑前埋设完毕,并完成所有仪标的初次观测读数。

(7)确定各监测项目的监测控制标准。

(8)确定监测人员及其相应的工作责任。

监测方案编制好后,应提交相关各方予以认定后,方可实施,并应留存一份备档。

四、公路施工现场监测的内容、目的和意义

公路工程施工现场监测主要内容为垂直位移和水平位移等变形监测、应力应变监测和其他监测。变形监测主要是进行土体沉陷量、土体水平位移和隆起量及地下土体分层水平位移量的监测。公路工程施工现场监测的目的和意义如下所述:

(1)道路沉降量的监测,对现场施工来说,主要目的是进行沉降管理。在施工时,可以根据监测数据来调整填土速率,预测沉降发展趋势,确定出预压卸载时间、结构物及路面施工时间,提供施工期间土方量计算依据。

(2)水平位移监测,主要用于路基土体的稳定管理,监视土体的水平位移和隆起情况,最终确保路堤施工的安全和稳定。

(3)地下土体分层水平位移监测,主要用于进行稳定管理与研究,掌握地下土体分层位移量,以推定土体剪切破坏的位置。该项目监测在设计确定为必要时才进行,一般不做。

(4)应力应变监测主要是测定土体内部的应力应变分布情况。一般需其他专业的工程技术人员相配合共同进行,本书将不作详细介绍。

公路工程施工现场监测,一般分为路堤填筑期监测、路堤预压期监测、底基层及路面施工期监测、竣工通车期监测四个阶段,各监测期均应有监测准备阶段、现场监测实施阶段、监测数据资料处理汇总阶段。

五、公路工程施工现场监测工作实施

公路路基施工现场监测的项目有变形监测和应力应变监测及其他监测。其中,变形监测包括沉降监测和水平位移监测。公路路基施工中的沉降监测通常分为地面沉降监测、深层沉降监测和分层沉降监测,水平位移监测包括地面水平位移监测和土体内部水平位移监测。

(一)公路工程变形监测工作实施

目前,公路工程的变形监测方法仍然以采用传统的地面测量方法为主,即利用几何水准测量、三角高程测量或角度测量、距离测量等,测定工程体的沉陷、位移、挠度和倾斜量及其动态变形过程。由于电子水准仪、全站仪及其他先进仪器手段的应用,使这类变形观测方法更加有效,有着更为广泛的应用前景。

为了实现实时监测,并使观测记录与数据处理自动化,研制了与外部设备连接的接口。随着计算机技术的发展,已建立了工程安全分析的预警报系统。同时,GPS 测量技术现在已应用于工程变形监测工作中,这一些均为自动化监测系统的全面实用奠定了基础。

1. 地面沉降监测

对施工路段的路堤进行沉降监测，目的是通过监测来控制填土速率、预测地基固结情况，根据残余下沉量确定填方预留沉降量，且实测路堤沉降为施工计量提供了依据。路堤地表沉降监测常用的方法是在原地面上埋设沉降板进行水准高程监测。

(1)地面沉降监测的精度确定。地面沉降监测的精度隧道路施工期的进展而有所不同。一般而言，随着路基不断筑高，每层填筑的厚度逐渐减少，沉降增量也就逐步减小(由厘米级减小为毫米级)。沉降量越小，要求监测的精度便越高，相应仪器设备的要求也就较高。通常，在路堤填筑期，其沉降监测精度为 2～3 mm，预压期及路面施工期的相应监测精度为 1～2 mm。因此，在路堤填筑期常采用三等水准就可完成其沉降监测工作。但在预压期及路面施工期，为了保证监测精度，最好使用精密水准仪按二等水准要求进行相应的沉降监测工作。水准仪必须定期检查和校正，确保 i 角在规定要求的范围内，同时也应保证配套使用的水准尺的质量要求。

(2)各监测水准点(即道路水准基准点)的布设。水准线路应沿公路路线布设，水准点应布设在公路中线两侧 50～300 m 范围内。在道路工程中，所埋设的水准点有地面水准点、桥上水准点等几种，不同的水准点其具体埋设位置有不同要求。

——地面水准点。地面水准点一般是在公路勘测的基础上由施工单位设立的，通常应埋设在土质坚硬、稳定且便于长期保存和使用的地方，其密度应满足沉降监测要求，每隔 200 m 左右设立一个，以便每测站观测的视距均不超过 80～100 m，且只用一个测站就可完成变形监测点的沉降观测。水准点位置定好后，应埋设混凝土水准标石，并进行统一编号，标石应符合国家规定等级的水准测量标准。

——桥上水准点。桥上水准点应根据施工情况进行设置。当路堤填筑到一定高度时，为了减少转点传递对观测成果的影响，提高监测工作效率，可以适时将作为监测基准的地面水准点转移到以灌注桩为基础的桥上，位置可先转设在桥背面墙顶上。为了避免桥背面墙顶上施工磨面的影响，还应将桥上临时水准点再转设到桥中央分隔带的水泥板上。桥上水准点位置选定后，在桥背墙施工时，可预埋一根长 20 cm、直径为 20 mm 的钢筋，钢筋头露出混凝土上顶面 1～2 cm，作为测量标志。

桥上水准点埋设好后，立即用二等(或三等)水准方法由地面水准点对其进行水准线路监测，以求得其高程值。为了保证沉降监测的监测质量，务必确保其在稳定可靠的情况下使用，一般要求每三个月对桥上水准点进行一次联测，然后通过与其初次观测值进行比较来证实桥上水准点的稳定可靠。

在一般的施工场地上，一般只需埋设地面水准点作为工作点；但若进行桥梁路面施工，需依据地面水准点建立桥上水准点，以便对桥面进行沉降监测。

(3)沉降板的制作与埋设。

——沉降板的制作。在公路工程监测中，其路堤上各变形监测点的垂直位移监测一般采用沉降板。沉降板由钢底板或钢筋混凝土板、金属测杆和保护套管组成。图 4-3 为沉降板的制作示意图，制作时底板尺寸不小于 50 cm×50 cm×2 cm，测杆以 4 cm 为宜，保护套管尺寸以能套住测杆并留有适当空隙为好。

——沉降板的埋设。在实施路堤的沉降监测工作时，应将沉降板埋设在路堤左右路肩和路中线的下部、原地面的上部。下面介绍一下沉降板的具体埋设过程。

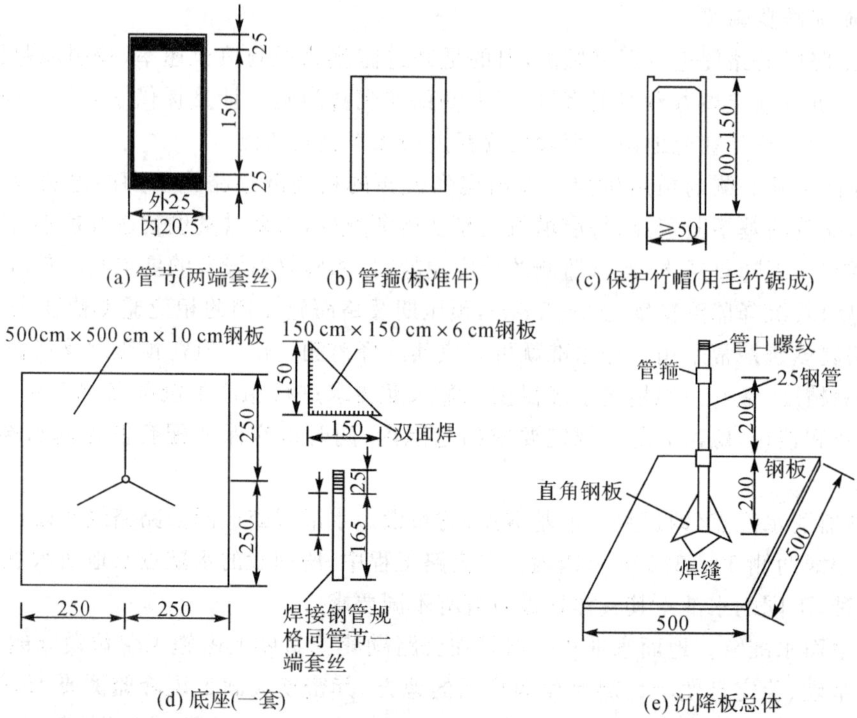

图 4-3 沉降板的制作尺寸(单位:cm)

在路基施工中,当整平地基、铺填第一层填料并进行压实后,应在预埋位置挖去填料至原地面,并将带有第一节沉降杆、护套、护盖的底板放入,使其紧贴原地面,回填夯实。在填料将与测杆头平齐时,打开杆护盖,采用水准测量方法,依据地面水准点测定杆头标高,作为沉降观测的零期值(即初始值),然后盖好护盖,开始全面填筑下一层填料。

当第二层填料按照要求填筑到设计高度并压实后,可在路基上设置了沉降板的地方挖去第二层填料,露出护盖并打开护盖,用同样的方法测定杆头标高,此次所测标高与第一次杆头标高之差,即为两次观测期间该测点的沉降量。测好后,连接下一节沉降杆、护管,并测定此时的测杆头的标高,作为下次量测的初始值。随后盖好护盖,回填夯实,继续填筑下一层填料。依此类推,每填一层,即可依据沉降杆来监测其相应的沉降量,直至施工结束。

特别要注意的是,在埋设沉降板和填筑填料时,应使护盖高度始终低于压实的填筑面下3～5 cm,使沉降杆不被压坏。具体埋设与观测过程见图 4-4。

(4)观测技术要求。在进行沉降观测时,需使用精密水准仪配合因瓦水准尺按照国家二等水准测量规范执行。某些情况下,若精度要求不是太高,也可按三等水准测量进行施测,但对起测基点的引测、校核,必须按二等水准方法进行,其相应的闭合差均不得超过规范要求。通常规定,进行垂直位移观测时,竖向位移向下为正,向上为负。

2. 分层及深层垂直位移监测(沉降)

土体内部垂直位移(沉降)是通过在土体内埋设沉降标来进行监测的。沉降标一般分为分层标和深层标。分层标由导管和套有感应线圈的波纹管组成,波纹管套在导杆外面,管上感应线圈位置为监测点位置。分层标可以在同一根测标上,分别监测土体沿深度方向各层次及某一层位土体的压缩情况。分层标深度可贯穿整个软土层,各分层测点布设间距一般为 1.0 m,

甚至更密。深层标由主杆和保护管组成，主杆底端需有 50～100 cm 长的增加阻力的标头，保护管可采用废弃的钻孔钢管。深层标是用来测定某一层以下土体压缩量的，所以深层标的埋设位置应根据实际需要确定，如果软土层较厚，排水处理又不能穿透整个层厚时，深层标应埋设在排水井下未处理软土的顶面。深层标观测通常采用水准仪来测量标杆顶端高程。

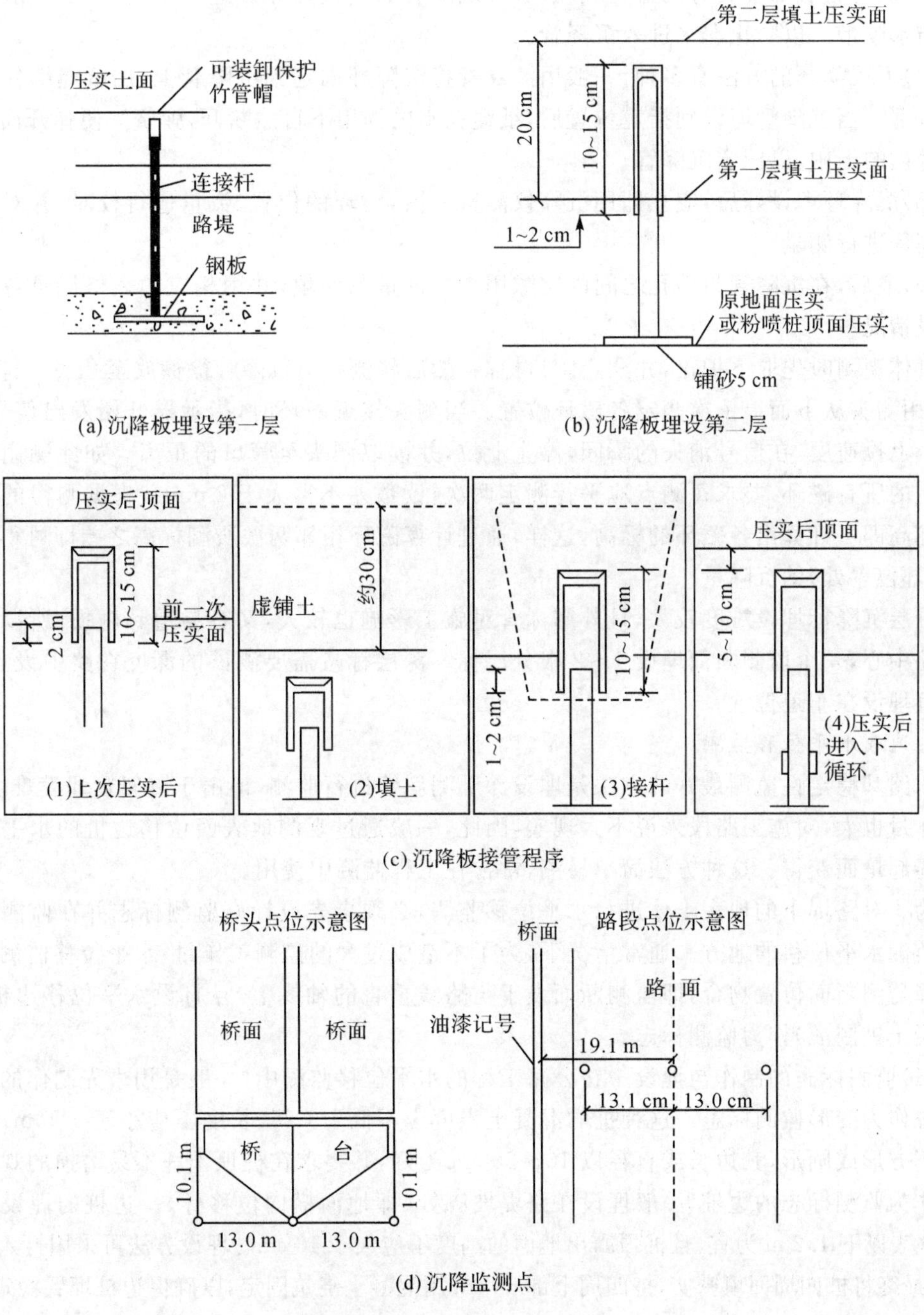

图 4-4　沉降板埋设与观测过程

分层沉降标的埋设和监测方法如下：

(1)分层沉降标一般埋设于路堤中心,观测孔要定位准确。

(2)在定位点上安装钻孔机用以成孔,钻孔直径为 108 mm,成孔倾斜度不能大于 1°,且无塌孔、缩孔现象存在。遇到松散软土时,应下套管或用泥浆护壁。分层标的钻孔深度即为埋置深度(对深层标来说,其钻孔深度要在埋置深度以上 50 cm 处),成孔后应予以清孔。

(3)沉降管底部要装有底盖,且底盖和各沉降管的连接处务必进行密封处理(一般用橡皮泥及防水胶带),以防止泥水进入沉降管。

(4)下沉降环的方法有多种,一般用波纹管将沉降环固定到沉降管上,用纸绳绑住三脚叉簧的头部。当沉降管埋设到指定位置后,纸绳在水的作用下自然断开,弹簧叉便弹开而伸入到钻孔壁内的土中,以固定沉降管。

(5)沉降环埋设好后,应立即用沉降仪测量一次,对环的位置、数量进行校对,并对沉降孔口的高程进行测量。

(6)最后,在沉降管与钻孔之间的空隙用中粗砂进行回填,并用相应的表格记录各沉降管的埋设情况。

具体观测时先取下护盖,并测定管口标高,然后将测头沿沉降管徐徐放至孔底。打开电源开关,用测头从下而上依次测定各磁环位置。当测头接近磁环时,指示器开始发出信号,此时应减小上拉速度,在信号消失的瞬间,停止上拉,并读取测头至管口的距离。如此测完整个沉降管上的所有磁环,要求每测点应平行测定两次,读数差不得大于 2 mm。根据测得的距离与管口标高即可计算出各磁环的标高,这样,通过计算磁环相邻两次所测标高之差即可得到测点(即磁环位置处)的沉降量。

分层沉降标埋设难度较大,且外露标管对施工影响也较大,又容易遭到碰损,所以一般埋设在路中心,一个监测断面埋设 1~2 根分层标。深层标按需要测试的深度在路中设点埋设,但不宜埋设在车道位置。

3. 地表水平位移监测

对路基稳定性监测最好的方法是埋设深层测斜管进行监测,但由于测斜管埋设难度大,测定工作量也大,对施工路段来说不太现实,因此,一般通过观测地表面位移边桩的水平位移和地表隆起量而获得。这种方法简单易测,常常在工程监测中使用。

为了对路堤下的地表土体进行水平位移监测,必须事先设计好监测标志并在监测时埋设在需监测水平位移的地方。通常情况下,为了不造成过大的监测工作量,水平位移监测断面应与沉降监测断面位置吻合,即监测断面设于与路线垂直的轴线上,且打设水平位移边桩(用钢筋混凝土桩制成)作为监测标志。

(1)监测标志的制作与埋设。在公路工程的水平位移监测中,一般是用事先制作的钢筋混凝土桩作为变形监测标志。这种桩的混凝土强度应不低于 C25,长度不应小于 1.5 m;断面可采用正方形或圆形,其边长或直径以 10~20 cm 为好,并要求在桩顶预埋不易磨损的观测头。

作为监测标志的边桩,一般埋设在路堤坡脚处(即地面横向位移标)。边桩的埋设深度以打入地表以下 1.2 m 为宜,且桩顶露出地面的高度不应大于 10 cm。埋设方法可采用打入或开挖埋设,最终将桩四周回填密实,桩四周上部 50 cm 用混凝土浇筑固定,以确保边桩埋置稳定。

(2)观测方法。对每一个监测桩进行水平位移观测时,可以选用视准线法、小角法或单三角前方交会法进行。

通常视准线法要求布设三级点位,由位移标点和控制位移标点的工作点,以及控制工作点的校核基点三部分组成。工作点桩要求设置在路堤两端或两侧工作边桩的纵排或横排延长轴线上，且在地基变形影响区外，用以控制位移边桩。位移边桩与工作点桩的最小距离以不小于2倍路基宽度为宜。单三角前方交会法要求位移边桩与工作点桩构成三角网，并且通视。校核基点要求设置在远离施工现场和工作点、且地基稳定的地方。

4. 土体分层水平位移监测

土体分层水平位移监测一般用倾斜仪。倾斜仪按探头的传感元件不同，可分为滑动电阻式、电阻片式、钢弦式和伺服加速度式四种。测量方式一般采用活动式的，固定式的仪在活动式观测有困难或进行在线自动采集监测数据时采用。本监测项目由于测斜管的埋设要求很高，难度大，且相应的工作量也较大，故一般不作为常规施工路段的变形观测项目。但沿河、临河等临空面大而稳定性很差的路段，为防止施工中路基失稳或有效控制路基填筑速率，必要时需进行地基主体内部水平位移的监测。

(二)公路工程应力、应变监测工作实施

软土地基的应力监测主要包括孔隙水压力监测、土压力监测等。由于这类监测工作不是传统的测量工作者能独立胜任的，需要一些相关工程技术设计人员的协助才能完成数据监测采集工作和最后的变形分析工作，在此也就不予介绍了，具体的实施方法，请参见相关工程监测书籍。

任务 4-2　边坡工程变形测量

长期以来，路基边坡的监测及综合安全防护技术一直是公路修筑中常见但研究程度相对较低的技术问题。进入20世纪90年代，随着国家在基础建设项目的大力投入，公路建设进入了一个前所未有的高速发展阶段，大量新工艺、新技术的开发和应用，使得公路建设的技术得到了飞速发展，各种高速公路、高等级公路在各地纷纷兴建。与此同时，以前制约和困扰技术设计部门的边坡问题也得到了极大的改观，如预应力锚索、锚杆、土钉、抗滑桩支挡、注浆加固技术等诸多工程加固措施的普遍推广使用。对于40 m以上，乃至百米高的边坡防护也已经不成问题，对边坡稳定性的分析也处于不断发展中，理论更趋成熟和完善，由过去单一定性化分析逐步向定量化、半定量化分析发展，大量的工程监测手段均已被广泛应用于边坡工程的实践中，边坡工程的变形监测已成为岩土工程、公路工程建设中的一个极为重要的实施项目。

事实上，除了公路边坡工程之外，还有很多其他的边坡工程，如水库库区边坡、大坝的坝基边坡、铁路边坡、隧道边仰坡、基坑边坡、河道护岸边坡、自然边坡等。在工程建设过程中，为了确保工程的安全施工和营运，一般多需进行相应边坡的工程变形监测工作。

边坡工程监测是一个复杂的系统工程，它不仅取决于监测手段的高低和优劣，而且更取决于监测人员对岩(土)体介质的了解程度和工程情况的掌握程度。因而在进行有关工程监测时，首先必须对工程建设地区的工程地质背景要有充分了解，这样才能有针对性地选择和确定监测方法和手段。

一、边坡工程监测的目的和意义

从岩土力学的角度来看，边坡治理是通过某种结构人为地给边坡岩土体施加一个外力作用或者人为地改善原有边坡的环境，最终使其达到一定的力学平衡状态。但由于边坡内部岩土力学作用的复杂性，从地质勘察到设计均不可能完全考虑内部的真实力学效应，而且相应的设计都是在很大程度的简化计算上进行的。因此，为了反映边坡岩土真实力学效应和检测设计施工的可靠性，以及保证边坡经处置、治理后能处于稳定状态，边坡工程的监测便具有极其重要的目的和意义。

边坡监测的主要任务就是检验设计是否准确，最终确保边坡稳定、安全，通过监测数据反演分析边坡的内部力学作用，同时以积累丰富的资料作为其他边坡设计和施工的参考资料。边坡工程监测的作用有以下几方面：

(1)为边坡设计提供必要的岩土工程和水位地质等技术资料。

(2)边坡监测可获得更充分的地质资料(应用倾斜仪和无线边坡监测系统监测等)和边坡发展的动态，从而确定边坡的不稳定区域。

(3)通过边坡监测，确定不稳定边坡的滑动模式、滑移方向和速度，掌握其发展变化规律，为采取必要的防护措施提供重要数据。

(4)通过对边坡加固工程的监测，评价边坡治理措施的质量和效果。

(5)为边坡的稳定分析提供重要资料。

(6)为滑坡理论和边坡设计方法的研究积累数据资料。

总之，边坡工程监测是边坡研究工作中的一项重要内容，随着科学技术的发展，各种先进的监测仪器设备、监测方法和监测手段不断更新，使边坡工程监测工作的水平不断地提高。边坡工程监测具有以下特点：监测区域大，涉及的岩土性质复杂；边坡是逐渐建成的(如公路边坡，其边坡施工是逐段实施的)，其各段监测点的位置随着施工区域的不同而不同，且布设的位置要依据施工段的地质情况而相应地变动(如公路边坡)；监测的期限较长，贯穿于整个工程建设过程。

二、边坡工程监测的内容与方法

边坡工程监测包括施工安全监测、治理效果监测和长期动态监测。通常以施工安全监测和治理效果监测为重点。

施工安全监测是在施工期间对边坡的位移、应力、地下水等进行监测，监测的结果作为指导施工、反馈设计的重要依据，是实施信息化施工的重要内容。施工安全监测主要是对边坡体进行实时监控，以了解工程扰动等因素对边坡体造成的影响，从而及时指导工程实施、调整工作部署、安排施工进度等。在进行施工安全监测时，变形监测点一般布置在边坡稳定性差或工程扰动大的部位，力求形成完整的剖面，采用多种手段相互验证和补充。边坡施工安全监测包括地面变形监测、地表裂缝监测、边坡滑动体深部位移监测、地下水位监测、孔隙水压力监测、地应力监测等内容。其监测数据的采集原则上采用 24 小时动态实时观测方式进行，以使监测信息能及时反映边坡体的破坏特征，供有关部门作出决策。如果边坡稳定性好，工程扰动小，可采用 8～24 小时观测一次的方式进行。

边坡治理效果监测是检验边坡治理设计和施工效果、判断边坡治理后的稳定性的重要手段。一方面可以了解边坡变形破坏特征，另一方面可以针对实施的工程进行监测，如监测预应力锚索应力值的变化、抗滑桩的变形和土压力、排水系统的过流能力等，从而直接掌握工程实施效果。边坡治理效果监测通常结合施工安全和长期监测进行，以了解工程实施后边坡体的变化特征，为工程的竣工验收提供科学依据。边坡治理效果监测总的延续时间一般要求不少于一年，相邻两次数据采集时间间隔一般为7～10天，在外界扰动较大时，如暴雨期间，必须加密观测次数。

边坡长期监测是在边坡治理工程竣工后，对边坡体所进行的动态跟踪监测，用以了解边坡体变化特征。长期监测主要对一类边坡治理工程进行，一般沿边坡的主剖面进行，变形监测点的布置数量少于施工安全监测和治理效果监测。监测内容主要包括滑移带深部的位移监测、地下水监测和地面变形监测，数据采集时间间隔一般为10～15天。

边坡监测的具体内容应根据边坡的等级、地质情况及所采用的支护结构特点进行考虑。通常对于一类边坡治理工程，应建立地表和深部相结合的综合立体监测网，并与长期监测相结合；对于二类边坡治理工程，在施工期间建立安全监测和治理效果监测点，同时建立以群测为主的长期监测点；对于三类边坡工程，建立群测为主的简易长期监测点。

边坡监测内容一般包括地表大地变形、地表裂缝错位、地面倾斜、裂缝多点位移、地下水、孔隙水压力、边坡地应力等。表4-1为边坡工程监测项目。

表4-1　边坡工程监测项目

监测项目	监测内容	测点布置	方法与工具
变形监测	地表大地变形、地表裂缝错位、边坡深部位移、支护结构变形	边坡表面、裂缝、滑带、支护结构顶部	经纬仪、全站仪、GPS、伸缩仪、位错计、钻孔倾斜仪、多点位移计、应变仪等
应力监测	边坡地应力、锚杆（索）拉力、支护结构应力	边坡内部、外锚头、锚杆主筋、结构应力最大处	压力传感器、锚索测力计、压力盒、钢筋计等
地下水监测	孔隙水压力、扬压力、动力压力、地下水水质、地下水、渗水与降雨关系，以及降雨、洪水与时间的关系	出水点、钻孔、滑体与滑面	空隙水压力仪、抽水实验、水化学分析等

三、边坡工程监测方案设计与实施

对于一个具体的边坡、危岩或滑坡，如何针对其特征（如地形地貌、变形机理、地质环境、工程背景等）选择合理的、可行的监测技术、方法，从而设计较为理想的监测方案，且有针对性地、合理地布置变形监测点，是边坡工程监测工作的核心。

（一）边坡工程监测方案的设计

边坡工程监测方案设计应综合施工、地质、测量、工程力学等方面的内容，由设计人员完成。监测方案（即实施大纲）应根据边坡的地质地形条件、支护结构和参数、施工方法和其他有关条件制定。监测方案一般包括下列内容：

（1）监测项目工程概况、监测方法及测点或监测网的选定，测点位置、监测周期（频率），量测仪器和元件的选定及其精度（即限值）的确定方法，测点埋设时间等。

（2）监测数据的记录格式，量测结果的报表、报告格式，量测精度的确认方法。

（3）所采集的各类监测数据的处理方法。

（4）量测数据的预警值的大致范围，这是数据异常判断的依据。

（5）根据初期量测值预测最终量测值的方法，综合判断边坡稳定的依据。

（6）监测工作的管理方法及出现异常情况对策预案。

(7)利用反馈信息修正设计的方法。

(8)各类传感器埋设方案。

(9)固定元件的结构设计和测量元件的附加设计。

(10)监测网平面布置图和相应的文字说明。

(11)边坡监测方案设计说明书。

(二)边坡工程监测方案的关键要素

在制定具体的监测方案工程中,须解决以下三个关键问题:

(1)获得满足精度要求和可靠的监测信息。

(2)正确进行边坡稳定性预测。

(3)建立管理体制和相应的监测管理标准,并进行日常监测管理。

四、边坡工程监测的原则

边坡监测方法的确定、监测仪器和元件的选择既要考虑能反映边坡体的变形动态,又必须考虑仪器、设备维护方便,以节省整个边坡监测工作的费用。另外还要考虑边坡所处的恶劣环境。因此,对所选的仪器应遵循以下原则:

(1)仪器可靠且能长期稳定工作。

(2)仪器具有与边坡变形相适应的足够的量测精度。

(3)仪器对施工安全监测和治理效果监测精度和灵敏度较高。

(4)仪器在长期监测中具有防风、防雨、防潮、防震、防雷等与环境相适应的性能。

(5)边坡监测系统包括仪器埋设、数据采集、存储和传输、数据处理、预测预报等。

(6)所采用的监测仪器必须经过国家有关计量部门标定,并具有相应的质检报告。

(7)边坡监测应采用先进的方法和技术,同时应与群测群防相结合。

(8)监测数据的采集尽可能采用自动化方式,数据处理需在计算机上进行,包括建立监测数据库、数据和图形处理系统、趋势预报模型、险情预警系统等。

(9)监测设计须提供边坡险情预警值,并在施工中逐步加以完善。监测方须每半月或一月一次定期向建设单位、监理方、设计方和施工方提交监测报告并附原始监测数据资料。

五、边坡工程各项监测项目的实施

边坡岩土的破坏,一般不是突然发生的,破坏前总是有相当长时间的变形发展期。通过对边坡岩土体的变形监测,不但可以预测预报边坡的失稳滑动,同时也可应用变形的动态变化规律检验边坡治理设计的正确性。边坡变形监测内容较多,对于实际工程应该根据具体情况设计位移监测项目和监测点。

通常,在监测方案和测点布置工作完成后,监测就进入实施阶段,在该阶段中元件的埋设和初始的调试工作较为复杂,因其牵扯到钻孔、元件埋设及各个单位、部门之间的协调工作,所以监测工作实施的难度较大。为此,在必要时应根据实际情况对方案予以相应调整和补充。下面是监测工作的具体实施内容。

(一)地面位移监测工作

地面位移监测是在稳定的地段建立测量基准点,在被监测的地段上设置若干个变形监测点或设计有传感器的监测点,用仪器定期监测各测点的位移变化或建立无线边坡监测系统进行监测。该项监测工作主要包括地面测点选点及有关标志点、监测元件的埋设，以及开展相关保护措施，在此之后的监测工作的量测，在各次量测完成后的资料汇总和形成报表等内容。

地表位移监测主要监测边坡水平位移、垂直位移及变化速率。使用的监测仪器有两类，一是高精度的大地测量仪器，如经纬仪、水准仪、红外测距仪、全站仪等，该类仪器一般只能对地面定期进行位移监测，不能连续监测地表位移变化。当地面出现明显裂缝、地表位移速度明显加快时，使用大地测量仪器定期监测显然满足不了工程需要，这时应采用能连续监测的设备，如全自动全天候的无线边坡监测系统等，也可采用专门用于边坡变形监测的设备，如位移传感器、地表位移伸长计等。

相应的监测精度点位误差要求不超过±(2～5) mm，水准测量误差应优于±(1.0～1.5) mm/km。对于土质边坡，精度可适当降低，但要求水准测量中误差不超过±3.0 mm/km。

(二)边坡表面裂缝监测

边坡表面张性裂缝的出现和发展，往往是边坡岩土体即将失稳的前兆信号，因此这种裂缝一旦出现，必须对其进行监测。监测的内容包括裂缝的拉开速度和两端扩展情况，如果速度突然增大或裂缝外侧岩土体出现显著的垂直下降或转动，预示着边坡即将失稳破坏。

地表裂缝位错监测可采用伸缩仪、位错仪或千分卡直接量测。量测精度±(0.1～1.0) mm。对于建筑规模小、性质简单的边坡，在裂缝两侧设桩、设固定标尺或在建筑物裂缝两侧贴片等方法，均可直接量得位移量。

对边坡位移的观测资料应及时进行核对和整理，并绘制边坡观测桩的高程变化曲线、平面位移矢量图，作为分析的基本资料。从位移资料的整理和分析中可以判别或确定边坡的局部移动、滑带变形、滑动周界等，并预测边坡的稳定性。

(三)边坡深部位移监测

边坡位移监测是监测边坡整体变形的重要方法，起着指导边坡治理工程的实施和效果检验的作用。传统的地表测量具有范围大、精度高等优点，裂缝测量也因其直观性强，方便适用等特点而广泛使用。但他们都具有一个无法克服的弱点，即它们不能监测边坡岩土内部的蠕变，因而无法预知滑动控制面。深部位移量测能弥补这一缺陷，它可以了解边坡深部，特别是滑动带的位移情况。

边坡岩土体内部位移监测手段较多，目前国内使用较多的是钻孔引伸仪和钻孔倾斜仪两大类。钻孔引伸仪(或钻孔多点伸长计)是一种传统的测定岩土体沿钻孔轴向移动的装置，它用于位移较大的滑体监测。钻孔引伸仪有埋设式和移动式两种，根据位移测试表的不同又可分为机械式和电阻式。埋设式多点位移计安装在钻孔内以后就不再取出，由于埋设投资大，测量的点数有限，因此又出现移动式。

钻孔倾斜仪应用到边坡工程中的时间不长，它测量的是垂直钻孔内测点相对于孔底的位移。观测仪器一般稳定可靠，测量深度可达百米，且能连续测出钻孔不同深度相对位移的大小和方向。因此，这类仪器是观测岩土体深部位移，确定潜在滑动面和研究边坡变形规律较理想的设备，目前在边坡深部量测中得到了广泛使用。

利用钻孔倾斜仪，定期对深部土体上的测点进行重复量测，即可得出岩土体变形的大小和方向，并依据采集的数据绘制出位移-深度关系曲线。在位移-深度关系曲线随时间的变化图中，可以很容易地找到滑动面的位置，同时可对滑动的位移大小及速率进行估计。图4-5为典型的钻孔倾斜成果曲线。从图中可以清楚地看到，在深度10.0 m处变形加剧，可以断定该处就是滑动控制面。

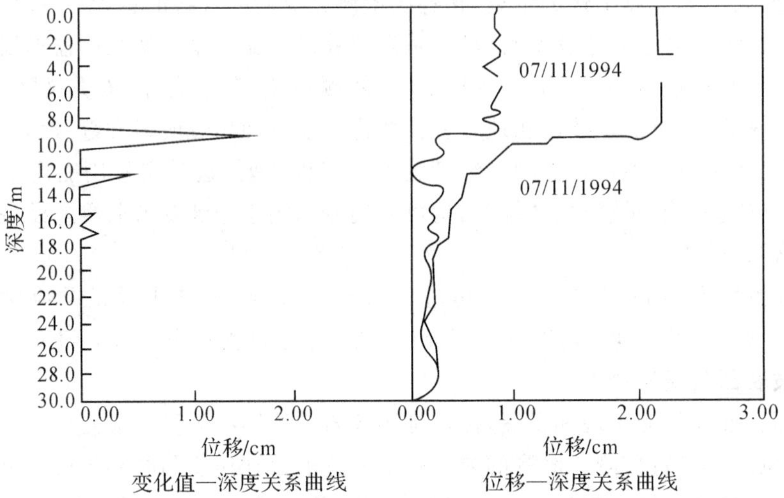

图 4-5 钻孔倾斜仪典型曲线

钻孔是实施倾斜观测的必要条件,钻孔质量将直接影响到安装的质量和后续测量工作。因此要求钻孔尽可能垂直,并保持孔壁平整。在岩土体内成孔困难时,可采用套管护孔。钻孔除要达到上述要求外,还必须穿过可能的滑动面,进入稳定的岩层内,一般要求进入稳定岩层的深度不应小于 5～6 m。成孔后,应立即安装测斜导管,安装前应检验钻孔是否满足预定要求,尤其是在岩土体条件较差的地方更应该如此,防止钻孔内某些部位可能发生塌落或其他问题,保证测量导管到达预定的深度。

在分析评价倾斜成果时,应综合地质资料加以分析,如果位移-深度曲线上的斜率突变处恰好与地质上的构造相吻合,可认为该处即是滑坡的控制面,在分析位移随时间的变化规律时地下水资料及降雨资料也是应加以考虑的。

(四)监测资料处理与分析

边坡工程的监测工作主要有各次监测的监测报表、监测总表、监测的相关图件及阶段性的分析报告等几方面的资料。

(1)监测报表。对于不同的监测内容,每完成一次观测和进行监测工作的关键阶段监测,都应向委托方提交监测报表,就目前来说,这类报表可用 Excel 或其他各类通用软件来制作,形成同一数据库。

——监测日报表。监测日报表是监测工作中最为直接的原始资料,它是将每次外业观测所采集的监测数据直接汇总而形成的原始文件,如边坡的地下位移、监测孔的水平位移监测日报表等。

——阶段性报表。在监测工作进行到一定阶段后,应对该工程的一些监测原始数据加以处理,然后,汇总整理出阶段性的数据、报表,并提出有针对性的建议,如最大位移表、位移速度及速率表等。

——监测总表。监测总表是在一个监测周期的工作完成以后,所提出的一种关于该项边坡工程监测的规律和建议的总结性报表。一般是将各类监测项目的变形情况,进行汇总分析而得出,如地表变形汇总成果、地下变形汇总成果、降雨量实测统计表等。

(2)相关图件。在实际监测工作中,往往会采集到大量的监测数据,制作出较多的监测报表,为了更好地说明问题,通常可根据各监测工程的不同情况绘制一些直观的图件,进一步结合报表资料来说明监测对象的变形规律,这一些数据分析图件是监测分析报告中很重要的资料,如针对监测工程而绘制的地表位移矢量图、各时段的深度-水平位移曲线图、各时段的深度-垂直位移曲线图、滑坡位移矢量图等。这些图件是监测工作中经常使用的,除此之外,还有变形速率与深度关系、加卸荷载与最大位移关系等各类图件。对于不同的边坡工程所用图件各有侧重,但一般说来,位移深度曲线和变形矢量曲线是最为基本和直观的图件,通常应首选采用。

(3)分析报告。监测工作进行到一定阶段,一般应向委托方提交分析报告,在分析报告中应提供监测数据总表、相关图件和监测资料的分析和结论,一般分析报告中应包括以下几方面的内容:①工程地质背景;②施工及工程进展情况;③监测目的、监测项目设计和工作量分布;④监测周期和频率;⑤各项资料汇总;⑥曲线判断及结论;⑦数值计算及分析;⑧结论及建议。

任务 4-3　桥梁工程变形测量

一、桥梁工程变形测量的目的与意义

桥梁工程监测的对象主要包括桥梁的墩台、塔柱和桥面等。桥梁变形监测是桥梁运营期养护的重要内容,对桥梁的健康诊断和安全运营有着重要的意义。

由于桥梁监测数据可以为结构分析模型、计算假定和设计方法验证提供反馈信息,并可用于大跨度桥梁结构及其环境中的未知或不确定性问题的深入研究。桥梁安全监测信息反馈于结构设计的更深远的意义在于,结构设计方法与相应的规范标准等可能得以改进,对桥梁在各种交通条件和自然环境下的真实行为的理解,以及对环境荷载的合理建模是将来实现桥梁“虚拟设计”的基础。桥梁安全监测带来的将不仅是监测系统和对某特定桥梁设计的反思,它还可能并应该成为桥梁研究的“现场实验室”。

为了能及时地发现桥梁在运营过程中存在的隐患,有必要对桥梁的工作性态进行及时的分析与监控,为桥梁主管部门的决策提供依据,而这些工作都需要完整的监测数据。

二、变形监测的主要内容

桥梁变形按其类型可分为静态变形和动态变形。静态变形是指变形观测的结果只表示在某一期间内的变形值,它是时间的函数。动态变形是指在外力影响下而产生的变形,它是表示桥梁在某个时刻的瞬时变形,是以外力为函数来表示的对于时间的变化。桥梁墩台的变形一般来说是静态变形,而桥梁结构的挠度变形则是动态变形。

(一)桥梁墩台变形观测

桥梁墩台的变形观测主要包括两方面:

(1)墩台的垂直位移观测,主要包括墩台特征位置的垂直位移和沿桥轴线方向(或垂直于桥轴线方向)的倾斜观测。

(2)墩台的水平位移观测。其中各墩台在上、下游的水平位移观测称为横向位移观测;各墩台沿桥轴线方向的水平位移观测称为纵向位移观测。两者中,以横向位移观测更为重要。

(二)塔柱变形观测

塔柱在外界荷载的作用下会发生变形,及时而准确地观测塔柱的变形对分析塔柱的受力状态和评判桥梁的工作性态有十分重要的作用。塔柱变形观测主要包括:

(1)塔柱顶部水平位移监测。

(2)塔柱整体倾斜观测。

(3)塔柱周日变形观测。

(4)塔柱体挠度观测。

(5)塔柱体伸缩量观测。

(三)桥面挠度观测

桥面挠度是指桥面沿轴线的垂直位移情况。桥面在外界荷载的作用下将发生变形,使桥梁的实际线形与设计线形产生差异,从而影响桥梁的内部应力状态。过大的桥面线形变化不但影响行车的安全,而且对桥梁的使用寿命有直接的影响。

(四)桥面水平位移观测

桥面水平位移主要是指垂直于桥轴线方向的水平位移。桥梁水平位移主要由基础的位移、倾斜及外界荷载(风、日照、车辆等)引起,对于大跨径的斜拉桥和悬索桥,风荷载可使桥面产生大幅度的摆动,这对桥梁的安全运营十分不利。

三、变形监测主要方法

(一)垂直位移监测

垂直位移监测是定期地测量布设在桥墩台上的观测点相对于基准点的高差,求得观测点的高程,利用不同时期观测点的高程求出墩台的垂直位移值。垂直位移监测方法主要有以下几种:

(1)精密水准测量。这是传统的测量垂直位移的方法,这种方法测量精度高,数据可靠性好,能监测建筑物的绝对沉降量。另外,该法所需仪器设备价格较低,能有效降低测量成本。该方法的最大缺陷是劳动强度高,测量速度慢,难以实现观测的自动化,对需要高速同步观测的场合不太适合。

(2)三角高程测量。这也是一种传统的大地测量方法,该法在距离较短的情况下能达到较高的精度,但在距离超过 400 m 时,由于受大气垂直折光的影响,其精度会迅速降低。该法在高塔柱、水中墩台的垂直位移监测中有一定的优势。

(3)液体静力水准测量(又称连通管测量)。该法采用连通管原理,测量两点之间的相对沉降量。该法的优点是测量精度高、速度快,且可实现自动化连续观测。该法的主要缺点是测点之间的高差不能太大,且一般只能测量相对位移,另外,这种设备的总体价格较高,对中、小型工程不太适用。

(4)压力测量法。该法利用连成一体的压力系统,测量各点的压力值,当产生垂直位移时,系统内的压力将产生变化。利用压力的变化量,可转换为高程的变化量,从而测出各点的垂直位移。该法一般只能测量两点之间的相对位移且设备价格较高。

(5)GPS 测量。GPS 除了可以进行平面位置测量外,还能进行高程测量,但高程测量的精度要比平面测量的精度低 1/2 左右。若采用静态测量模式,1 小时以上的观测结果一般能达到优于±5 mm 的测量精度。若采用动态测量模式,一般只能达到±40 mm 左右的精度,经特殊处理过的数据,有时能达到±20 mm 左右的精度。利用该法测量可以实现监测的自动化,但测量设备的价格较高，另外，动态测量的精度也不太高。

(二)水平位移监测

测定水平位移的方法与桥梁的形状有关，对于直线形桥梁，一般采用基准线法、测小角法等；对于曲线桥梁，一般采用三角测量法、交会法、导线测量法等。

(1)三角测量法。在桥址附近，建立一个三角网，将起算点和变形监测点都包含在此网内，定期对该网进行观测，求出各监测点的坐标值，根据首期观测和以后各期的坐标值，可求出各监测点的位移值。三角网的观测可采用测角网、边角网、测边网等形式。

(2)交会法。利用前方交会、后方交会、边长交会等方法可测定位移标点的水平位移，该方法适用于对桥梁墩台的水平位移观测，也可用于塔柱顶部的水平位移观测。该法能求得纵、横向位移值的总量，投影到纵、横方向线上，即可获得纵、横向位移量。

(3)导线测量法。对桥梁水平位移监测还可采用导线测量法，这种导线两端连接于桥台工作点上，每一个墩上设置一导线点，它们也是观测点。这是一种两端不测连接角的无定向导线。通过重复观测，由两期观测成果比较可得观测点的位移。

(4)基准线法。对直线形的桥梁测定桥墩台的横向位移以基准线法最为有利，而纵向位移可用高精度测距仪直接测定。大型桥梁包括主桥和引桥两部分，可分别布设三条基准线，主桥一条，两端引桥各一条。

(5)测小角法。测小角法是精密测定基准线方向(或分段基准线方向)与测站到观测点之间的小角。由于小角观测中仪器和觇牌一般置于钢筋混凝土结构的观测墩上，观测墩底座部分要求直接浇筑在基岩上，以确保其稳定性。

(6)GPS观测。利用GPS自动化、全天候观测的特点，在工程的外部布设监测点，可实现高精度、全自动的水平位移监测，该技术已经在我国的部分桥梁工程中得到应用。由于GPS观测不需要测点之间相互通视，所以，有更大的范围选择和建立稳定的基准点。

(7)专用方法。在某些特殊场合，还可采用多点位移计等专用设备对工程局部进行水平位移监测。

(三)挠度观测

桥梁挠度测量是桥梁检测的重要组成部分。桥梁建成后，桥梁承受了静荷载和动荷载，必然会产生挠曲变形，因此，在交付使用之前或交付使用后应对梁的挠度变形进行观测。桥梁挠度观测分为桥梁的静荷载挠度观测和动荷载挠度观测。静荷载挠度观测时，测定桥梁自重和构件安装误差引起的桥梁下垂量；动荷载挠度观测时，测定车辆通过时在其重量和冲量作用下桥梁产生的挠曲变形。目前常用的桥梁挠度测量方法主要有悬锤法、水准仪(经纬仪)直接测量法、水准仪逐点测量法和摄影测量方法等。

(1)悬锤法。该方法设备简单、操作方便、费用低廉，所以在桥梁挠度测量中被广泛采用。该法要求在测量现场有静止的基准点，所以一般适用于干河床情形。另外，利用悬锤法只能测量某些观测点的静挠度，无法实现动态的挠度检测，也难以给出其他非测点的静挠度值。由于测量结果中包含桥墩的下沉量和支墩的变形等误差，因此，该法的测量结果精度不高。

(2)精密水准法。精密水准法是桥梁挠度测量的一种传统方法，该方法利用布置在稳固处的基准点和桥梁结构上的水准点，观测桥体在加载前和加载后的测点高程差，从而计算桥梁检测部位的挠度值。精密水准法是进行国家高程控制网及高精度工程控制网的主要手段，因此，其测量精度和成果的可靠性是不容置疑的。由于大多数桥梁的跨径都在1 km以内，所以，利用水准测量方法测量挠度，一般能达到±1 mm以内的精度。但采用该方法测量，封桥时间长，效率较低。

(3)全站仪观测法。由于近年来全站仪的普及和精度的提高，使得全站仪在许多工程中得到了广泛的应用。该方法的实质是利用光电测距三角高程法进行观测。在三角高程测量中，大气折光是一项非常重要的误差来源，但桥梁挠度观测一般在夜里，这时的大气状态较稳定，且挠度观测不需要绝对高差，只需要高差之差，因此，只有大气折光的变化对挠度有影响，而该项误差相对较小。利用TC2003全站仪(0.5″，1 mm+$1\times10^{-6}D$)，在1 km以内，全站仪观测法一般可以达到±3 mm左右的精度。

(4)GPS观测法。目前，GPS测量主要有静态、准动态和动态三种模式，各种测量模式的观测时间和测量精度有明显的差异。在通常情况下，静态测量的精度最高，一般可达毫米级的精度，但其观测时间一般要1小时以上。准动态和动态测量的精度一般较低，大量的实测资料表明，在观测条件较好的情况下，其观测精度为厘米级。因此，对于大挠度的桥梁，应用GPS观测还是可以考虑的。

(5)静力水准观测法。静力水准仪的主要原理为连通管，利用连通管将各测点连接起来，以观测各测点间高程的相对变化。目前，静力水准仪的测程一般在20 cm以内，其精度可优于±0.1 mm，另外，该方法可实现自动化的数据采集和处理。这项技术在建筑物的安全监测应用中已十分普遍，仪器的稳定性和数据的可靠性也相当有保障。

(6)倾斜仪观测法。该法利用均匀分布在测线上的倾斜仪，测量各点的倾斜角变化量，再利用倾斜仪之间的距离累计计算出各点的垂直位移量。该法的最大缺陷是误差累积快，精度受到很大的影响。

(7)摄影测量法。摄影前，在上部结构及墩台上预先绘出一些标志点，在未加荷载的情况下，先进行摄影，并根据标志点的影像，在量测仪上量出它们之间的相对位置。当施加荷载时，再用高速摄影仪进行连续摄影，并量出在不同时刻各标志点的相对位置，从而获得动荷载时挠度连续变形的情况。这种方法外业工作简单，效率较高。

(8)专用挠度仪观测法。在专用挠度仪中，以激光挠度仪最为常见。该仪器的主要原理为：在被检测点上设置一个光学标志点，在远离桥梁的适当位置安置检测仪器，当桥上有荷载通过时，靶标随梁体震动的信息通过红外线传回至检测头的成像面上，通过分析将其位移分量记录下来。该方法的主要优点是可以全天候工作，受外界条件的影响较小。该方法的精度主要受测量距离的影响，在通常情况下，其挠度测量精度可达±1 mm左右。

四、桥梁基础垂直位移监测

桥梁垂直位移观测主要研究桥梁墩台空间位置在垂直方向上的变化。观测建筑物垂直位移的方法有多种，如精密水准测量、连通管测量、GPS测量等，各种方法都有其自身的特点，在实际工程中，应根据工程特点和要求灵活应用。

(一)基点网的布设

为了观测墩台的垂直位移，需建立变形监测基点网，基点网由基准点和工作点组成。在布设基准网时，首先应选好基准点。为了使选定的基准点稳定牢固，基准点应尽量选在桥梁承压区之外，但又不宜离桥梁墩台太远，以免加大施测工作量及增大测量的累积误差。一般来说，以不远于桥梁墩台1～2 km为宜。基准点需成组埋设，以便相互检核。

工作点一般选在桥台或其附近，以便于观测布设在桥梁墩台上的观测点，测定各桥墩相对于桥台的变形。工作点的垂直变形可由基准点测定，以求得观测点相对于稳定点的绝对变形。

沉降观测的基准点最好埋设在稳固的基岩上，这样既节约经费，又能使基准点稳定可靠。当工程所在区域的覆盖层很厚时，可建立深埋钢管标作为基准点。另外，在大型桥梁工程的施工初期，为验证设计数据，一般会建立一定数量的试验桩，这些试验桩有的已和深层基岩紧密相连，有良好的稳定性。因此，在试验桩顶部建立水准标点，可以成为良好的工作点，甚至可以作为基准点使用。

基点网的观测一般采用精密水准测量方法进行，其精度一般要比日常沉降观测的精度高一个等级。

(二)观测点的布设

在布设监测点时，应遵循既要均匀又要有重点的原则。均匀布设是指在每个墩台上都要布设观测点，以便全面判断桥梁的稳定性；重点布设是指对那些受力不均匀、地基基础不良、结构的重要部分，应加密观测点，主桥桥墩尤应如此。

主桥墩台上的观测点，应在墩台顶面的上下游两端的适宜位置处各埋设一点，以便研究墩台的沉降和不均匀沉陷，即倾斜变形。

(三)垂直位移观测

所谓垂直位移观测，就是定期地测量布设在桥墩台上的观测点相对于基准点的高差，以求得观测点的高程，并将不同时期观测点的高程加以比较，得出墩台的垂直位移值。监测点的观测一般应根据实际情况布设成附合路线或闭合路线。

观测点观测包括引桥观测点观测和水中桥墩观测点的观测。由于引桥观测点是在岸上，其施测方法与一般水准测量方法相同。水中观测点观测的线路方案为从一个墩到另一个墩的观测，可以采用跨河水准测量，但这样做工作量较大，故改为跨墩水准测量。也就是把仪器设站于一个墩上，而观测后视、前视两个相邻的桥墩，形成跨墩水准测量。按跨墩水准测量施测时，考虑其照准误差、大气折光误差等急剧增加，因而对跨墩水准测量的作业，必须采取一定的措施来提高观测精度。

五、桥梁挠度观测

对于大型桥梁，其挠度观测的内容一般是指桥面的挠度观测，而对于斜拉桥和悬索桥还应包括索塔的挠度观测。

(一)索塔挠度观测

1. 监测目的

索塔的挠度是指索塔在高程方向上索塔各点的水平位移分布情况，它包括桥轴线方向的水平位移和垂直于桥轴线方向的水平位移。

索塔是斜拉桥、悬索桥的基本构件之一，其产生挠度变形的原因主要有三个方面：

(1)由于索塔两侧的拉力不等，使索塔在顺桥向产生挠度变形。

(2)由于索塔受风力、日照等外界环境因素的影响，而产生挠度变形。

(3)由于设计与施工的不合理性，而使索塔产生额外的变形。

对索塔进行挠度观测的目的主要有三点：

(1)在索塔建设过程中，随着索塔高度的增加，挠度变形的幅度也急剧增大。只有准确地掌握索塔摆动和扭转的规律，才能有效地指导施工和相应的施工测量工作。

(2)在大桥钢箱梁吊装过程中，由于施工原因，致使索塔两侧受力不平衡，从而使索塔在顺桥向产生一定的偏移，这种偏移有时可达几十厘米。为了将这种变形限制在一定范围内，不至于使其危及索塔安全，需对此变形进行观测。

(3)为了延长桥梁的使用寿命，验证工程设计与施工的效果，并为科学研究提供资料，应该对桥梁进行变形观测。

由于索塔属于变形比较敏感的高层建筑，按照《工程测量规范》三等变形观测的精度要求，变形点的点位中误差应不超过±6 mm。对于变形观测的周期，在工程施工阶段，可根据影响索塔受力变化的具体工况而定(如钢箱梁的吊装、混凝土的浇注、斜拉索的张拉等)。为了观察索塔一昼夜的变形规律，一般每小时观测一次。工程竣工并进入运营后，应定期观测，一般为半年或一年观测一次。

索塔挠度变形观测的常用方法有：交会法(测角、测边、边角交会)，全站仪极坐标法，天顶距测量法，倾斜仪法等。另外，对于垂直的直线型索塔还可采用垂线法观测。由于交会法在观测时需要在多个控制点上设站，观测较费时间，而目前全站仪相当普及，且具有高精度、自动化等特点。因此，全站仪极坐标法成为当前的挠度观测的主要方法。

2. 控制网的布设

变形监测控制网由基准点与工作点构成，基准点应埋设在变形区域以外稳固的基岩或原状土中，且能长期保存，工作点应埋设在索塔附近便于观测的地方。为方便观测，控制点一般都应建立混凝土观测墩，并埋设强制归心底盘。由于索塔面积相对较小，因此变形观测控制网一般不再分级。

为保证控制网的精度和可靠性，控制点应组成合适的图形，目前，一般用大地四边形即能达到较好的效果。变形监测控制网应充分利用施工控制网点，在精度和稳定性满足要求的情况下，甚至可以不再另设变形监测网。

控制网的精度应根据工程的实际情况决定，主要应考虑索塔实际的变形量、所采用的测量方法、监测的目的和工程的规模等。目前，控制网最弱点的点位中误差一般要求在±5 mm以上。

变形监测网的观测方法主要有两种：全站仪观测和 GPS 观测。由于目前全站仪的测距和测角精度都很高，且变形监测网的点数一般较少，因此，在实际工程中，大多采用全站仪观测。当利用 GPS 进行观测时，应根据实际情况确定控制网的投影面，并用测距仪对观测基线进行检核。

由于工作点大多位于江边，点位稳定性较差，所以，每隔一定时间需对控制网进行复测。根据多期复测结果，可对控制点的稳定性进行评价。控制点的稳定性分析可采用拟稳平差的方法进行。

3. 测点的布设

观测点在索塔上布设的位置和数量，应以能反映索塔摆动和扭转的变形特征为原则，同时要有利于观测。为此，在实际布点时，应首先从整体出发，在塔柱的不同高程上布设测点，以反映索塔在不同高度的摆动幅度。具体的测点间隔应根据塔柱的高度等因素确定，一般以每隔 30 m 左右布设一点为宜。另外，在布设测点时，还应考虑塔柱的变形特征，因此，一般需在塔柱顶部、各横梁处布设测点。为便于分析索塔的扭转变形，在同一高度断面上一般应布设两个观测点。

为便于在岸上观测照准，测点一般都应布设在江岸一侧。为便于观测，每个观测点上都应预埋强制对中装置，或者埋设永久性照准标志。

4.观测的实施

挠度观测的方法较多，其观测步骤也不相同，下面仅以全站仪坐标法为例说明其观测过程。

全站仪坐标法观测过程相当简单。在工作点上安置好仪器，输入测站点坐标并配置起始方位角后，只要一次照准反射棱镜，仪器即可测出方位角和距离，计算并显示变形点的坐标。将测量结果与变形点第一次测量的坐标比较，就得出变形点的二维偏移量。

用全站仪坐标法观测时，如果始终在同一点上设站，后视方向也始终为同一方向，则各工作点间的误差不会影响测量精度。又因工作点和照准点上都采用了强制对中装置，所以全站仪极坐标法的点位误差主要来源是测角误差和测距误差。

(二)主梁挠度观测

主梁的挠度变形是主梁结构状态改变最灵敏、最精确的反映，因此，对主梁进行挠度监测能够更准确地把握主梁结构内力状态的改变。另外，部分的结构损伤也将导致主梁挠度情况的异常，通过对主梁挠度的监测也可识别出这些损伤。因此，对主梁挠度的监测对于结构内力状态及损伤识别有重要意义。挠度监测的目的为：①修正结构内力反演的结果，确保内力状态的识别精度；②进行基于刚度变化的损伤识别。

目前，主梁挠度观测的主要方法有：水准测量法、全站仪测量法、专用挠度仪测量法、动态GPS测量法、液体静力水准测量法、连通管测压法等。前三种方法一般需封闭桥梁才能观测，且需要的时间较长，不利于桥梁的运行管理；液体静力水准测量对测点的高差有较高的要求，虽测量精度高，但测程较小，在有些场合限制了该法的应用。因此，目前大型桥梁的长期挠度观测主要采用动态GPS测量和连通管测压两种方法。

任务4-4　高速铁路工程变形测量

高速铁路无砟轨道对线下工程的工后沉降要求十分严格，轨道板施工完成后只能通过扣件进行调整，扣件调整范围为－4～＋26 mm。因此要求高速铁路无砟轨道施工前应对线下构筑物沉降、变形进行系统的观测与分析评估，符合设计要求后方可施工。本任务有关路基、桥涵、隧道变形测量的相关规定主要针对高速铁路无砟轨道对线下工程施工变形监测及工后沉降评估而制定。运营期间的变形监测可参照相关条款执行。

高速铁路线路长，路基、桥梁、涵洞、隧道工程量大，沿线复杂地质条件对工程建设影响大，线下构筑物变形是无砟轨道铁路的重要参数，一直贯穿于设计、施工、运营养护、维修各阶段。为使这一重要参数所获取的数据科学、可靠并连续，因此在工程设计阶段，应对变形测量进行规划、设计。变形监测工作精度要求高，受施工干扰大，因此在变形监测工作开展以前由监测单位制定详细的监测方案，确保变形监测工作的顺利实施。

初始状态的观测数据，是指监测体未受任何变形影响因子作用，或变形影响因子没有发生变化的原始状态观测值。该状态是首次变形观测的理想时机，但实际作业时，由于受各种条件的限制较难把握，因此，首次观测的时间，选择尽量达到或接近监测体的初始状态，以便获取监测体变形全过程的数据。

变形监测网与施工控制网联测的目的是为了掌握监测点变形与工程设计位置的偏差。

一、高速铁路变形监测点的分类

变形监测点的分类是按照变形监测精度要求高的特点，以及标志的作用和要求不同确定的，将其分为三种：

(1)基准点是变形监测的基准，点位要具有更高的稳定性，且须建立在变形区以外的稳定区域。其平面控制点位，一般要有强制归心装置。

(2)工作点是作为高程和坐标的传递点使用，在观测期间要求稳定不变。其平面控制点位，也要具有强制归心装置。

(3)变形观测点，直接埋设在能反映监测体变形特征的部位或监测断面两侧。要求结构合理、设置牢固、外形美观、观测方便且不影响监测体的外观和使用。

二、变形监测的等级划分及精度要求

(1)变形监测的精度等级，是按变形观测点的水平位移点位中误差、垂直位移的高程中误差或相邻变形观测点的高差中误差的大小来划分的。它是根据我国变形监测的经验，并参考国外规范有关变形监测的内容确定的。其中，相邻点高差中误差指标，是为了适合一些只要求相对沉降量的监测项目而规定的。

(2)变形监测分为四个精度等级，一等适用于高精度变形监测项目，二、三等适用于中等精度变形监测项目，四等适用于低精度的变形监测项目。变形监测的精度指标值，是综合了设计和相关施工规范已确定了的允许变形量的1/20作为测量精度值，这样，在允许变形范围之内，可确保建(构)筑物安全使用，且每个周期的观测值能反映监测体的变形情况。

三、水平位移监测基准网测量的主要技术要求

(1)相邻基准点的点位中误差，是制定相关技术指标的依据。但变形观测点的点位中误差，是指相对于邻近基准点而言，而基准点的点位中误差，是相对于相邻基准点而言。理论上，监测基准网的精度采用高于或等于监测网的精度，但如果提高监测基准网点的精度，无疑会给高精度观测带来困难，加大工程成本，故采用相同的点位中误差系列数值。换句话说，监测基准网的点位精度和监测点的点位精度要求是相同的。

(2)水平位移变形监测基准网的规格。为了让变形监测的精度等级(水平位移)一、二、三、四等和工程控制网的精度等级一、二、三、四等相匹配或相一致，仍然取0.7″、1.0″、1.8″和2.5″作为相应等级的测角精度序列，取1/300 000、1/200 000、1/100 000和1/80 000作为相应等级的测边相对中误差精度序列，取12、9、6、4测回作为相应等级的测回数序列，取1.5 mm、3.0 mm、6.0 mm和12.0 mm作为相应等级的点位中误差的精度序列。要说明的是，相应等级监测网的平均边长是保证点位中误差的一个基本指标。布网时，监测网的平均边长可以缩短，但不能超过该指标，否则点位中误差将无法满足。平均边长指标也可以理解为相应等级监测网平均边长的限值。以四等网为例，其平均边长最多可以放长至600 m，反之点位中误差将达不到12.0 mm的监测精度要求。

(3)关于水平角观测测回数。对于测角中误差为1.8″和2.5″的水平位移监测基准网的测

回数，采用相应等级工程控制网的传统要求。对于测角中误差为 0.5″和 1.0″的水平位移监测基准网的测回数，分别规定为：1″级仪器 12 测回和 9 测回，0.5″级仪器 9 测回和 6 测回。这些规定主要是由于变形监测网边长较短，目标成像清晰，加之采用强制对中装置，根据理论分析并结合工程测量部门长期的变形监测基准网的观测经验，参照《工程测量规范》制定的。

四、关于垂直位移监测网的主要技术要求

（1）相邻基准点的高差中误差，是制定相关技术指标的依据。但变形观测点的高程中误差，是指相对于邻近基准点而言，它与相邻基准点的高差中误差概念不同。

（2）取水准观测的往返较差或环线闭合差为每站高差中误差的 $2\sqrt{n}$ 倍作为限值，其中 n 为站数。

任务 4-5　道路工程变形测量实例

一、工程概况

国家沪宁高速公路位于长江三角洲经济发达地区，连接上海、苏州、无锡、常州、镇江、南京六个大中城市，全长 274.08 km，其中江苏段 248.21 km。公路沿线大部分地区为河相、海相冲击平原地质构造，地势十分平坦，由于其地形情况形成历史久远，因而整个地质条件异常复杂。整个高速公路大部分是在软土地基上直接填筑形成路堤，所以路堤的沉降和稳定便成了整个工程的技术难题。为了保证设计和施工质量，在公路的施工过程中需进行全程工程变形监测。

二、变形监测方案

（1）地基土质情况。自地表向下依次为 2 m 厚的亚黏土硬壳层，2～5 m 为淤泥质黏土层，5～8 m 为亚黏土层，8～13 m 为深层淤泥质黏土层，其下为砂性土层等。

（2）路堤设计。在堆土前，要求先把地表下 2 m 厚的硬壳土层破坏掉，然后进行路堤填筑。本段路堤填土高度 3.4 m，填土密度按 19.6 kN/m^3 计算，预压荷载为 66.64 kPa；路堤底部宽为 36 m，上部宽为 26 m，坡度比为 1∶1.5，路堤顶部要求做成弓形，其坡降比为 2%。

（3）监测仪器埋设。本段埋设的监测仪器主要有沉降仪、倾斜仪和孔隙水压力仪。仪器的埋设如图 4-6 所示，共埋设三孔分层沉降管，其平面位置分别为路中心 D_{1-1} 孔、坡肩 D_{1-3} 孔和两者之间的 D_{1-4} 孔，孔的埋置深度均在地表下 19 m 左右。每孔都埋设了 10 个沉降环，即 10 个测点。

测斜管埋设了 1 根，位置在路堤坡脚处，埋置深度为地表下 20 m。

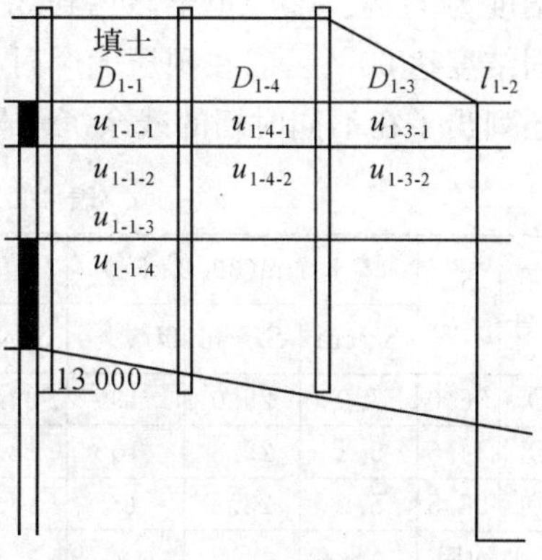

图 4-6　路堤监测测点及监测元件埋设

三、观测结果与分析

(一)沉降观测与分析

(1)最终沉降量。典型的荷载-沉降时程曲线见图 4-7,从图中可以看出,该工程监测段从 2 月中下旬开始填土,到 8 月份结束,共历时 170 天,其中 2 月、3 月、4 月、7 月、8 月这五个月份填土缓慢,5 月、6 月两个月份填土速率较快。填土结束时,三个沉降孔实测最大沉降量分别为 23.4 cm、18.7 cm 和 17.4 cm。到第二年 3 月止,预压时间达七个月,三孔实测最大沉降量分别为 31.3 cm、26.5 cm 和 22.0 cm。

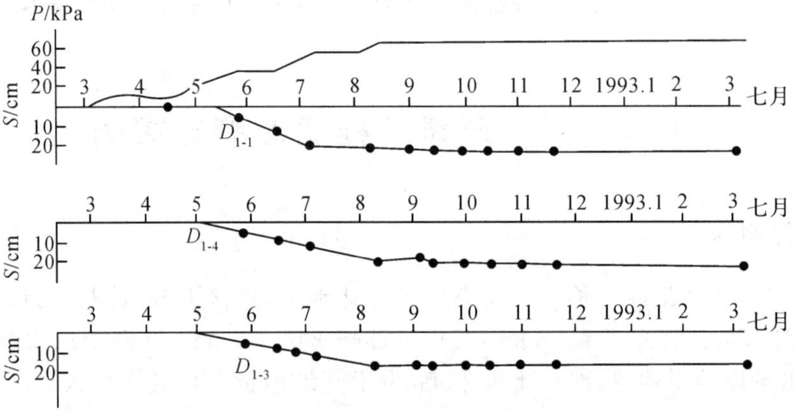

图 4-7 荷载—沉降时程曲线

根据典型的土体剖面图和荷载大小,用分层总和法计算该监测段的最终沉降量。由于土层上部 2 m 厚的硬壳土层已被破坏掉,土的强度相应减低,理论上计算得到的各孔主固结沉降量分别为 D_{1-1}孔 36.8 cm、D_{1-4}孔 35.6 cm、D_{1-3}孔 27.6 cm。

根据实测的沉降资料,按双曲线法推算得到的最终沉降量分别为 36.0 cm、34.5 cm 和 28.5 cm。由实测沉降过程线推算的最终沉降量与理论计算的最终沉降量比较接近。

用推求的 S_∞ 为参考值,将填土及预压期所发生的沉降与之比较,发现该土体的沉降变化有如下几点:①当填土厚度为 2.0 m(相应的荷载为 39.2 kPa)时,沉降变形较小,三孔平均固结度为 17%。②当填土高达到 3.4 m(相应的荷载为 66.64 kPa)时,沉降发展较快,三孔平均固结度达 60%。③在预压七个月后,沉降收敛较快,三孔平均的固结度达 80%,在表 4-2 中,还列出了在不同时期的残余沉降量 S_r。

表 4-2 由实测沉降推算 S_t 时的路基固结度

孔号	S_∞/cm	填土 2 m(39.2 kPa)			填土 3.4 m(66 kPa)			预压 90 天			预压 212 天		
		S_t/cm	S_r/cm	U/(%)	S_t/cm	S_r/cm	U/(%)	S_t/cm	S_r/cm	U/(%)	S_t/cm	S_r/cm	U/(%)
D_{1-1}	36.0	7.0	29.0	19	23.4	12.6	65	29.3	6.7	81	31.3	4.7	87
D_{1-4}	34.5	5.2	29.3	15	18.7	15.8	54	24.2	10.3	70	26.5	8.0	77
D_{1-3}	28.5	5.0	23.5	18	17.4	11.1	61	19.8	8.7	69	22.0	6.5	77
平均固结度				17			60			73			80

注:S_∞ 为推算的最终沉降量;S_t 为 t 时实测沉降;S_r 为残余沉降;U 为固结度。

(2)沉降速率。从荷载沉降时程曲线可以看出，本路段加荷情况大致可分为四个阶段：第一阶段是 2.0 m 填土时期，相应荷载 39.2 kPa，历时较长，共用了 94 天，平均加荷速率为 0.42 千帕/天；第二阶段是 2.0～3.4 m 填土时期，共用 73 天，平均加荷速率为 0.38 千帕/天；第三、第四阶段分别是预压三个月和预压七个月，见表 4-3。

表 4-3　加荷速率

阶段	第一阶段	第二阶段	第三阶段	第四阶段
起止日期(月.日)	2.24～5.28	5.29～8.10	8.11～11.11	11.11～3.10
天数/天	94	73	90	120
填土高度/m	0～2.0	2.0～3.4	—	—
填土荷载/kPa	39.2	27.44	—	—
加荷速率/(kPa/d)	0.42	0.38	—	—

沉降速率见表 4-4，从表中看出，第一阶段平均沉降速率为 0.61 毫米/天，第二阶段沉降速率为 1.93 毫米/天，第三、第四阶段分别为 0.51 毫米/天和 0.18 毫米/天。以上数据说明：本路段填土速率是恰当的，相应的压缩变形也是正常的，土体一直处于稳定状态；停止加荷后，沉降速率迅速减缓，收敛较快，经过 200 多天预压，沉降速率已降至 0.18 毫米/天，沉降曲线已趋平稳。

表 4-4　沉降速率

孔号	第一阶段		第二阶段		第三阶段		第四阶段	
	沉降/cm	速率/(mm/d)	沉降/cm	速率/(mm/d)	沉降/cm	速率/(mm/d)	沉降/cm	速率/(mm/d)
D_{1-1}	7.0	0.74	23.4/16.4	2.25	29.3/5.9	0.65	31.3/2.0	0.17
D_{1-4}	5.2	0.55	18.7/13.5	1.85	24.2/5.5	0.61	26.5/2.3	0.19
D_{1-3}	5.0	0.53	17.4/12.4	1.70	19.8/24	0.27	22.0/2.2	0.18
平均	5.7	0.61	19.8/14.1	1.93	24.4/4.6	0.51	26.6/2.2	0.18

注：表中此值为累计沉降量/本阶段实际沉降量。

(3)分层沉降。图 4-8 是三个孔沉降实测的分层沉降曲线，它反映了不同深度土层在不同时间、不同荷载条件下的沉降特征。三个孔沉降仪所测的最大沉降量均在地表处，往下沉降沿深度递减，呈较好的规律性。绝大部分沉降发生在淤泥质黏性土层内，这层土的压缩量占总压缩量的 85%，见表 4-5。表中统计的数字是三个月预压期后所测的。从表中还可以看出，表层的亚黏土压缩率约为 2.2%，淤泥质黏性土的压缩率约为 3.1%，加权平均值为 2.92%。

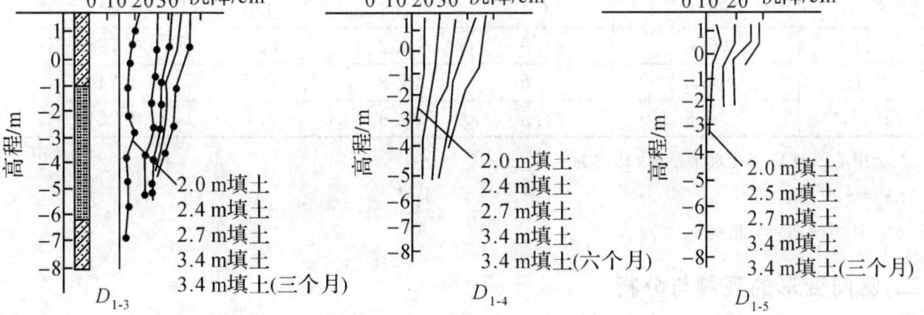

图 4-8　分层沉降沿土层深度的分布

表 4-5 分层沉降

土层名称	厚度/m	分层沉降量/cm	占总沉降的百分比/(%)	压缩率/(%)	平均压缩率/(%)
亚黏土	2	4.3	15	2.2	2.92
淤泥质黏性土	8	25.0	85	3.1	
合计	10	29.3	100		

(4)地表沉降差。路基中心的应力最集中,地表下任意深度处的竖向附加应力也最大,压缩变形也最大。

三孔地表沉降过程见图 4-9。它反映了在不同荷载条件下路基的沉降变化,特别是差异沉降变化。中心孔 $D_{1\text{-}1}$ 和路肩孔 $D_{1\text{-}3}$ 相距 13 m,从填土初期到结束,其差异沉降一直稳定在 7.0 cm 左右,见表 4-6。与其他试验断面比较,荷载初期就发生了 7.0 cm 的差异沉降,明显偏大。

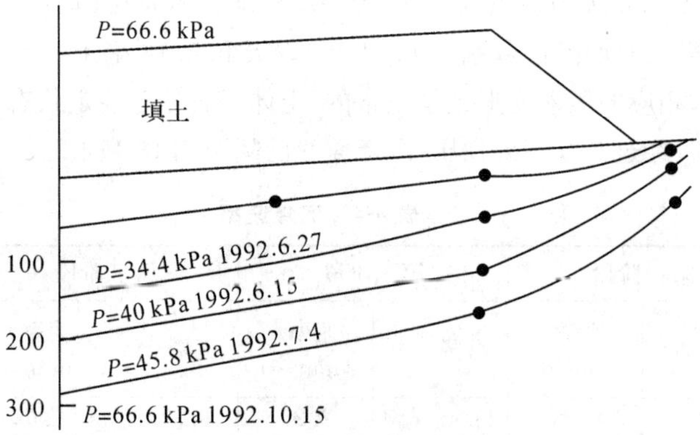

图 4-9 路基横向沉降过程线

就一般填土工程而言,差异沉降的发展都是由小到大逐渐递增,而该试验段为什么会从荷载初期就开始产生这么大的差异沉降呢?主要原因就是硬壳层被破坏了,表层土丧失了抗变形能力,荷载应力传递快,沉降发展相对也快,带来的差异沉降也大。在表 4-6 中,同时还列出了两孔差异沉降率,在 0.4%~0.6%之间。

表 4-6 横向差异沉降率

测试日期	荷载/kPa	S_1/cm	S_3/cm	$\Delta S'$/cm	S_3/S_1	$\Delta S'/L$/(%)
1992.6.15	47.0	15.2	7.5	7.7	0.49	0.59
1992.8.10	66.6	23.4	17.4	6.0	0.74	0.46
1992.9.2	66.6	24.9	18.2	6.7	0.73	0.52
1992.9.12	66.6	26.5	18.8	7.7	0.71	0.59
1992.10.15	66.6	27.5	19.8	7.7	0.72	0.59

注:(1)L 为中心及坡肩两孔水平距离,其值为 13.0 m。

(2)$\Delta S' = S_1 - S_3$。

(3)$\Delta S'/L$ 为横向差异沉降率。

(二)侧向变形的观测与分析

图 4-10 表示的是加荷过程中土体水平位移情况,由图可知:在上部填土荷载较小时,土体

发生的侧向变形也小；当填土荷载超过 2.0 m 时，土体发生了较大的背离填土区的变形，沿土层深度呈弓形分布，最大值达 6.5 m，深度在地表下 6.0 m 左右（淤泥质黏性土层中），往下沿深度递减。根据图中所示的土体侧向变形量，可以推算出路基沉降中由于土体侧向变形而产生的附加沉降。经计算，该段填土结束三个月时，附加沉降量占总沉降量的 15%左右。

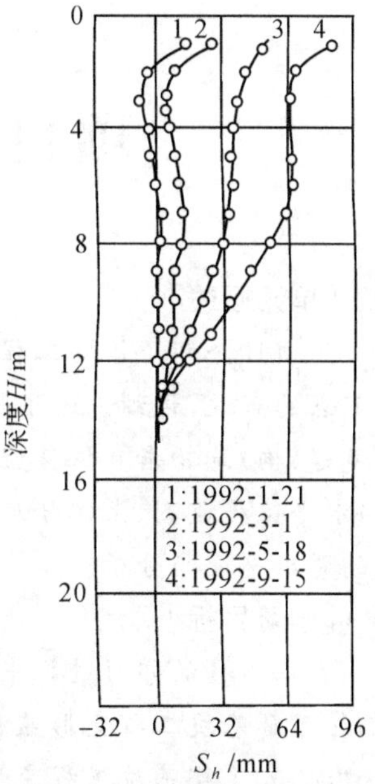

图 4-10　S_h—H 过程线

(三)孔隙水压力的观测与分析

该项的测量及分析需要一些其他专业的相关知识，在此不予介绍。

(四)总体结论

总结上述三种观测结果的分析，得到如下几点结论：

(1)路堤填筑后，经七个月预压，已完成了大部分的沉降，淤泥质黏性土的固结度已达 80%以上，残余沉降量小于 10.0 cm，满足设计要求，各土层的物理力学指标有了显著提高。

(2)在加荷初期，土体沉降明显较大，差异沉降较大，侧向变形也较大。

(3)本路段地表以下的淤泥质黏性土层为主要压缩层，其压缩量占总沉降的 80%以上，该土层是控制沉降变形的主要土层，应引起重视。

项目小结

本项目介绍了公路工程变形监测、边坡工程变形监测、桥梁工程变形监测、高速铁路工程变形监测等道路工程中涉及的变形监测项目，并针对每个监测项目详细讲述了变形监测的内容、变形监测方案的编制、变形监测方法等内容。最后，以某高速公路变形监测实例说明了道路工程变形监测的主要内容。

思考与练习题

1. 公路工程变形监测的任务是什么？简述公路工程变形监测工作的意义。
2. 如何制定公路工程变形监测方案，其主要内容包括哪些？
3. 试对公路工程与边坡工程的监测工作进行比较，说明各自的特点及异同之处。
4. 简述高速铁路变形监测点的分类。
5. 桥梁垂直位移监测的主要方法有哪些？
6. 桥梁水平位移监测的主要方法有哪些？
7. 桥梁挠度监测的主要内容有哪些？

项目五　基坑工程变形监测

[单元概述]

本项目介绍了基坑工程变形监测方案设计，包括监测方案的编制、监测项目、监测部位及监测点的布设，详细讲述了基坑工程变形监测的墙顶水平位移监测、墙顶垂直位移监测、周围环境建(构)筑物垂直位移监测、周围环境地表垂直位移监测、环境管线垂直位移监测、围护(土体)水平位移监测、土体分层垂直位移监测等监测项目的监测方法，并介绍了基坑工程变形监测的资料整理与分析。

[学习目标]

在本项目的学习过程中，主要完成的学习目标包括：①了解基坑工程变形监测的基本知识；②了解基坑工程变形监测的监测项目及方案设计；③掌握基坑工程变形监测主要项目的监测方法；④了解基坑工程变形监测主要项目的资料整理。

任务 5-1　基坑工程变形监测的方案设计

一、基坑工程变形监测的目的和意义

在基坑开挖的施工过程中，基坑内外的土体将由原来的静止土压力状态向被动和主动土压状态转变，应力状态的转变引起土体的变形。因此，在深基坑施工过程中，只有对基坑支护结构、基坑周围的土体和相邻的建、构筑物进行综合、系统的监测，才能对工程情况有比较全面的了解，确保工程顺利进行。

对基坑施工过程进行综合监测的目的和意义主要体现在以下几个方面：

(1)根据监测结果，发现安全隐患，防止工程和环境破坏事故发生。

(2)利用监测结果指导现场施工，进行动态信息化反馈优化设计，使设计达到优质安全、经济合理、施工简捷。

(3)将监测结果与理论预测值对比，用反分析法求得更精确的设计计算参数，修正理论公式，以指导下阶段的施工或其他工程的设计和施工。

二、监测方案制定的主要步骤

(1)收集和阅读有关场地地质条件、结构构造和周围环境的有关材料。这一步包括地质报告、围护结构设计图纸、主体结构、桩基与地下工程图纸、综合管线图、基础部分施工组织设计等。

(2)现场踏勘。重点掌握地下管线走向，与支护结构的对应关系，以及相邻建、构筑物情况。

(3)拟订监测方案初稿，提交工程建设单位等讨论审定。初步通过后提交，由市政道路监察部门召集主持，煤气、电缆、电信、上水、下水等地下管线主管单位参加协调会议。方案通过后形成会议纪要，监测工作正式实施。

(4)监测方案在实施过程中可以根据实际施工情况适当予以调整与充实，但大的原则一般

不能更改，特别是埋设元件的种类和数量、测试频率和报表数据等应严格按商定的方案执行。

三、监测方案设计的主要内容

(一)工程概况

(1)建设项目名称、建设地点、建设规模，工程的建设、勘察、设计、总承包和分包单位名称，以及建设单位委托的建设监理单位名称和工期要求等。

(2)基坑开挖深度、周长、面积，主要地层及水文地质情况，支护形式及主要监测项目等。要详细说明基坑周边环境状况，包括周边道路、管线、建筑物等。

(二)监测目的

根据本基坑工程特点、周边环境状况、地层及水文地质情况，说明实施监测的目的。

(三)监测依据

工程监测依据主要应列出本监测方案依据的工程设计资料、合同承诺及相关规范、标准、法律法规等。其主要内容包括：基坑支护设计方案、《建筑基坑支护技术规程》(JGJ 120—2012)、《建筑基坑工程监测技术规范》(GB 50497—2009)、《建筑变形测量规范》、《建筑地基基础工程施工质量验收规范》(GB 50202—2002)及建设单位提供的基坑周边环境(周边道路、管线、建筑物)图等。

(四)监测内容的确定

基坑工程监测的内容分为两部分：围护结构和支撑体系、周围地层和相邻环境。围护结构主要是围护桩墙和圈梁，支撑体系包括支撑或地层锚杆、围檩和立柱等部分；相邻环境包括相邻地层、地下管线、相邻建、构筑物等。对于具体工程，监测内容应根据具体情况确定，主要取决于工程的规模、重要程度、地质条件及周边环境等。中华人民共和国住房和城乡建设部《建筑基坑工程监测技术规范》关于基坑工程监测项目的内容见表5-1。

表5-1　建筑基坑工程仪器监测项目

监测项目		基坑类型		
		一级	二级	三级
(坡)顶水平位移		应测	应测	应测
墙(坡)顶竖向位移		应测	应测	应测
围护墙深层水平位移		应测	应测	宜测
土体深层水平位移		应测	应测	宜测
墙(桩)体内力		宜测	可测	可测
支撑内力		应测	宜测	可测
立柱竖向位移		应测	宜测	可测
锚杆、土钉拉力		应测	宜测	可测
坑底隆起	软土地区	宜测	可测	可测
	其他地区	可测	可测	可测
土压力		宜测	可测	可测
孔隙水压力		宜测	可测	可测
地下水位		应测	应测	宜测
土层分层竖向位移		宜测	可测	可测
墙后地表竖向位移		应测	应测	宜测

续表

监测项目		基坑类型		
		一级	二级	三级
周围建(构)筑物变形	竖向位移	应测	应测	应测
	倾斜	应测	宜测	可测
	水平位移	宜测	可测	可测
	裂缝	应测	应测	应测
周围地下管线变形		应测	应测	应测

注:基坑类别的划分按照国家标准《建筑地基基础工程施工质量验收规范》执行,见表 5-2。

表 5-2 基坑变形的监控值与基坑分类标准 单位:cm

基坑类别	围护结构墙顶位移监控值	围护结构墙体最大位移监控值	地面最大沉降监控值
一级基坑	3	5	3
二级基坑	6	8	6
三级基坑	8	10	10

注:(1)符合下列情况之一,为一级基坑:①重要工程或支护结构做主体结构的一部分;②开挖深度大于 10 m;③与邻近建筑物,重要设施的距离在开挖深度以内的基坑;④基坑范围内有历史文物、近代优秀建筑、重要管线等需严加保护的基坑。

(2)三级基坑为开挖深度小于 7 m,且周围环境无特别要求时的基坑。

(3)除一级和三级外的基坑属二级基坑。

(4)当周围已有的设施有特殊要求时,也应符合这些要求。

(五)监测方法及精度要求

监测方法、仪器的选择应根据基坑等级、精度要求、设计要求、场地条件、地区经验和方法适用性等因素综合确定,监测方法应合理易行。

1. 水平位移监测

测定特定方向上的水平位移时可采用视准线法、小角度法、投点法等;测定监测点任意方向的水平位移时可视监测点的分布情况,采用前方交会法、自由设站法、极坐标法等;当基准点距基坑较远时,可采用 GPS 测量法或三角、三边、边角测量与基准线法相结合的综合测量方法。

基坑围护墙(坡)顶水平位移监测精度应根据围护墙(坡)顶水平位移报警值按表 5-3 确定。

表 5-3 基坑围护墙(坡)顶水平位移监测精度要求 单位:mm

设计控制值	≤30	30~60	>60
监测点坐标中误差	≤1.5	≤3.0	≤6.0

注:监测点坐标中误差,指监测点相对测站点(如工作点等)的坐标中误差,为点位中误差的 $1/\sqrt{2}$。

地下管线的水平位移监测精度宜不低于 1.5 mm,其他基坑周边环境(如地下设施、道路等)的水平位移监测精度应符合相关规范、规程等的规定。

2. 竖向位移监测

竖向位移监测可采用几何水准或液体静力水准等方法;坑底隆起(回弹)可以通过设置回弹监测标,采用几何水准并配合传递高程的辅助设备进行监测,传递高程的金属杆或钢尺等应进行温度、尺长和拉力等几项修正;基坑围护墙(坡)顶、墙后地表与立柱的竖向位移监测精度应根据竖向位移报警值按表 5-4 确定。

地下管线的竖向位移监测精度宜不低于 0.5 mm；其他基坑周边环境（如地下设施、道路等）的竖向位移监测精度应符合相关规范、规程的规定；坑底隆起（回弹）监测精度不宜低于 1 mm。

表 5-4　基坑围护墙（坡）顶、墙后地表及立柱的竖向位移监测精度　单位：mm

竖向位移报警值	≤20(35)	20～40(35～60)	≥40(60)
监测点测站高差中误差	≤0.3	≤0.5	≤1.5

注：(1)监测点测站高差中误差是指相应精度与视距的几何水准测量单程一测站的高差中误差。
(2)括号内数值对应于墙后地表及立柱的竖向位移报警值。

3. 深层水平位移监测

围护墙体或基坑周围土体的深层水平位移的监测宜采用在墙体或土体中预埋测斜管、通过倾斜仪观测各深度处水平位移的方法。

倾斜仪的精度要求不宜小于表 5-5 的规定。

表 5-5　倾斜仪精度

基坑类别	一级	二级和三级
系统精度/(mm/m)	0.10	0.25
分辨率/(mm/500 mm)	0.02	0.02

4. 倾斜监测

建筑物倾斜监测应测定监测对象顶部相对于底部的水平位移与高差，分别记录并计算监测对象的倾斜度、倾斜方向和倾斜速率。应根据不同的现场观测条件和要求，选用投点法、水平角法、前方交会法、正垂线法、差异沉降法等。

建筑物倾斜监测精度应符合《工程测量规范》及《建筑变形测量规程》的有关规定。

5. 裂缝监测

裂缝监测应包括裂缝的位置、走向、长度、宽度及变化程度，需要时还包括深度。裂缝监测数量根据需要确定，主要或变化较大的裂缝应进行监测。

裂缝监测可采用以下方法：

(1)对裂缝宽度监测，可在裂缝两侧贴石膏饼、划平行线或贴埋金属标志等，然后采用千分尺或游标卡尺等直接量测的方法；也可采用裂缝计、粘贴安装千分表法、摄影量测等方法。

(2)对裂缝深度量测，当裂缝深度较小时宜采用凿出法和单面接触超声波法监测，深度较大裂缝宜采用超声波法监测。

应在基坑开挖前记录监测对象已有裂缝的分布位置和数量，测定其走向、长度、宽度和深度等情况，标志应具有可供量测的明晰端面或中心。裂缝宽度监测精度不宜低于 0.1 mm，长度和深度监测精度不宜低于 1 mm。

6. 支护结构内力监测

基坑开挖过程中支护结构内力变化可通过在结构内部或表面安装应变计或应力计进行量测。对于钢筋混凝土支撑，宜采用钢筋应力计（钢筋计）或混凝土应变计进行量测；对于钢结构支撑，宜采用轴力计进行量测。围护墙、桩及围檩等内力，宜在围护墙、桩钢筋制作时，在主筋上焊接钢筋应力计的预埋方法进行量测。支护结构内力监测值应考虑温度变化的影响，对钢筋混凝土支撑还应考虑混凝土收缩、徐变及裂缝开展的影响。

应力计或应变计的量程宜为最大设计值的 1.2 倍，分辨率不宜低于 0.2%FS(满量程)，精度不宜低于0.5%FS。围护墙、桩及围檩等的内力监测元件宜在相应工序施工时埋设，并在开挖前取得稳定初始值。

7.土压力监测

土压力宜采用土压力计量测。土压力计的量程应满足被测压力的要求，其上限可取最大设计压力的1.2倍，精度不宜低于0.5%FS，分辨率不宜低于0.2%FS。

8.孔隙水压力监测

孔隙水压力宜通过埋设钢弦式、应变式等孔隙水压力计，采用频率计或应变计量测。孔隙水压力计量程应满足被测压力范围的要求，可取静水压力与超孔隙水压力之和的1.2倍；精度不宜低于0.5%FS，分辨率不宜低于0.2%FS。

9.地下水位监测

地下水位监测宜采用在孔内设置水位管、采用水位计等方法进行测量。地下水位监测精度不宜低于10 mm。

10.锚杆拉力监测

锚杆拉力量测宜采用专用的锚杆测力计，钢筋锚杆可采用钢筋应力计或应变计，当使用钢筋束时应分别监测每根钢筋的受力。锚杆轴力计、钢筋应力计和应变计的量程宜为所设计最大拉力值的1.2倍，量测精度不宜低于0.5%FS，分辨率不宜低于0.2%FS。

11.坑外土体分层竖向位移监测

坑外土体分层竖向位移可通过埋设分层沉降磁环或深层沉降标，采用分层沉降仪结合水准测量方法进行量测。土体分层竖向位移的监测精度不宜低于1 mm。每次测量应重复进行两次，两次误差值不大于1 mm。

12.巡视监测

为了掌握基坑变形状况，使用仪器定期进行数据观测是必要的，同时还要适当配备平时的巡视检查。特别是在变形活跃期，巡视检查尤其重要。

(1)基坑工程的整个施工期内，每天均应有专人进行巡视检查。

(2)巡视检查的检查方法以目测为主，可辅以锤、钎、量尺、放大镜等工器具及摄像、摄影等设备进行。

(3)巡视检查应对自然条件、支护结构、施工工况、周边环境、监测设施等的检查情况进行详细记录。如发现异常，应及时通知委托方及相关单位。

(4)巡视检查记录应及时整理，并与仪器监测数据综合分析。

(5)基坑工程巡视检查主要内容和记录样表见表5-6。

(六)施测部位和测点布置的确定

1.基准点布设要求

(1)每个基坑工程至少应有三个稳固可靠的点作为基准点，工作点应选在稳定的位置。在通视条件良好或观测项目较少的情况下，可不设工作点，在基准点上直接测定变形监测点。施工期间，应采用有效措施，确保基准点和工作点的正常使用。监测期间，应定期检查工作点的稳定性。

(2)水平位移监测基准点应埋设在基坑开挖深度三倍范围以外不受施工影响的稳定区域，或利用已有稳定的施工控制点，不应埋设在低洼积水、湿陷、冻胀、胀缩等影响的区域范围内。基准点的埋设应按有关测量规范、规程执行。宜设置强制对中的观测墩，采用精密光学对中装置，对中误差不宜大于 0.5 mm。

(3)水准基准点宜均匀埋设，数量不应少于三个，埋设位置和方法要求与(2)相同。

(4)各监测点与水准基准点或工作点应组成闭合环路或附合水准路线。

表 5-6　巡视监测日报样表

(　　)监测日报表　　　　第　页　共　页　　　　第　次

工程名称：　　　　报表编号：

观测者：　　　　观测日期：　年　月　日　时

分类	巡视检查内容	巡视检查结果	备注
自然条件	气温		
	雨量		
	风级		
	水位		
支护结构	支护结构成型质量		
	冠梁、支撑、围檩裂缝		
	支撑、立柱变形		
	止水帷幕开裂、渗漏		
	墙后土体沉陷、裂缝及滑移		
	基坑涌土、流砂、管涌		
施工工况	土质情况		
	基坑开挖分段长度及分层厚度		
	地表水、地下水状况		
	基坑降水、回灌设施运转情况		
	基坑周边地面堆载情况		
周边环境	地下管道破损、泄漏情况		
	周边建(构)筑物裂缝		
	周边道路(地面)裂缝、沉陷		
	邻近施工情况		
监测设施	基准点、测点完好状况		
	观测工作条件		
	监测元件完好情况		
观测部位			

项目负责人：　　　　监测单位：

2.基坑及支护结构监测点布置

(1)基坑边坡顶部的水平位移和竖向位移监测点应沿基坑周边布置，基坑周边中部、阳角处应布置监测点。监测点间距不宜大于 20 m，每边监测点数目不应少于三个。监测点宜设置在基坑边坡坡顶上。

(2)围护墙顶部的水平位移和竖向位移监测点应沿围护墙的周边布置，应布置在围护墙周边中部、阳角处。监测点间距不宜大于 20 m，每边监测点数目不应少于三个。监测点宜设置在冠梁上。

(3)深层水平位移监测孔宜布置在基坑边坡、围护墙周边的中心处及代表性的部位，数量和间距视具体情况而定，但每边至少应设一个监测孔。

(4)围护墙内力监测点应布置在受力、变形较大且有代表性的部位,监测点数量和横向间距视具体情况而定,但每边至少应设一处监测点。竖直方向监测点应布置在弯矩较大处,监测点间距宜为 3～5 m。

(5)支撑内力监测点的布置应符合下列要求:监测点宜设置在支撑内力较大或在整个支撑系统中起关键作用的杆件上;每道支撑的内力监测点不应少于三个,各道支撑的监测点位置宜在竖向保持一致;钢支撑的监测截面根据测试仪器宜布置在支撑长度的 1/3 部位或支撑的端头。钢筋混凝土支撑的监测截面宜布置在支撑长度的 1/3 部位,每个监测截面内传感器的设置数量及布置应满足不同传感器测试要求。

(6)立柱的竖向位移监测点宜布置在基坑中部、多根支撑交汇处、施工栈桥下、地质条件复杂处的立柱上,监测点不宜少于立柱总根数的 10%,逆作法施工的基坑不宜少于 20%,且不应少于五根。

(7)锚杆的拉力监测点应选择在受力较大且有代表性的位置,基坑每边的中部位和地质条件复杂的区域宜布置监测点。每层锚杆的拉力监测点数量应为该层锚杆总数的 1%～3%,并不应少于三根。每层监测点在竖向上的位置宜保持一致,每根杆体上的测试点应设置在锚头附近位置。

(8)土钉的拉力监测点应沿基坑周边布置,基坑周边中部、阳角处宜布置监测点。监测点水平间距不宜大于 30 m,每层监测点数目不应少于三个。各层监测点在竖向上的位置宜保持一致。每根杆体上的测试点应设置在受力、变形有代表性的位置。

(9)基坑底部隆起监测点应符合下列要求:监测点宜按纵向或横向剖面布置,剖面应选择在基坑的中央、距坑底边约 1/4 坑底宽度处及其他能反映变形特征的位置,数量不应少于两个。纵向或横向有多个监测剖面时,其间距宜为 20～50 m,同一剖面上监测点横向间距宜为 10～20 m,数量不宜少于三个。

(10)围护墙侧向土压力监测点的布置应符合下列要求:监测点应布置在受力、土质条件变化较大或有代表性的部位,平面布置上基坑每边不宜少于两个测点。在竖向布置上,测点间距宜为 2～5 m,测点下部宜密;当按土层分布情况布设时,每层应至少布设一个测点,且布置在各层土的中部;土压力盒应紧贴围护墙布置,宜预设在围护墙的迎土面一侧。

(11)孔隙水压力监测点宜布置在基坑受力、变形较大或有代表性的部位。监测点竖向布置,宜在水压力变化影响深度范围内,按土层分布情况布设,监测点竖向间距一般为 2～5 m,且不宜少于三个。

(12)基坑内地下水位监测点的布置应符合下列要求:当采用深井降水时,水位监测点宜布置在基坑中央和两相邻降水井的中间部位;当采用轻型井点、喷射井点降水时,水位监测点宜布置在基坑中央和周边拐角处,监测点数量视具体情况确定;水位监测管的埋置深度(管底标高)应在最低设计水位之下 3～5 m。对于需要降低承压水水位的基坑工程,水位监测管埋置深度应满足降水设计要求。

(13)基坑外地下水位监测点的布置应符合下列要求:水位监测点应沿基坑周边、被保护对象(如建筑物、地下管线等)周边或在两者之间布置,监测点间距宜为 20～50 m。相邻建(构)筑物、重要的地下管线或管线密集处应布置水位监测点;如有止水帷幕,宜布置在止水帷幕的外侧约 2 m 处。

水位监测管的埋置深度(管底标高)应在控制地下水位之下 3～5 m。对于需要降低承压水水位的基坑工程，水位监测管埋置深度应满足设计要求。

3. 周边环境监测点布置

(1)从基坑边缘以外1～3倍开挖深度范围内需要保护的建(构)筑物、地下管线等均应作为监控对象。必要时，尚应扩大监控范围。

(2)位于重要保护对象(如地铁、上游引水、合流污水等)安全保护区范围内的监测点的布置，还应满足相关部门的技术要求。

(3)建(构)筑物的竖向位移监测点布置应符合下列要求：应布置在建(构)筑物四角、沿外墙每10～15 m处、或每隔2～3根柱基上，且每边布置不少于三个监测点；不同地基或基础的分界处；建(构)筑物不同结构的分界处；变形缝、抗震缝或严重开裂处的两侧；新、旧建筑物或高、低建筑物交接处的两侧；烟囱、水塔和大型储藏罐等高耸构筑物基础轴线的对称部位，每一构筑物不得少于四个点。

(4)建(构)筑物的水平位移监测点应布置在建筑物的墙角、柱基及裂缝的两端，每侧墙体的监测点不应少于三处。

(5)建(构)筑物倾斜监测点应符合下列要求：监测点宜布置在建(构)筑物角点、变形缝或抗震缝两侧的承重柱或墙上；监测点应沿主体顶部、底部对应布设，上、下监测点应布置在同一竖直线上；当采用铅锤观测法、激光铅直仪观测法时，应保证上、下测点之间具有一定的通视条件。

(6)建(构)筑物的裂缝监测点应选择有代表性的裂缝进行布置，在基坑施工期间当发现新裂缝或原有裂缝有增大趋势时，应及时增设监测点。每一条裂缝的测点至少设两组，裂缝的最宽处及裂缝末端宜设置测点。

(7)地下管线监测点的布置应符合下列要求：应根据管线年份、类型、材料、尺寸及现状等情况，确定监测点布置。监测点宜布置在管线的节点、转角点和变形曲率较大的部位，监测点平面间距宜为15～25 m，并宜延伸至基坑以外20 m；上水、煤气、暖气等压力管线宜设置直接监测点。直接监测点应设置在管线上，也可以利用阀门开关、抽气孔及检查井等管线设备作为监测点；在无法埋设直接监测点的部位，可利用埋设套管法设置监测点，也可采用模拟式测点将监测点设置在靠近管线埋深部位的土体中。

(8)基坑周边地表竖向沉降监测点的布置范围宜为基坑深度的1～3倍，监测剖面宜设在坑边中部或其他有代表性的部位，并与坑边垂直，监测剖面数量视具体情况确定。每个监测剖面上的监测点数量不宜少于五个。

(9)土体分层竖向位移监测孔应布置在有代表性的部位，数量视具体情况确定，并形成监测剖面。同一监测孔的测点宜沿竖向布置在各层土内，数量与深度应根据具体情况确定，在厚度较大的土层中应适当加密。

(七)监测周期

基坑工程监测频率应以能系统反映监测对象所测项目的重要变化过程，而又不遗漏其变形速度和变化时刻为原则，还要做到观测工作量最省。观测频率确定标准主要有以下几个方面：

(1)基坑工程监测工作应贯穿于基坑工程和地下工程施工全过程。监测工作一般应从基坑工程施工前开始，直至地下工程完成为止。对有特殊要求的周边环境的监测，应根据需要延续至变形趋于稳定后才能结束。

(2)监测项目的监测频率应考虑基坑工程等级、基坑和地下工程的不同施工阶段，以及周边环境、自然条件的变化。当监测值相对稳定时，可适当降低监测频率。对于应测项目，在无数据异常和事故征兆的情况下，开挖后仪器监测频率的确定可参照表 5-7。

表 5-7　现场仪器监测的监测频率

基坑类别	施工进程		基坑设计开挖深度			
			≤5 m	5～10 m	10～15 m	＞15 m
一级	开挖深度/m	≤5	1 次/天	1 次/2 天	1 次/2 天	1 次/2 天
		5～10		1 次/天	1 次/天	1 次/天
		＞10			2 次/天	2 次/天
	底板浇筑后时间/天	≤7	1 次/天	1 次/天	2 次/天	2 次/天
		7～14	1 次/3 天	1 次/2 天	1 次/天	1 次/天
		14～28	1 次/5 天	1 次/3 天	1 次/2 天	1 次/天
		＞28	1 次/7 天	1 次/5 天	1 次/3 天	1 次/3 天
二级	开挖深度/m	≤5	1 次/2 天	1 次/2 天		
		5～10		1 次/天		
	底板浇筑后时间/天	≤7	1 次/2 天	1 次/2 天		
		7～14	1 次/3 天	1 次/3 天		
		14～28	1 次/7 天	1 次/5 天		
		＞28	1 次/10 天	1 次/10 天		

注：(1)当基坑工程等级为三级时，监测频率可视具体情况要求适当降低。

(2)基坑工程施工至开挖前的监测频率视具体情况确定。

(3)宜测、可测项目的仪器监测频率可视具体情况要求适当降低。

(4)有支撑的支护结构，各道支撑开始拆除到拆除完成后三天内，监测频率应为 1 次/天。

(3)当出现下列情况之一时，应加强监测，提高监测频率，并及时向委托方及相关单位报告监测结果：监测数据达到报警值；监测数据变化量较大或者速率加快；存在勘察中未发现的不良地质条件；超深、超长开挖或未及时加撑等，未按设计施工；基坑及周边大量积水、长时间连续降雨、市政管道出现泄漏；基坑附近地面荷载突然增大或超过设计限值；支护结构出现开裂；周边地面突然出现较大沉降或严重开裂；邻近的建(构)筑物突然出现较大沉降、不均匀沉降或严重开裂；基坑底部、坡体或支护结构出现管涌、渗漏或流砂等现象；基坑工程发生事故后重新组织施工；出现其他影响基坑及周边环境安全的异常情况。

(八)上交资料

(1)监测平面布置图。

(2)基准点、监测点埋设大样图。

(3)监测成果及相关样图、样表。

(4)监测设备、仪器检定证书复印件。

(5)监测作业人员资格证书或上岗证书。

(6)基坑工程监测方案。

(7)测点布设、验收记录。

(8)阶段性监测报告。

(9)监测总结报告。

任务5-2　基坑工程变形监测的实施

一、现场巡视监测

自基坑开挖起，根据施工情况每日不定期进行，主要对支护结构情况、坡顶堆载、基坑周边裂缝、临时建筑及设施变化等方面进行肉眼现场巡视。

二、墙顶水平位移监测

墙顶水平位移(桩顶水平位移、坡顶水平位移)监测方法有很多，根据工程特点，具体方法有：

(1)测特定方向时可采用视准线法、小角度法、投点法等。

(2)测定监测点任意方向的水平位移时，可视监测点的分布情况，采用前方交会法、后方交会法、自由设站法、极坐标法等。

(3)当测点与基准点无法通视或距离较远时，可采用GNSS测量法或三角、三边、边角测量与基准线法相结合的综合测量方法。

三、墙顶垂直位移监测

基坑施工过程中，基坑围护结构由于基坑的开挖卸载及其他基坑变形影响因素，会发生垂直位移变形。为监测基坑围护结构的坡顶垂直位移变形情况，并及时发现潜在的危险，需要进行基坑围护结构坡顶垂直位移监测。

(一)基坑墙顶垂直位移监测网点的布设

变形监测网点的布设应符合相应测量规范、规程要求，《工程测量规范》的要求如下：

(1)基准点，应选在变形影响区域之外稳固可靠的位置，每个工程至少应有三个基准点。大型的工程项目，其水平位移基准点应采用观测墩，垂直位移基准点宜采用双金属标或钢管标。

(2)工作点，应选在比较稳定且方便使用的位置。设立在大型工程施工区域内的水平位移监测工作点宜采用观测墩，垂直位移监测工作点可采用钢管标。对通视条件较好的小型工程，可不设立工作点，在基准点上直接测定变形观测点。

(3)变形观测点，应设立在能反映监测体变形特征的位置或监测断面上，监测断面一般分为关键断面、重要断面和一般断面。需要时，还应埋设一定数量的应力、应变传感器。

(4)监测基准网，应由基准点和工作点构成。监测基准网应每半年复测一次，当对变形监测成果发生怀疑时，应随时检核监测基准网，其技术要求应符合《工程测量规范》(表5-8)要求。

表5-8　垂直位移监测基准网的主要技术要求

单位：mm

等级	相邻基准点高差中误差	每站高差中误差	往返较差、附合或环线闭合差	检测已测高差较差
一等	0.3	0.07	$0.15\sqrt{n}$	$0.2\sqrt{n}$
二等	0.5	0.15	$0.30\sqrt{n}$	$0.4\sqrt{n}$
三等	1.0	0.30	$0.60\sqrt{n}$	$0.8\sqrt{n}$
四等	2.0	0.70	$1.40\sqrt{n}$	$2.0\sqrt{n}$

注：表中n为测站数。

(5)变形监测网,应由部分基准点、工作点和变形观测点构成。监测周期,应根据监测体的变形特征、变形速率、观测精度和工程地质条件等因素综合确定。监测期间,应根据变形量的变化情况适当调整。

(二)基坑墙顶垂直位移监测网点的观测

(1)基坑支护工程常用的垂直位移监测一般采用几何水准测量,在基坑监测工程中,其主要观测技术规范如下:①《工程测量规范》对水准观测方法的技术要求见表5-9;②《建筑基坑工程监测技术规范》对各等级几何水准法观测时的技术要求见表5-10;③《工程测量规范》对采用水准测量方法进行垂直位移监测的要求见表5-11;④《国家一、二等水准测量规范》(GB/T 12897—2006)对水准测量视距等的技术要求见表5-12。

表5-9 水准观测的主要技术要求

等级	水准仪的型号	水准尺	视线长度/m	前后视较差/m	前后视累积差/m	视线离地面最低高度/m	基本分划、辅助分划读数较差/mm	基本分划、辅助分划所测高差较差/mm
一等	DS05	因瓦	15	0.3	1.0	0.5	0.3	0.4
二等	DS05	因瓦	30	0.5	1.5	0.5	0.3	0.4
三等	DS05	因瓦	50	2.0	3	0.3	0.5	0.7
	DS1	因瓦	50	2.0	3	0.3	0.5	0.7
四等	DS1	因瓦	75	5.0	8	0.2	1.0	1.5

表5-10 几何水准观测的技术要求

基坑类别	使用仪器、观测方法及要求
一级基坑	DS05级别水准仪,因瓦合金标尺,按光学测微法观测,宜按国家二等水准测量的技术要求施测
二级基坑	DS1级别及以上水准仪,因瓦合金标尺,按光学测微法观测,宜按国家二等水准测量的技术要求施测
三级基坑	DS3或更高级别及以上的水准仪,宜按国家二等水准测量的技术要求施测

表5-11 垂直位移监测网的主要技术要求

单位:mm

等级	变形观测点的高程中误差	每站高差中误差	往返较差、附合或环线闭合差	检测已测高差较差
一等	0.3	0.07	$0.15\sqrt{n}$	$0.2\sqrt{n}$
二等	0.5	0.15	$0.30\sqrt{n}$	$0.4\sqrt{n}$
三等	1.0	0.30	$0.60\sqrt{n}$	$0.8\sqrt{n}$
四等	2.0	0.70	$1.40\sqrt{n}$	$2.0\sqrt{n}$

注:表中n为测站数。

表 5-12　一、二等水准测量视距、视距差、累积差、视线高度、复测次数技术要求　单位：m

等级	仪器类别	视线长度		前后视距差		任意测站上前后视距累积差		视线高度		数字水准仪复测次数
		光学	数字	光学	数字	光学	数字	光学（下丝读数）	数字	
一等	DSZ05 DS05	≤30	≥4 且 ≤30	≤0.5	≤1.0	≤1.5	≤3.0	≥0.5	≥0.65 且 ≤2.80	≥3 次
二等	DSZ1 DS1	≤50	≥3 且 ≤50	≤1.0	≤1.5	≤3.0	≤6.0	≥0.3	≥0.55 且 ≤2.80	≥2 次

注：下丝为近地面的视距丝。一、二等水准测量数字水准仪视线高度的高端限差最大为 2.85 m，相位法数字水准仪重复测量次数可以为表中数值减少一次，所有数字水准仪在地面震动较大时，应随时增加重复测量次数。

（2）基坑各级墙顶垂直位移（桩顶垂直位移、坡顶垂直位移）变形监测、每周期的观测线路数 r、观测方式，所选等级精度和使用的仪器类型，要符合《建筑变形测量规范》的要求，见表 5-13、表 5-14。

表 5-13　各等级水准测量使用仪器型号和标尺类型

级别	使用的仪器型号			标尺类型		
	DS05 DSZ05	DS1 DSZ1	DS3 DSZ3	因瓦尺	条码尺	区格式木制标尺
特级	√	×	×	√	√	×
一级	√	×	×	√	√	×
二级	√	√	×	√	√	×
三级	√	√	√	√	√	√

注："√"表示允许使用，"×"表示不允许使用。

表 5-14　一、二、三级水准路线观测方式

级别	高程控制测量、工作点联测及首次沉降观测			其他各次沉降观测		
	DS05 DSZ05	DS1 DSZ1	DS3 DSZ3	DS05 DSZ05	DS1 DSZ1	DS3 DSZ3
一级	往返测	—	—	往返测 或单程 双测站	—	—
二级	往返测 或单程 双测站	往返测 或单程 双测站	—	单程观测	单程 双测站	—
三级	单程 双测站	单程 双测站	往返测 或单程 双测站	单程观测	单程观测	单程 双测站

四、周围环境建（构）筑物垂直位移监测

（一）监测基准网的布设

周围环境建（构）筑物垂直位移监测与墙顶垂直位移监测（桩顶垂直位移监测、坡顶垂直位

移监测)的监测基准网布设要一致,保证精度的统一性。

(二)变形监测网的布设

由于变形监测网应由部分基准点、工作点和变形观测点构成,两者不一定相同。若基坑工程区域较小,基坑本体及周边的沉降监测点比较集中,监测周期、监测精度等一致,可以合在一起布设一个变形监测网,也可以分区布设。

(三)观测

观测技术要求、仪器要求、观测方法参看墙顶垂直位移监测(桩顶垂直位移监测、坡顶垂直位移监测)的要求。

五、周围环境地表垂直位移监测

基坑施工过程中,由于基坑开挖卸载及基坑的降水,基坑周边影响范围内的地表会产生垂直位移变形,为监测这种垂直位移变形,需要进行环境地表垂直位移监测。点位布设应符合《建筑基坑工程监测技术规范》的要求。观测技术要求、仪器要求、观测方法参看墙顶垂直位移监测(桩顶垂直位移监测、坡顶垂直位移监测)的要求。

六、环境管线垂直位移监测

基坑施工过程中,由于基坑开挖卸载及基坑的降水,基坑周边影响范围内的管线会产生垂直位移变形,为监测这种垂直位移变形,需要进行环境管线垂直位移监测。点位布设应符合《建筑基坑工程监测技术规范》的要求。观测技术要求、仪器要求、观测方法参看墙顶垂直位移监测(桩顶垂直位移监测、坡顶垂直位移监测)的要求。

七、围护(土体)水平位移监测

基坑施工过程中,基坑围护结构及周边土体由于基坑的开挖卸载及其他基坑变形影响因素,会发生水平位移变形,为监测基坑围护结构及周边土体整个围护深度内不同深度的水平位移变形情况,并及时发现潜在的危险,需要进行基坑围护结构深层水平位移监测。

围护桩墙或周围土体深层水平位移的监测,是确定基坑围护体系变形和受力的最重要的观测手段,通常采用测斜手段进行观测。

测斜管应在工程开挖前15~30天埋设完毕,在开挖前的3~5天内复测2~3次。待判明测斜管已处于稳定状态后,取其平均值作为初始值,开始正式测试工作。每次监测时,将探头导轮对准与所测位移方向一致的槽口,缓缓放至管底,待探头与管内温度基本一致、显示仪读数稳定后开始监测。一般以管口作为确定测点位置的基准点,每次测试时管口基准点必须是同一位置,按探头电缆上的刻度分划,均速提升,每隔500 mm读数一次,并做记录。待探头提升至管口处,旋转180°后,再按上述方法测量,以消除倾斜仪自身的误差。

八、土体分层垂直位移监测

坑内外土体深层垂直位移。坑内土体深层垂直位移也称坑内土体回弹或坑底隆起。基坑在开挖后由于上部土体开挖卸载,深层土体应力释放向上隆起。另外,由于基坑内土体开挖后,支护内外的压力差使其底部产生侧向位移,导致靠近围护结构内侧的土体向上隆起,严重者产生塑性破坏。深大基坑由于卸载多、基坑内外压差大,因而就有必要对基坑回弹进行监测。土体分层垂直位移监测为重力式围护体系一、二级监测等级、板式围护体系一级监测等级选测项目。

监测时应先用水准仪测出沉降管的管口高程，然后将分层沉降仪的探头缓缓放入沉降管中。当接收仪发生蜂鸣或指针偏转最大时，就是磁环的位置。捕捉第一声响时测量电缆在管口处的深度尺寸，每个磁环有两次响声，两次响声间的间距十几厘米。这样由上向下地测量到孔底，称为进程测读。当从该沉降管内收回测量电缆时，测头再次通过土层中的磁环，接收系统的蜂鸣器会再次发出蜂鸣声。此时读出测量电缆在管口处的深度尺寸，如此测量到孔口，称为回程测读。磁环距管口深度取进、回程测读数的平均数。

任务 5-3　基坑工程变形监测的资料整理

基坑监测除了现场进行观测取得原始资料外，还必须进行观测资料的整理和分析。观测资料的整理主要包括两个方面：观测资料的整理和整编。这一阶段的主要工作是对现场观测所取得的资料加以整理，编制成图、表和说明，使它成为便于使用的成果。观测资料的分析阶段是分析归纳建筑变形过程、变形规律、变形幅度，分析变形的原因、变形值与引起变形因素之间的关系，找出它们之间的函数关系，进而判断建筑物的工作情况是否正常。在积累了大量观测数据后，又可以进一步找出建筑物变形的内在原因和规律，从而修正设计的理论及所采用的经验系数。

一、校核

校核各项原始记录，检查各次变形观测值的计算有否错误。

(1)原始观测记录应填写齐全，字迹清楚，不得涂改、擦改和转抄；凡划改的数字和超限划去的成果，均应注明原因，并注明重测结果的所在页数。

(2)平差计算成果、图、表及各种检验、分析资料，应完整、清晰、无误。

(3)使用的图式、符号，应统一规格，描绘工整，注记清楚。

(4)观测成果计算和分析中的数字取位要求见相关规范。

二、变形观测资料的插补

当由于各种主、客观条件的限制，实测资料出现漏测时，或在数据处理需要利用等间隔观测值时，则可利用已有的相邻测次或相邻测点的可靠资料进行插补工作。

(1)按内在物理联系进行插补。按照物理意义，根据对已测资料的逻辑分析，找出主要原因量之间的函数关系，再利用这种关系，将缺漏值插补出来。

(2)按数学方法进行插补。

三、填表

基坑监测内容较多，监测前应设计各种不同的外业记录表格。记录表格的设计应以记录和数据处理方便为原则，在监测中观测到的或出现的异常情况也应在记录表格中有所体现。为表明原始数据的真实性，记录表格中的原始数据不得随意更改，必须更改时，应加以说明。外业资料观测完成后，应及时分类整理外业记录表格。

(一)监测报表

监测报表一般形式有当日报表、周报表、阶段报表。其中,当日报表最为重要,通常作为施工调整和安排的依据。周报表通常作为参加工程例会的书面文件,对一周的监测成果作简要的汇总。阶段报表作为某个基坑施工阶段监测数据的小结。

监测日报表应及时提交给工程建设、监理、施工、设计、管线与道路监察等有关单位,并另备一份经工程建设或现场监理工程师签字后返回存档,作为报表收到及监测工程结算的依据。

(二)观测资料填表、计算

监测成果是施工安排和调整的依据,对外业监测数据应尽快进行计算处理,向各工程建设、监理等有关单位提交日报表或当期的监测技术报告。

日报表中不但要体现当期的监测成果,还要体现当期与以往相关成果的关系,方便其他单位和人员更直观地理解和把握。

(1)外业观测值和记事项目,必须在现场直接记录于观测记录表中。任何原始记录不得涂改、伪造和转抄,并由测试、记录人员签字。

(2)现场的监测资料应符合的要求包括:①使用正式的监测记录表格;②监测记录应有相应的工况描述;③监测数据应及时整理;④对监测数据的变化及发展情况应及时分析和评述。

(3)外业观测资料在现场检核无误后方可提交室内计算,计算项目按有关要求选择,包括墙(坡)顶水平位移和竖向位移、支护结构深层水平位移、桩、墙体内力及土压力、孔隙水压力、支撑轴力、拉锚拉力、周围环境的水平位移和竖向位移等。

四、监测曲线的绘制

在监测过程中,除了要及时给出各种类型的报表、绘制测点布置平面图和剖面图外,还要及时整理各监测项目的汇总表和变化曲线。这些曲线主要包括:

(1)周边建筑物累积沉降随时间变化曲线。

(2)基坑围护沉降随时间变化曲线。

(3)钢支撑轴力值随时间变化曲线。

(4)基坑围护水平位移随时间变化曲线。

五、定期进行资料的整理分析

基坑监测一段时间后,应对观测资料进行定期汇总分析。分析时要着重了解围护结构体系和周围环境是否出现异常,找出规律性的变化,根据变形值的大小和变化趋势,预测下一步的发展结果,提出破坏影响程度的预测值,制定出检查维修和保护措施,保证基坑的质量。一般情况下,观测资料的分析包括以下内容:

(1)成因分析(定性分析)。成因分析是对结构本身(内因)与作用在结构物上的荷载(外因)及观测本身,加以分析、考虑,确定变形值变化的原因和规律性。

(2)统计分析。根据成因分析,对实测数据进行统计分析,从中寻找规律,并导出变形值与引起变形的有关因素之间的函数关系。

(3)变形预报和安全判断。在成因分析和统计分析的基础上,可根据求得的变形值与引起变形因素之间的函数关系,预报未来变形值的范围和判断建筑物的安全程度。从数学观点来说,拟合、内插、预报在本质上没有什么区别,对已有观测值用数学函数来表达称为拟合,由拟合的曲线来推求观测值时域内或空域内的数值称为内插，当所求值在观测值时域外或空域外时则称为预报。因此，前面所介绍的插补方法均可用于预报。安全判断则需要知道变形临界值或变形极限值。

确定变形体的变形和变形原因之间的关系有两种基本的方法：统计分析法（或回归分析）和确定函数（模型）法。

《建筑变形测量规程》中规定，变形分析的"统计分析法"为：应以十个以上周期的长期观测数据为依据，通过分析所测变形与内因、外因之间的相关性，建立荷载-变形关系的数学模型。

《建筑变形测量规程》中规定，变形分析的"确定函数（模型）法"为：应以大量变形信息和变形因素的观测资料为依据，利用荷载、变形体的几何性质和物理性质及应力-应变间的关系来建立数学模型。

建（构）筑物在施工和运营的过程中，由于各种因素的影响，一般会发生一定程度的沉降。这种沉降量在一定限差范围内被视为正常现象，但如果超过限度，就会影响建（构）筑物的安全和稳定。因此，对于重要建（构）筑物要进行定期监测，并根据实测数据对沉降趋势作出准确的预报，及时、有效地将沉降信息和变形情况反映给项目决策者和施工人员以提高作业效率和精度，从而为整个工程提供技术支持和决策依据，是一种快速、准确表达沉降观测成果的有效方法。

目前，预测建（构）筑物的沉降方法有很多，如回归分析法、时间序列方法、灰色模型法、卡尔曼滤波方法、小波分析方法、马尔科夫模型方法、人工神经网络法、遗传算法等。每一种方法都有大量的研究成果和应用实例。由于影响建（构）筑物变形的因素有很多而且机理比较复杂，到现在为止还没有一种系统而全面的预测方法能对其进行准确的预报。对于同一种情况，上述的几种预测方法得出的结果可能会相差较大，这就给实际应用中的模型选择带来了困难，预测精度有时也会难以令人满意。

任务 5-4 某轨道交通深基坑变形监测实例

一、工程概况

某地铁车站位于海曙区，骑跨丽园南路，沿规划恒春街呈东西走向。车站长 448.75 m，为地下两层车站，结构为单柱双跨、双柱三跨钢筋混凝土箱型结构，设有双存车线。车站地下一层为站厅层，地下二层为站台层。本站共设九个出入口及五座风井（三个出入口及一个风亭为预留）。附属均为地下一层结构。该站周边南北两侧有较多建筑，环境复杂。

本站建筑物主要集中在标准段 B 基坑两侧，特别是基坑北侧距离学校建筑物较近。本站已知管线位于丽园南路南北沿线及东端头东侧，管线较多。

本车站的主要不良地质现象为：场区软土层较厚且变化大，软土地基存在强度低、稳定性差、易产生不均匀沉降和变形大等问题。这些是本站主要工程地质问题。由于饱和软黏性土具有高含水量、高压缩性、低强度、较高灵敏度及弱渗透性，故在基坑开挖过程中地下土体有较明显的触变、流变特性，在动力作用下土体结构较易破坏。

二、基坑监测目的

（1）通过监测可以实现动态管理和实时预警，实现施工安全控制和施工质量控制。

(2)为修正设计和施工参数、预估发展趋势、确保工程质量及周边建筑物、管线的安全提供实测数据,是设计和施工的重要补充手段。

(3)为理论验证提供对比资料,为优化施工方案、风险评估提供依据。

(4)积累区域性设计、施工、监测的经验。

三、监测要求

基坑本体的监测范围为结构体系的变形情况。基坑周边环境的监测范围除基坑外水位外,其他项目的范围为基坑边向外延伸 $3H$(H 为挖深)的距离,其中端头井部位对应的距离范围为 51 m,标准段对应的距离范围为 49 m,该范围内的地表、建筑物、管线等均应监测。

根据本工程设计要求,结合现场实际情况及有关规范、规程的要求,本基坑监测工作包含巡检工作和数据监测。巡检内容、数据监测的精度要求见表 5-15。

表 5-15 监测项目及精度要求

部位	序号	监测项目	位置或监测对象	测点布置	仪器	监测精度
围护结构体系	1	支护结构墙顶沉降	支护结构墙顶	坑边长大于 25 m 处按间距 25 m 布点,小于 25 m 的,按一点布置	水准仪	≤0.3 mm
	2	墙顶水平位移	支护结构墙顶	坑边长大于 25 m 处按间距 25 m 布点,小于 25 m 的,按一点布置	全站仪	≤1.4 mm
	3	地连墙变形	地连墙	边长大于 25 m 的按间距 25 m 布点,小于 25 m 的,按一点布置	倾斜仪	0.25 mm/m
	4	支撑轴力	钢管支撑:端部;钢筋砼支撑:1/3 处	每层支撑均布设,按水平间距 25 m左右布设。测点一般布置在支撑 1/3 处或中部	应力计	≤0.5%FS
	5	支撑立柱沉降监测	立柱	立柱顶	水准仪	≤0.3 mm
周边环境	6	地表、道路、河堤沉降	地表、道路、河堤	明挖基坑每 25 m 布置一断面,每断面不少于五个测点	水准仪	≤0.3 mm
	7	地下管线沉降监测	地下管线	管线接头或管井处布设测点,且布点间距不大于 25 m	水准仪	≤0.3 mm
	8	建筑物沉降、倾斜	需保护的建(构)筑物	建筑物基础上布点,且点间距控制在 15 m 左右	水准仪	≤0.3 mm
	9	地下水位	坑外水位	参照设计要求,测点距围护结构距离 1.5~2.0 m	水位计	≤10 mm

注:沉降监测精度指监测点测站高差中误差,水平位移监测精度指点位中误差。

四、监测实施

(一)监测控制网的建立

1. 水平位移控制网点及工作点布设

本车站水平位移控制点计划布设五个,根据施工情况,在丽园南路边上布设两个,编号为 DT-Z1、DT-Z2,控制区域为 A 区。在 B 坑、C 坑外布设三个,编号为 DT-Z3、DT-Z4、DT-Z5,控制区域为 B 区、C 区,网形为闭合导线网,引测外方向为轨道交通控制网(图 5-1)。

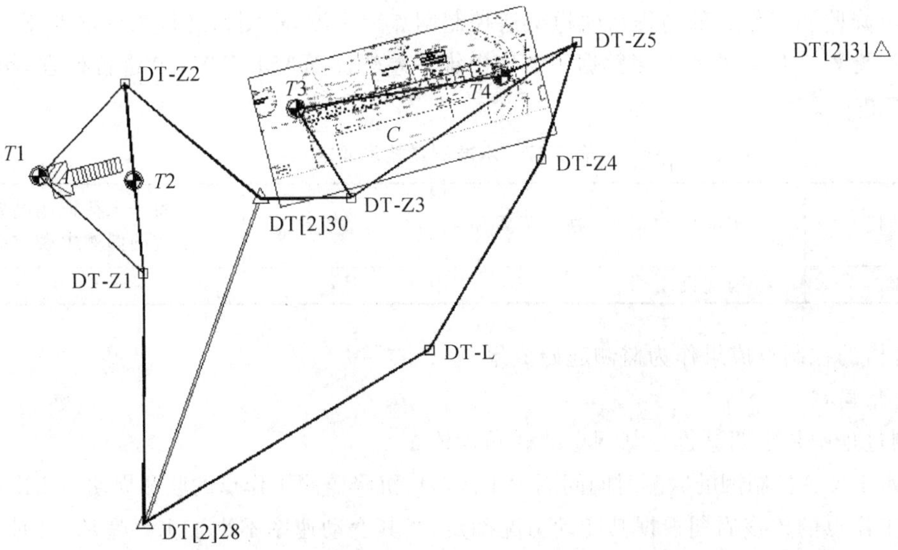

图 5-1　基坑水平监测控制网

注：-工作点；-控制点；——-工作点观测距线；△-已知点；——-水平控制点观测距线

点位设在坑边 $4H$ 范围以外、稳定、安全的地方，点位埋设方法为地面埋设钢测钉。工作点采用建墩布设，即在基坑的拐角处（基坑拐角处，变形最小，一般仅为基坑最大变形的 1/10 左右）建立观测墩，墩顶部埋设强制对中螺栓和仪器整平钢板，以便进行强制对中。

2. 沉降监测基准点布设

本工程在基坑 $4H$ 范围外的恒丰金融中心大楼南侧基础上设置两个工作点（利用轨道交通水准控制点 BM[2]19、BM[2]20），在荣安中学 $4H$ 以外的教学楼基础上设置两个工作点，编号为 LN01、LN02，共四个基准点，点标志用不锈钢沉降测钉。沉降基准点观测示意图见图 5-2。

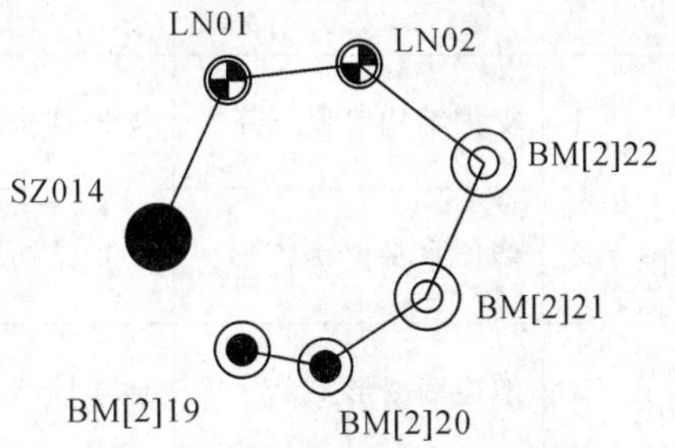

图 5-2　沉降基准点观测

注：-基准点；-基准点及工作点；-工作点；-检核点

3. 控制点与工作点的测量

水平位移控制点观测按图 5-1 所示略图进行。沉降基准点观测按图 5-2 进行。

(1)水平位移监测网采用宁波轨道交通施工坐标系统，并根据《工程测量规范》中二级控制点的精度要求进行施测，见表 5-16。

表 5-16　平面控制网技术要求

级别	点位中误差/mm	平均边长/m	测边中误差/mm	测角中误差/(″)	导线全长相对闭合差
二级	±1.4	150	±1.2	±1.0	≤1/100 000

由于控制点 DT[2]30 位于车站基坑附近，水平位移监测用的工作点并入水平位移监测控制网一同观测。

外业观测数据用清华山维平差软件进行处理，精度设置按表 5-16 进行。

(2)沉降监测工作点的高程从轨道交通控制网点上引测,观测精度按二等水准测量的技术指标进行,见表5-17。外业观测数据用清华山维平差软件 NASEW V3.0 进行处理,精度设置按表5-17进行。

表5-17　水准测量技术要求

水准仪	水准尺	视线距离/m	线路	每千米往返测高差中数的偶然中误差/mm
DS05	因瓦尺	<50	往返	±1.0

将合格的控制点成果作为监测起始成果。

4.复核周期

监测过程中须定期进行控制网点的联测校核。

(1)水平位移控制网的联测时间间隔为1次/月,沉降监测工作点的联测周期为1次/月。

(2)工作点的校核周期根据其变动情况确定,当其变动速率不小于1.0毫米/天时,应每天进行校核,应确保在一个校核周期内变动情况小于1.0 mm,最长校核周期为七天。

(二)监测点的布设

各监测点埋设后,应及时填写监测点埋设记录表,见表5-18。

表5-18　*C*区监测项目、测点布置

部位	序号	监测项目	位置或监测对象	测点布置	测点数量
围护结构体系	1	支护结构墙顶沉降	支护结构墙顶	坑边长大于25 m处按间距25 m布点,小于25 m的,按一点布置	48
	2	墙顶水平位移	支护结构墙顶	坑边长大于25 m处按间距25 m布点,小于25 m的,按一点布置	48
	3	地连墙变形	地连墙	边长大于25 m的按间距25 m布点,小于25 m的,按一点布置	48
	4	支撑轴力	钢管支撑:端部;钢筋砼支撑:1/3处	每层支撑均布设,按水平间距25 m左右布设,测点一般布置在支撑1/3处或中部	30
	5	支撑立柱沉降监测	立柱	立柱顶	
周边环境	6	地表、道路、河堤沉降	地表、道路、河堤	明挖基坑每25 m布置一断面,每断面不少于五个测点	77
	7	地下管线沉降监测	地下管线	管线接头或管井处布设测点,且布点间距不大于25 m	16
	8	建筑物沉降、倾斜	需保护的建(构)筑物	建筑物基础上布点,且点间距控制在15 m左右	50
	9	地下水位	坑外水位	参照设计要求,测点距围护结构距离1.5~2.0 m	

1.水平位移、沉降(墙顶、立柱)监测点的布设

水平位移和沉降监测点为共用点,点位尽量靠近测斜孔,以便进行孔口改正测量。墙顶水平位移及沉降监测点共需布设48个,数量上比设计要求有所增加;点位在基坑四周围护墙顶上布置,点间距约为25 m;围梁中部、阳角处应布置监测点,并与实际情况结合。立柱隆沉监测点在立柱顶部的支撑上布设。

2.墙体深层水平位移监测点的布设

监测点位以测斜孔作为点标志。墙体测斜孔共需布设48个,比设计要求有所增加,在基坑纵向间距约25 m左右的地下连续墙内布设;孔位必须布设在墙体的迎土面,并保证每个开挖段有测斜孔,以及时反映挖土对墙身变形的影响。测斜管所用材料为外径70 mm、内径66 mm、内壁有十字滑槽的PVC管。安装时,测斜管底部应略高于钢筋笼底部,管顶应高出顶梁面150～200 mm,固定在钢筋笼上。

对于无法在围护结构中埋设测斜管的情况,应采用钻孔方式在围护结构附近土体内埋设测斜管,孔深比相应的墙身测斜管长5 m。

3.深层土体水平位移监测孔的布设

因某中学的第二宿舍及体育馆与坑边距离只有6 m多,基坑挖土过程中土体的深层位移可能会对建筑产生明显的影响。为监测坑外土体深层位移,分别在两幢建筑附近的基坑外布设一个土体深层位移监测点。本站的土体位移孔应布设在坑边与建筑物之间,并对应房边的中间部位,孔深为36 m。

4.钢筋应力计的安装

本工程混凝土支撑轴力共15组,点位应布设在监测截面两支点间1/3部位,并避开节点位置,每组布设四个钢筋应力计,分布在支撑的四角主筋上。采用预埋方式布点,预埋时间选在支撑钢筋绑扎施工完成且支撑混凝土浇筑前。

5.轴力计的安装

本工程钢支撑轴力安装数量比设计要求有所增加,共布设15个断面,断面上的所有钢撑均应安装。根据轴力设计值与经验值,轴力计的选用按量程分为2 500 kN和3 000 kN两种,其中量程为2 500 kN的用于第2～4道钢支撑,量程为3 000 kN的用于第5、6道钢支撑。

6.地表(含河堤)沉降点的布设

地表沉降点共应布设38个断面,断面分布在基坑四面,垂直于坑边布设,每个基坑侧边至少布设一个断面,断面间距约25 m,每个断面尽量与墙身测斜孔成一列。基坑端头井部位的断面原则上一个断面应设六个测点,测点间距为5 m、5 m、10 m、15 m、15 m、5 m,其中第一个5 m为测点距离坑边的距离。标准段部位的断面原则上一个断面应设五个点,测点间距为5 m、5 m、10 m、15 m、15 m,其中第一个5 m为测点距离坑边的距离。河堤监测点在近基坑一侧的河堤上每15 m布设一点。

7.管线沉降点的布设

基坑周边的同一根管线,原则上约15～20 m布设一个监测点,按15 m的间距布设监测点;当地表沉降点、非压力管线点与附近压力管线间接点距离不超过5 m时,地表沉降点、非压力管线点应利用其附近压力管线点作为点位。

管线监测点的布置原则为:①应根据管线修建年份、类型、材料、尺寸及现状等情况,确定监测点设置;②监测点宜布置在管线的节点、转角点和变形曲率较大的部位,并宜延伸至基坑

边缘以外基坑开挖深度4倍范围内的管线;③上水、煤气等压力管线宜设置直接监测点,在无法埋设直接监测点的部位,方可设置间接监测点;④管线监测布点应征求管线管理单位的意见。

8.建(构)筑物沉降点的布设

在基坑$3H$范围内的建(构)筑物基础上,按间距15 m左右的要求布设监测点,布设时应注意点位上可以垂直立水准尺。

特殊情况说明:经实地查看,某中学第二宿舍南侧因第一层阳台较低,绝大部分房基上不能布设沉降点,适合布点的位置只有一处,因此该楼房南侧沉降点只有一个。

9.水位孔的布设

水位孔的布设位置应参考设计要求并在设计基础上适当增加数量,总应布设14个孔。其中,承压水观测孔有两个(利用施工单位的观测井),布于C基坑的东端头井北侧部位和距端头井约78 m处的标准段,孔深分别为58 m和41 m,编号为Sw7、Sw9。潜水水位孔孔深按21 m布设,布设在管线密集处和受保护建筑物附近及近长塘河的东端头,相邻孔间距不大于50 m,共12个潜水孔。

(三)监测方法与计算方法

正负号与单位规定:各监测项正负号与度量单位选取按表5-19执行。

表5-19 正负号与度量单位规定

序号	监测点名称	正负号使用	单位
1	建(构)筑物沉降	升为正,降为负	mm
2	建(构)筑物倾斜	按方向	mm
3	道路或地表沉降	升为正,降为负	mm
4	管线沉降	升为正,降为负	mm
5	地连墙墙顶水平位移	坑内为正,坑外为负	mm
6	墙体测斜	坑内为正,坑外为负	mm
7	土体测斜	坑内为正,坑外为负	mm
8	砼支撑轴力	压力为正,拉力为负	kN
9	钢支撑轴力	压力为正,拉力为负	kN
10	水位	升为正,降为负	mm

1.初始值采集

周边地表沉降监测、管线沉降监测及建筑物沉降监测应从基坑围护结构开始前采集初始值,砼支撑轴力应在混凝土达到设计强度时采集,钢支撑轴力初值应在安装前采集,其余监测项在基坑开挖一周之前采集初始值,水位初始值应在坑内降水一周前采集(逐日测量直到测得稳定水位值)。每项每点(孔)初始值采集的次数不少于两次,将合格的初始值取平均作为初始值成果。

由于钢支撑轴力计随钢支撑的架设而安装,在安装完成后还应立即采集安装后的第一次数据,把测值计算结果与千斤顶记数对比,以相互检核。

2.水平位移监测

在工作点上采用强制对中的方法设置仪器,以提高观测精度。采用极坐标法进行外业观测。

使用极坐标法观测时,用全站仪直接测量变形点的坐标,监测点位用三角架加对中基座安置反光镜,通过坐标变化量来反映监测点的位移量。

通过极坐标法测量获得的是位移点在地铁施工测量坐标系下的坐标值,而水平位移量是指位移点沿垂直于基坑边线方向的偏移值。在初次监测时,应解求每个位移点基坑边垂线(指向基坑内)的坐标方位角。

日报表中水平位移成果提供本次和累计位移量,在周报和月报中提供相应时间段内的位移速率。

3. 沉降监测

因沉降监测工作点在基坑南北侧都有分布,现场进行建筑物沉降观测时,分为两个独立的区域进行。在每个区域附近分别选定一个工作点作为沉降观测起始点,并且在以后的监测工作中都以该点作为起始点,而另外的工作点作为检查点。观测时按二等水准测量技术要求进行。

沉降观测时,从起始点开始观测各沉降点。由于基坑本体及周边的沉降监测点比较集中,沉降观测过程中,对墙顶、立柱、地表、河堤、管线点一并观测,观测路线为闭合水准路线,且每次观测都应经过检查点。建筑物沉降观测应以单独的闭合水准路线进行。

沉降观测数据的平差采用清华山维的 NASEW V3.0 软件进行,平差要求按二等水准精度要求进行,将平差后的各点高程值作为本次沉降点的高程成果。

沉降量的计算:累计沉降量为本次高程值减初始高程值,本次沉降值为本次高程值减上次高程值。

日报表中沉降成果提供本次和累计沉降量,在周报和月报中提供相应时间段内的沉降速率。

4. 倾斜监测

建筑倾斜监测采用沉降差法,以沉降差换算求得建筑整体倾斜度及倾斜方向(图 5-3),即

$$\Delta D=\frac{\Delta S}{L}H$$

式中,ΔS 为基础两端点的沉降差,单位为 m;L 为基础两端点的水平距离,单位为 m;H 为建(构)筑物的高度,单位为 m;ΔD 为倾斜值,单位为 m。

倾斜度以‰表示,倾斜方向判断方法为同一边的两个点的沉降量由量少的点到量多的点的方向。日报表中倾斜成果提供本次和累计倾斜量、倾斜率。

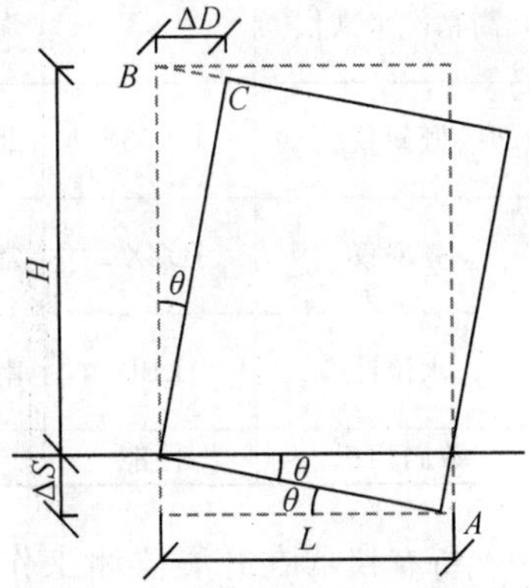

图 5-3　沉降差计算建筑物倾斜

5. 支撑轴力监测

利用振弦式频率读数仪对轴力计或者钢筋计进行读数,然后利用各传感器的率定值计算其受力。量测支撑轴力时必须尽量减少温度对应力的影响,避免在阳光直接照射支撑结构时进行量测作业,同一批支撑尽量在相同的时间或温度下量测,每次读数均应记录温度测量结果。

日报表中支撑轴力的成果为每次的轴力计算值,但应对本次和上次的轴力值做比较,并计算其差值作为本次变化值。

6. 水位监测

因基坑距建筑物较近，基坑外的水位观测非常重要。通过水准测量测出孔口标高 H_s，将水位计探头沿孔套管缓慢放下，当测头接触水面时，蜂鸣器响，读取测尺读数 h_s，计算地下水位绝对高程 H，再进行水位变化的计算

$$H_{水}=H_s-h_s$$

水位的累计变化量为本次高程值减初始高程值，本次变化量为本次高程值减上次高程值。日报表中水位成果提供本次和累积变化升降量，在周报和月报中提供相应时间段内的升降速率。

五、监测仪器设备情况

本工程所使用的仪器见表 5-20。

表 5-20 仪器设备列表

设备仪器名称	型号	产地	标称精度	台数	使用年限	鉴定日期	使用项目	进场时间
全站仪	TCA2003	瑞士	0.5″ $1\ mm+1\times10^{-6}D$	1		2011.5.31	水平位移	冠梁完成
全站仪	TCR1201	瑞士	1.0″ $2\ mm+2\times10^{-6}D$	1		2010.12.27	水平位移	冠梁完成
电子水准仪	DiNi112	瑞士	±0.3 mm/km	1		2011.7.12	沉降观测	地墙施工前
高精度水准仪	N3	瑞士	±0.1 mm/km	1		2011.4.2	沉降观测	地墙施工前
倾斜仪	CX03E	北京	0.25 mm/m	2		2010.10.20	土体位移	砼支撑完成
频率仪	JDZX-2	常州	0.1 Hz	2	5～10	送检	轴力观测	砼支撑完成
水位计	LBD	南京	5 mm	2	5	送检	地下水位	降水一周前
数码相机	佳能			1	5		巡检	坑内挖土前

所有仪器在开展监测工作前都应鉴定合格。在监测工作中，鉴定合格证即将到期时，应至少提前一个月送检，以确保仪器的精度。重新鉴定后，应将合格证书复印件报现场监测中心备案。

在监测工作中，按仪器维护要求保护好仪器，且不得随意更换监测仪器。每台仪器在使用前后都应认真填写台账。

六、监测结果分析

(一)深层水平位移(测斜)

选取本基坑西侧四个典型测斜孔 CX7、CX8、CXt21、CX23、CXt31(CX 为墙体测斜孔，CXt 为土体测斜孔)的测斜数据进行分析。图 5-4、图 5-5、图 5-6、图 5-7、图 5-8 为五个典型测斜孔实测的深层水平位移随开挖深度的变化曲线。

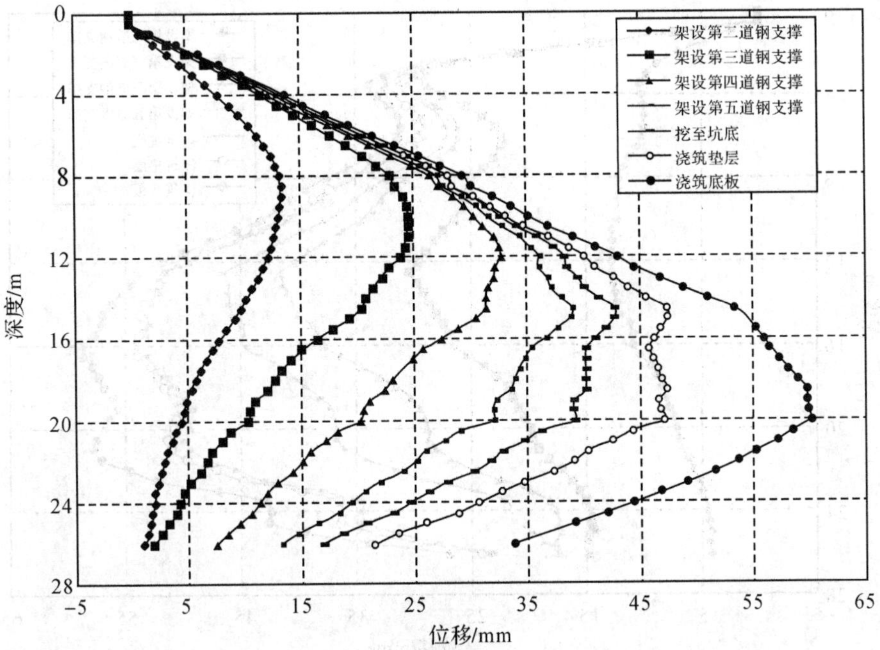

图 5-4　CX7 测斜孔位移—深度关系曲线

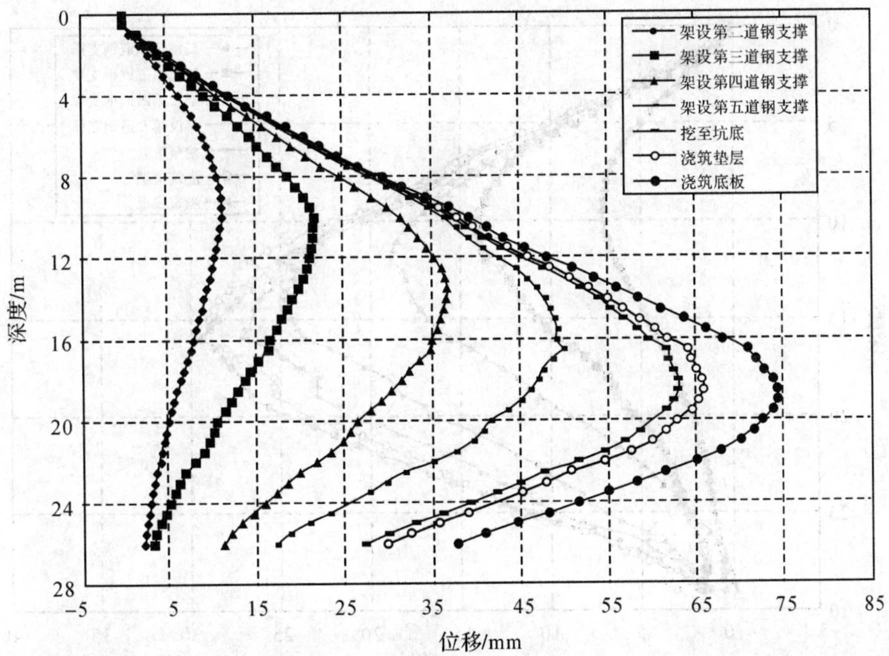

图 5-5　CX8 测斜孔位移—深度关系曲线

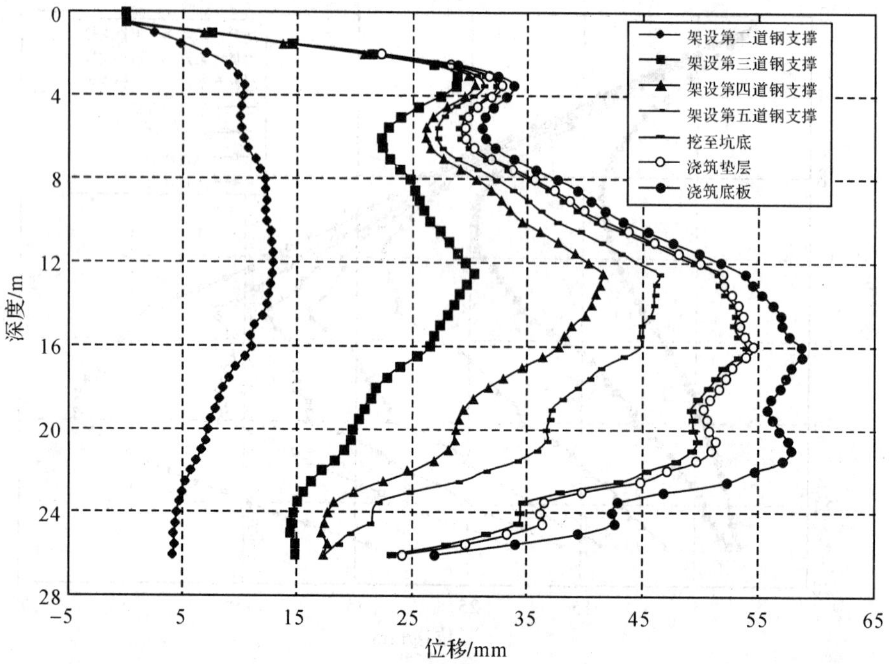

图 5-6 CXt21 测斜孔位移—深度关系曲线

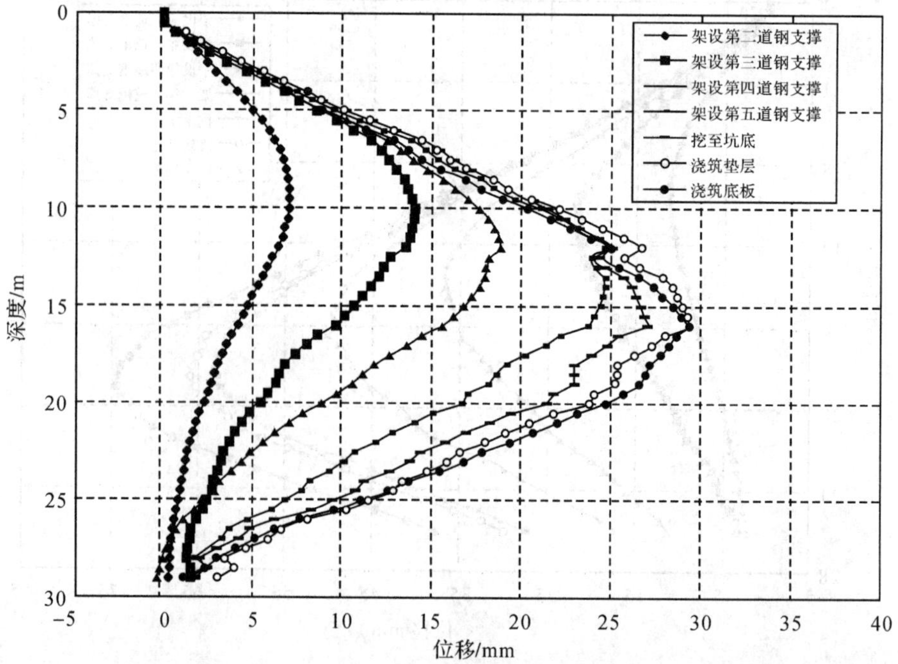

图 5-7 CX23 测斜孔位移—深度关系曲线

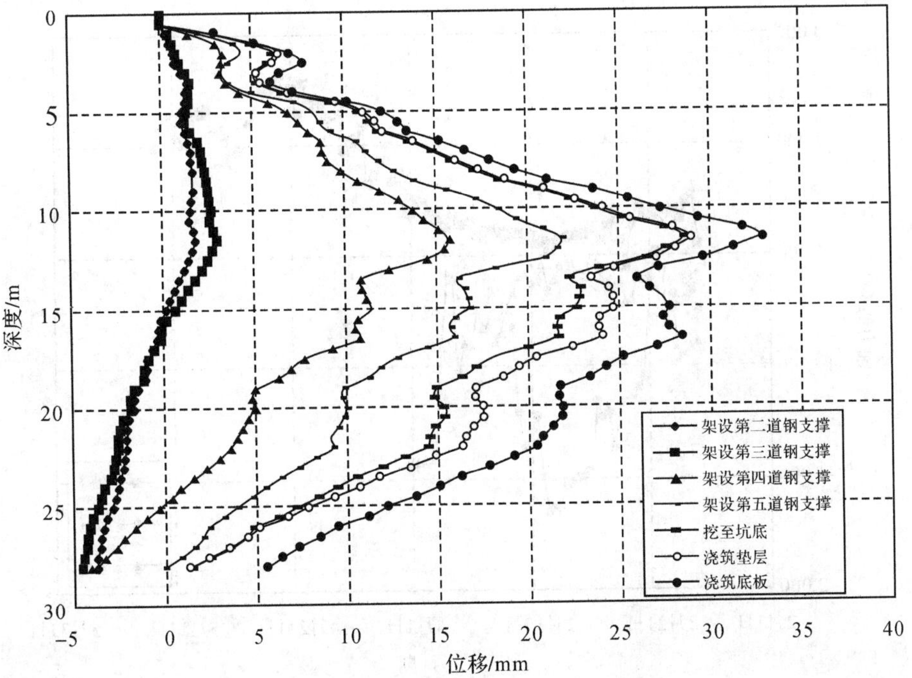

图 5-8　CXt31 测斜孔位移—深度关系曲线

由上图可以看出，墙体测斜孔变形曲线较光滑，而土体测斜孔变形曲线并不是很光滑，两者深层水平位移随深度变化曲线基本呈大肚状，变形最大点随着开挖深度的加深而向下移动，一般出现在开挖面以下 3 m 范围内。在土方开挖前期，土体测斜孔常因坑边大型开挖机械碾压振动引起周围填充土体及碎石等下漏，进而导致管形不稳定，影响测斜精度，所以一定要保护好墙体孔，以便测斜数据更好地反映地连墙的变形。

一级基坑标准段短边 CXt31 的最大位移为 32.8 mm，一级基坑标准段长边 CX23 的最大位移为 29.3 mm，二级基坑标准段长边 CX7、CX8、CXt21 的最大位移分别为 60.2 mm、74.5 mm和 58.7 mm，可见一级基坑的变形远远小于二级基坑的变形。根据地基加固措施可知，一级基坑采用的加固形式为抽条加裙边的形式，而二级基坑采用的是抽条加固，地基加固形式对围护结构变形有很大的影响，可靠有效的地基加固有利于减小地下连续墙的变形。

另外，在基坑垫层浇筑完毕后，基坑底板钢筋绑扎期间，虽然地基的应力状态基本未发生变化，但围护结构还发生了较大的变形。CX7 测斜孔在该期间位移增加 12.9 mm，占总位移的 21%(CX7 的报警值为 45 mm)。由此可见，宁波地区软土具有显著的流变性状，流变产生的位移可能占土体总位移的很大一部分。因此，在基坑施工过程中，应尽量减小无支撑暴露时间，加快底板浇筑，防止因土体流变而产生过大的位移。

(二)支撑轴力

支撑体系的稳定性对整个围护结构的安全性至关重要。本基坑第一道支撑为砼支撑，典型剖面的轴力变化曲线见图 5-9，下面四道均为钢支撑，选取具有代表性的 3-3、11-11 剖面的钢支撑进行分析，相应的轴力变化曲线见图 5-10 和图 5-11。

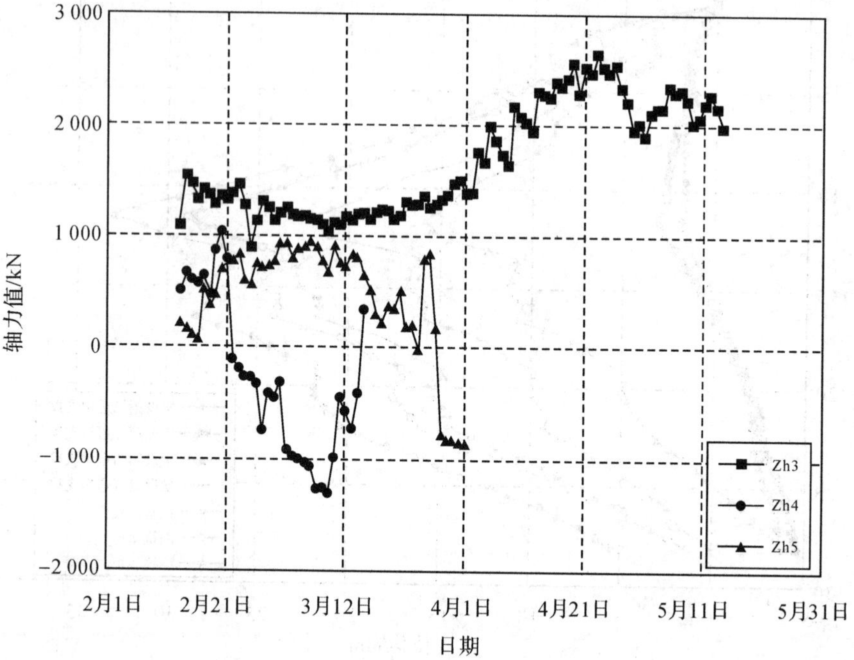

图 5-9 砼支撑轴力时程变化曲线

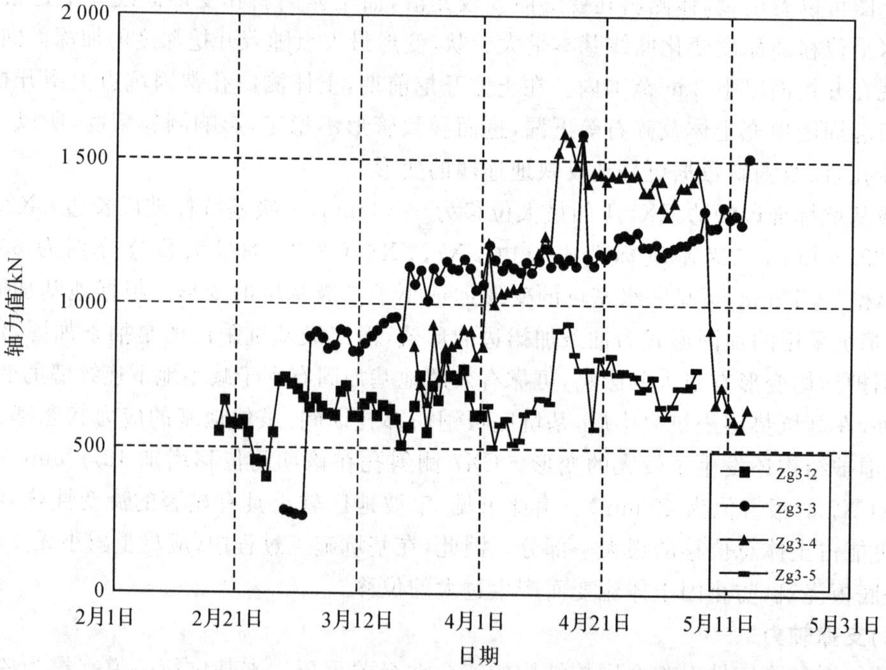

图 5-10 Zg3-2～Zg3-5 钢支撑轴力时程变化曲线

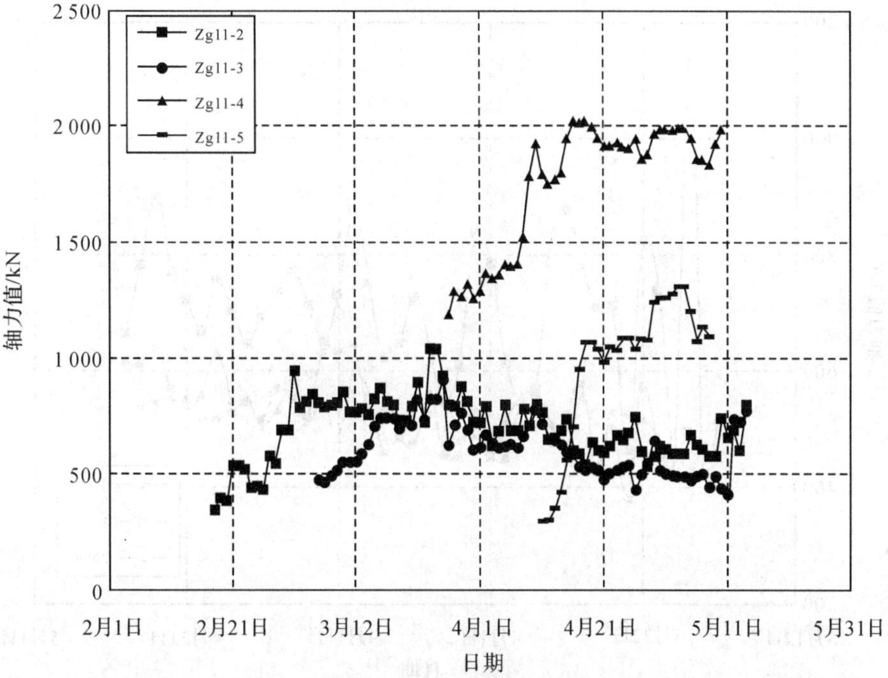

图 5-11　Zg11-2～Zg11-5 钢支撑轴力时程变化曲线

由图 5-9 可知，砼支撑斜撑(Zh3)轴力值总体上呈增大趋势；4 月 14 日该支撑区域垫层浇筑后，轴力值有所下降；4 月 29 日底板浇筑后，轴力值稳定在 2 000 kN 左右。砼支撑直撑(Zh4 和 Zh5)轴力值存在拉力的现象，一方面，这与砼支撑初始频率的选取有关；另一方面，开挖到第三、四层土方后，地连墙产生“踢脚”现象，砼支撑轴力由压应力逐步转变成拉应力。由于砼支撑既能承受压应力，又能承受拉应力，因此第一道支撑采用砼支撑能够防止地连墙产生“踢脚”现象，是确保基坑安全稳定的非常重要的做法。

由图 5-10、图 5-11 可以看出，基坑施工过程中，钢支撑的轴力并不是单调递增的，它有反复变化的现象。基坑土体挖除后应尽快架设钢支撑并施加合理的预应力，同时应选用合理的锁定方法以减小预应力的损失，改善围护结构的受力条件，减小地连墙的水平位移。

特别值得注意的是，温度对钢支撑轴力的变化影响较大。自 3 月 17 日起，对钢支撑(Zg5-2和 Zg5-3)进行了一个多月的跟踪监测，在每天 8:00、13:00、20:00 三个不同时刻对其进行连续监测，对应的轴力变化见图 5-12、图 5-13。结合每天不同时刻的温度记录情况，通过分析可得，早晚温度较接近，两者的轴力值起伏变化不大；中午温度相对较高，测得的轴力值普遍大于早晚所测值，并且上部钢支撑轴力所受影响较下部钢支撑明显；第二道钢支撑(Zg5-2)中午所测轴力值普遍较早上增加 20%～70%，平均增加约 33%；第三道钢支撑(Zg5-3)中午所测轴力值普遍较早上增加 5%～30%，平均增加 13%左右。

另外，由图 5-12、图 5-13 结合现场监测发现，3 月 19 日晚上 20:00 测得的钢支撑轴力明显异常，Zg5-2、Zg5-3 对应的轴力值达到 1 143.8 kPa 和 731.8 kPa，分别约是前后两次轴力值的 2.5 倍和 1.3 倍。经现场巡视并分析，主要与该部位坑边停放大型吊车有关。

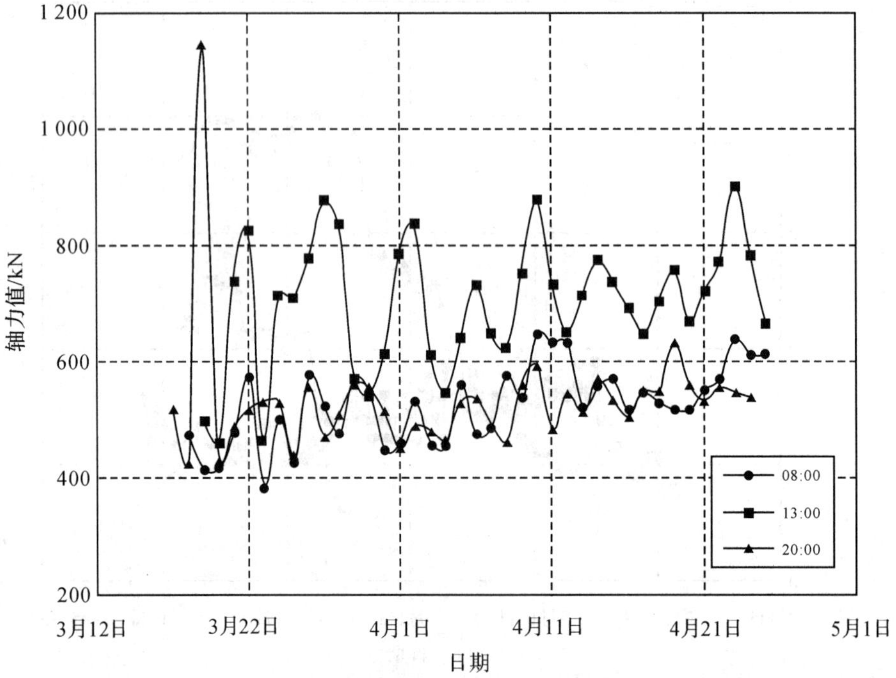

图 5-12　钢支撑(Zg5-2)每天不同时刻轴力变化曲线

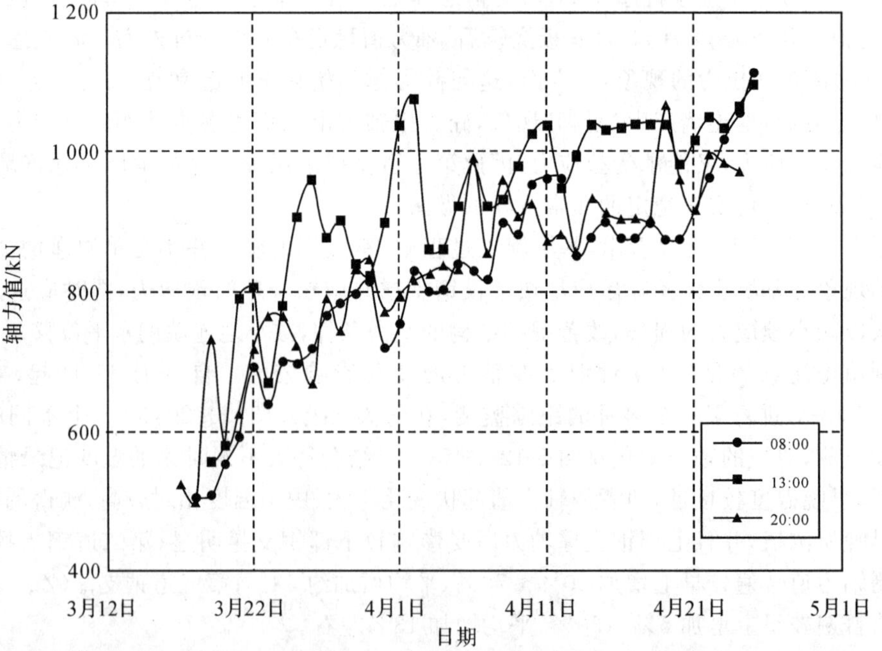

图 5-13　钢支撑(Zg5-3)每天不同时刻轴力变化曲线

(三)墙顶沉降

图 5-14 为本基坑西侧典型监测点的墙顶沉降在基坑开挖过程中的时程变化曲线，从图 5-14中可以看出，基坑开挖过程中，墙顶处于上升阶段，各监测点最大上浮量在 8～12 mm 之间，这是由于基坑的开挖卸载引起坑底土体回弹，坑内土体的隆起带动墙体发生一定程度的上浮。4 月 14 日以后，监测点所在区域垫层浇筑，土体荷载得到增加，墙顶沉降出现一定下沉，基本趋于稳定，可见垫层浇筑有效地约束了基底以下被动区土体的回弹。

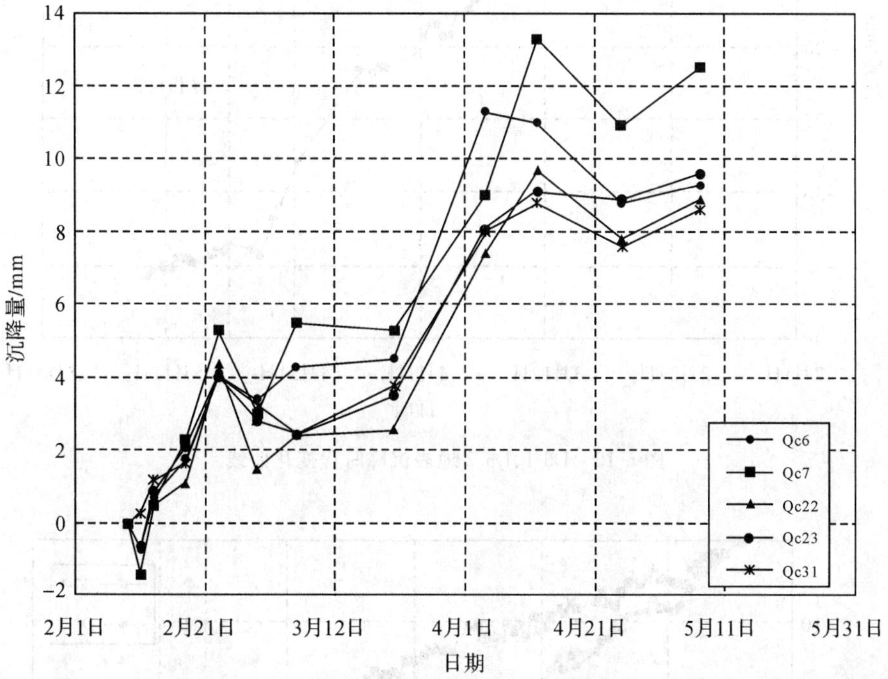

图 5-14　墙顶沉降时程变化曲线

(四)地表沉降

为了监测基坑施工对周边环境的影响，在围护结构周边地面布置地表沉降监测点，典型监测剖面的沉降变化情况见图 5-15、图 5-16。通过沉降变化曲线可知，地表沉降随着基坑开挖深度的增加而增大，土方开挖到底板浇筑阶段，沉降变化较大。一方面由于土方开挖导致主动区侧向应力的减小，围护结构向坑内发生侧移，坑外土体发生不均匀沉降；另一方面由于施工降水及开挖机械碾压导致土体发生固结沉降。底板浇筑完成后，坑外土体沉降继续发生，但基本上趋于稳定。

(五)建筑物沉降

深基坑工程的施工会引起周围地表的下沉，从而导致地面建筑物的沉降，这种沉降一般都是不均匀的，因此将造成地面建筑物的倾斜，甚至开裂破坏，应给以严格控制。本工程中，宁波致远正合贸易有限公司一建筑物距坑边最近约 14 m，属重点监测对象，距基坑最近几个典型监测点的沉降变化曲线见图 5-17。该监测区域底板浇筑已完成，建筑物的沉降最大值为3.2 mm，差异沉降在 6 mm 以内。由于该建筑物采用了桩基础，因此基坑开挖对其影响较小。

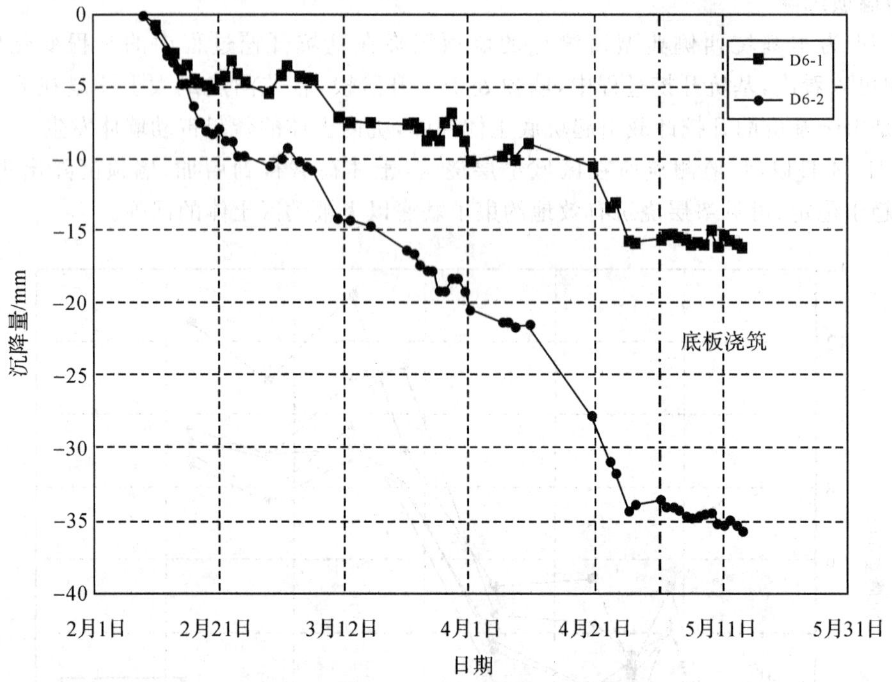

图 5-15 D6-1、D6-2 地表沉降时程变化曲线

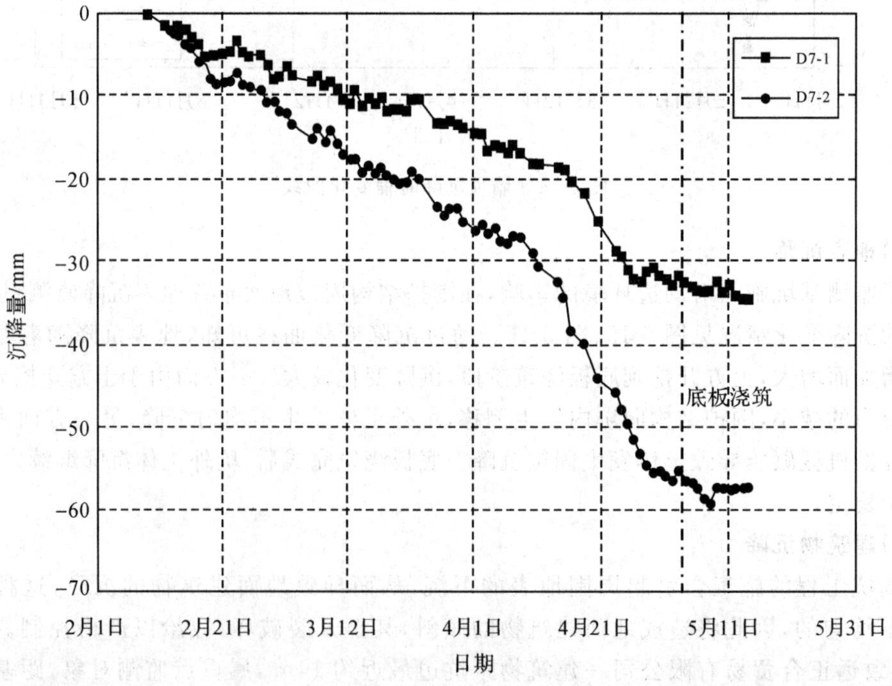

图 5-16 D7-1、D7-2 地表沉降时程变化曲线

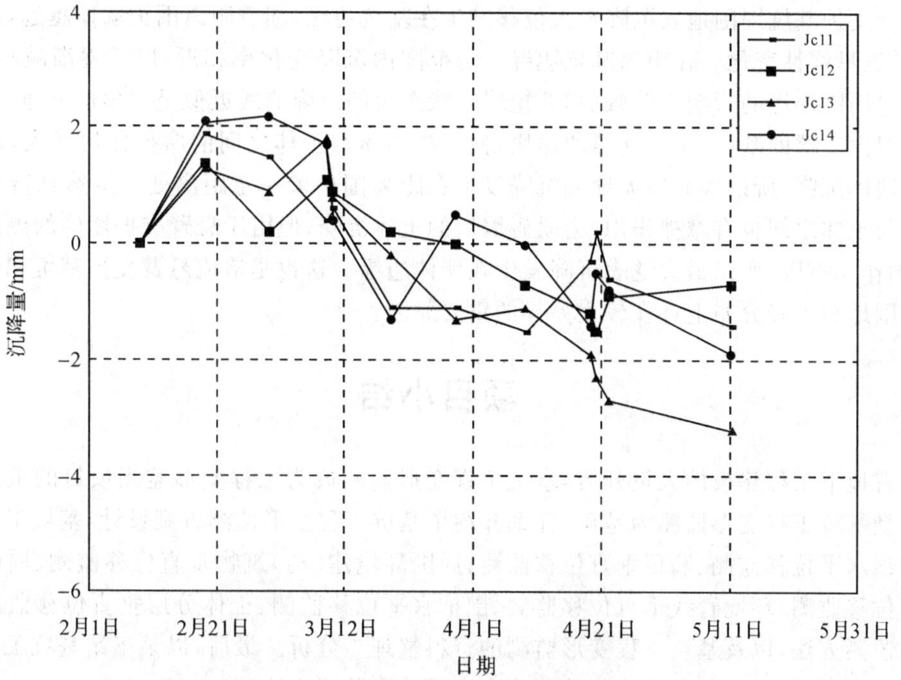

图 5-17　邻近建筑物沉降时程变化曲线

七、结论及建设

通过对施工监测数据的分析，可以得出宁波软土地区深基坑开挖的一些变形规律，以供类似工程参考。

(1)土体测斜孔变形曲线并不是很光滑，测斜精度较墙体测斜孔低，施工监测应尽可能利用墙体测斜孔。

(2)宁波地区软土具有显著的流变性状，在深基坑施工过程中，应尽量减少无支撑暴露时间，加快底板浇筑，防止因土体流变而产生过大的位移。地基加固形式对围护结构变形有很大的影响，可靠有效的地基加固有利于减小地连墙的变形。

(3)砼支撑既能承受压应力，又能承受拉应力，第一道支撑采用砼支撑能够防止土方开挖后期的地连墙“踢脚”现象，是确保基坑安全稳定的非常重要的做法。

(4)温度对钢支撑轴力的变化影响较大，且上部钢支撑轴力所受影响较下部钢支撑明显，对钢支撑轴力的监测应尽量避免温度的影响。为保证监测结果的可比性，应尽量在每天的同一时刻测量钢支撑的轴力，最好通过大量的数据推算出温度改正的相关参数，进行温度改正。同时，应严格控制坑边荷载，大型机械设备作业结束后应马上远离基坑停放。

(5)地表沉降随着基坑开挖深度的增加而增大，土方开挖到底板浇筑阶段，沉降变化较大，底板浇筑完成后，地表沉降基本趋于稳定。地表沉降最大值离围护结构有一定的距离，距坑边 8 m 处地表沉降约是距坑边 3 m 处地表沉降的两倍。

从实用的角度考虑沉降范围这个问题，悬臂支护基坑和带内支撑基坑地面沉降估算范围为

$$S=2.5H\times\tan(\pi/2-\varphi/2) \tag{5-1}$$

式中，H 为围护墙体的长度；φ 为平均内摩擦角；S 为地表沉降估算范围。

悬臂支护基坑周围地表沉降最大位移发生在基坑边缘，随着距离围护墙体越远，沉降逐渐减小，几近呈线性变化。在距离基坑边缘一定范围内沉降变化率相近，以后逐渐减小，也预示着基坑对周围环境的影响逐渐减弱，开挖线束状态时的沉降曲线近似呈三角形分布。

设置内支撑的基坑，由于支撑的作用，使围护墙体与土体之间的摩擦作用增大，阻碍围护墙周围墙体沉降，所以墙后最大地表沉降发生在距离围护墙一定距离处。虽然悬臂支护基坑围护墙与土体之间也有摩擦作用，会阻碍墙后的土体沉降，但由于悬臂支护墙体的侧向位移较大，摩擦作用有限，所以最大地表沉降发生在墙体边缘。这也是造成悬臂支护基坑和内支撑基坑在周围地表沉降分布上存在较大差异的重要原因。

项目小结

随着地下工程建设的大量开展，基坑工程变形监测成为工程变形监测项目的重点。本项目以大型基坑工程变形监测为基础，详细介绍了基坑工程变形监测方案设计，基坑工程变形监测的墙顶水平位移监测、墙顶垂直位移监测、周围环境建(构)筑物垂直位移监测、周围环境地表垂直位移监测、环境管线垂直位移监测、围护水平位移监测、土体分层垂直位移监测等监测项目的监测方法，以及基坑工程变形监测的资料整理与分析。最后，以某车站基坑工程变形监测为例，说明了基坑工程变形监测的监测方案设计和监测方法。

思考与练习题

1. 简述基坑工程变形监测方案的主要内容。
2. 简述基坑工程支护结构变形监测点布设基本要求。
3. 简述基坑工程周边环境变形监测点布设基本要求。
4. 简述基坑工程墙顶位移监测项目的监测方法。

项目六　隧道工程变形监测

[单元概述]

本项目介绍了隧道工程变形监测基本知识；地铁盾构隧道工程变形监测的监测项目、地表沉降监测、土体沉降和深层位移监测、土体回弹测量、地下水位和孔隙水压力测量、相邻房屋和重要结构物的变形监测、相邻地下管线的变形监测、隧道沉降和水平位移监测、隧道收敛位移监测的监测方法及地铁盾构隧道监测方案设计；新奥法隧道工程变形监测的监测项目、地表沉降、拱顶下沉及净空变化量测、围岩接触应力量测、锚杆轴力量测、初衬应变及钢筋应力、非接触量测方法及新奥法隧道工程变形监测方案设计。最后，以某地铁盾构隧道工程变形监测的实例说明了隧道工程变形监测技术。

[学习目标]

在本项目的学习过程中，主要完成的学习目标包括：①了解隧道工程变形监测的基本知识；②掌握地铁盾构隧道工程变形监测项目的监测方法；③掌握新奥法隧道工程变形监测项目的监测方法；④了解隧道工程变形监测的方案设计。

任务 6-1　隧道工程变形测量基本知识

隧道是指在山体内或地面下修建的用作地下通道的工程建筑物，按照其用途可以分为交通隧道、水工隧道、市政隧道和矿山隧道。交通隧道是提供交通运输和人行的通道，以满足交通线路畅通的要求，一般包括有铁路隧道、公路隧道、水底隧道、地下铁道、航运隧道、人行地道；水工隧道是水利工程和水力发电枢纽的一个重要组成部分，包括引水隧道、排水隧道、导流隧道或泄洪隧道、排沙隧道；市政隧道是城市中安置市政设施的地下孔道，主要有给水隧道、污水隧道、管路隧道、线路隧道、人防隧道；矿山隧道是在矿山开采中，常设一些为采矿服务的隧道，从山体以外通向矿床，并将开采到的矿石运输出来，主要有运输巷道、给水隧道、通风隧道。

隧道工程施工方法有多种，本项目主要介绍在公路工程和地铁工程中广泛使用的新奥法和盾构法隧道工程施工变形监测技术。新奥法施工，是在利用围岩本身所具有的承载效能的前提下，采用毫秒爆破和光面爆破技术，进行全断面开挖施工，并以形成复合式内外两层衬砌来修建隧道的洞身，即以喷混凝土、锚杆、钢筋网、钢支撑等为外层支护形式，称为初次柔性支护，是在洞身开挖之后必须立即进行的支护工作。蕴藏在山体中的地应力由于开挖成洞而产生再分配，隧道空间靠空洞效应得以保持稳定。也就是说，承载地应力的主要是围岩体本身，而采用初次喷锚柔性支护的作用是，使围岩体自身的承载能力得到最大限度的发挥，第二次衬砌主要是起安全储备和装饰美化作用。

盾构法施工是以盾构这种施工机械在地面以下暗挖隧道的一种施工方法。盾构是一个既可以支承地层压力，又可以在地层中推进的活动钢筒结构。钢筒的前端设置有支撑和开挖土体的装置，钢筒的中段安装有顶进所需的千斤顶，钢筒的尾部可以拼装预制或现浇隧道衬砌环。盾构每推进一环距离，就在盾尾支护下拼装（或现浇）一环衬砌，并向衬砌环外围的空隙中压注水泥砂浆，以防止隧道及地面下沉。盾构推进的反力由衬砌环承担。盾构施工前应先修建一竖井，在竖井内安装盾构，盾构开挖出的土体由竖井通道送出地面。盾构法的主要优点：除竖井施工外，施工作业均在地下进行，既不影响地面交通，又可减少对附近居民的噪声和振动影响；盾构推进、出土、拼装衬砌等主要工序循环进行，施工易于管理，施工人员也比较少；土方量少；穿越河道时不影响航运；施工不受风雨等气候条件的影响；在地质条件差、地下水位高的地方建设埋深较大的隧道，盾构法有较高的技术经济优越性。

任务 6-2　地铁盾构隧道工程变形监测

一、隧道工程变形监测的目的和意义

在软土地层进行盾构法隧道施工的工程，由于盾构机穿越沿线各地层的地质条件多种多样，岩土介质的物理力学性质也极其复杂，加之针对工程设计所做的工程地质勘察总是在局部、有限的地段进行，因而，设计者基于此地质报告来认识、了解工程地质状况，再进行工程设计时，对沿线的地质条件和岩土介质物理力学性质等方面的认识，总会存在着诸多的不确定性和不完善性。在此种前提条件下进行软土地层的盾构隧道设计和施工，设计和施工方案或多或少总存在着不足，需要在施工中进行检验和改进。

目前，地铁盾构法的设计工作，一般是在盾构法理论基础的指导下，借鉴已建工程的设计参数进行初选设计后，再通过盾构施工过程对地面的监测来完善设计。因此，盾构隧道工程施工监测工作便成为监视设计、施工是否正确的眼睛，也是监视临近地面建筑物是否安全稳定的手段，它应始终伴随着施工的全过程来实施进行，这也正是盾构法修筑隧道的非常重要的特点。大量实践证明，利用工程类比法和监测手段获得有关数据进行设计或设计反演可以达到满意的效果。

为保证盾构隧道工程安全、经济、合理、顺利的实施，且在施工过程中能对设计进行验证，以便积极改进施工工艺和工艺参数，需对盾构机推进掘进隧道的全过程进行监测。在设计阶段要根据周围环境、地质条件、施工工艺特点，做出盾构隧道施工监测方案设计和预算，在施工阶段要按监测方案实施，并将获取的各监测项的监测结果及时反馈，以合理调整施工参数和采取技术措施，最大限度地减少地层移动，确保工程安全并保护周围环境。盾构隧道施工监测的主要目的有：

(1)通过监测来认识各种因素对地表和土体变形等的影响，有针对性地改进施工工艺和修改施工参数，减少地表和土体的变形，利用监测结果修改完善设计并指导施工。

(2)预测下一步的地表和土体变形，根据变形发展趋势和周围建筑物情况，决定是否需要采取保护措施，并为确定出既经济又合理的保护措施提供依据。

(3)建立监测工作的预警机制，定出各监测项目合理的预警值，以保证工程安全，避免结构和环境发生安全事故而造成工程总造价增加。

(4)监督控制地面沉降和水平位移及其对周围建筑物的影响，以减少工程保护费用。

(5)对施工引起的地面沉降进行监测检查，以判定隧道是否在受控范围内。

(6)为研究地表沉降和土体变形的分析计算方法等积累数据资料。

(7)为研究岩土性质、地下水文条件、施工方法与地表沉降和土体变形的关系积累数据，为以后的设计提供可借鉴的第一手技术参数资料。

(8)发生工程环境责任事故时，为仲裁机构提供具有法律效用的数据。

二、监测项目的确定

盾构法隧道施工监测项目可以划分为三大类：土体介质的监测、周围环境的监测和隧道变形的监测，见表 6-1。

表 6-1　地铁盾构隧道工程变形监测项目

序号	监测对象	监测类型	监测项目	监测元件与仪器
1	隧道结构	结构变形	(1)隧道结构内部收敛	收敛计、伸长杆尺
			(2)隧道、衬砌环沉降	水准仪
			(3)隧道洞室三维位移	全站仪
			(4)管片接缝张开度	测微计
		结构外力	(5)隧道外侧水土压力	压力盒、频率仪
			(6)隧道外侧水压力	孔隙水压力计、频率仪
		结构内力	(7)轴向力、弯矩	钢筋应力传感器、频率仪、环向应变计
			(8)螺栓锚固力、管片接缝法向接触力	钢筋应力传感器、频率仪、锚杆轴力计
2	地层	沉降	(1)地表沉降	水准仪
			(2)土体沉降	分层沉降仪、频率仪
			(3)盾构底部土体回弹	深层回弹桩、水准仪
		水平位移	(4)地表水平位移	经纬仪
			(5)土体深层水平位移	倾斜仪
		水土压力	(6)水土压力(侧、前面)	土压力盒、频率仪
			(7)地下水位	监测井、标尺
			(8)孔隙水压	孔隙水压力探头、频率仪
3	相邻环境 周围建(构)筑物，地下管线、铁路、道路		(1)沉降	水准仪
			(2)水平位移	经纬仪
			(3)倾斜	经纬仪
			(4)建(构)筑物裂缝	裂缝计

在具体的盾构隧道工程中选定监测项目还必须建立在对工程场地地质条件、盾构法隧道设计和施工方案，以及隧道工程相邻环境详尽的调查基础之上，同时还需与业主单位、施工单位、监理单位、设计单位等进行协商。主要考虑如下因素：

(1)地铁隧道沿线的工程地质和水文地质情况。

(2)地铁隧道的设计埋深、直径、结构形式和相应盾构机的施工工艺。

(3)双线隧道的间距或施工隧道与旁边大型及重要公用管道的间距。

(4)隧道施工影响范围内现有房屋建筑及各种构造物的结构特点、形状尺寸及其与隧道轴线的相对位置。

(5)设计提供的变形和其他控制值及其安全储备系数。

三、施工监测的内容与方法

(一)地表沉降监测

在沉降测量区域埋设地表桩，监测点地表桩的埋设一般沿盾构隧道的轴线每隔 3～5 m 设置一个。在横剖面上，从盾构轴线中心向两侧按测点间距 2～5 m 递增布点，布设的范围为盾构外径的 2～3 倍，在该范围内的建筑物和地下管线等都需进行变形监测。如果地铁盾构隧道上方是道路，在进行道路沉降观测时，必须将地表桩埋人地面下的土层里。如果地铁盾构隧道上方有地下管线，在监测时，对重点保护的管线，应将测点设在管线上，并砌筑保护井盖。在地表沉降控制要求较高的地区，往往在盾构推出竖井的起始段便开始进行以土体变形为主的监测工作。

在远离沉降区域，并沿地铁隧道方向布设监测基准点，并进行基准点联测。监测基点的数量可以根据监测工作的要求确定，但一般要多于三个。监测基点可以采用独立高程系统进行联测，也可以与已知的国家高程点一起进行联测。

地表沉降监测通常是采用精密水准测量的方法测量地铁盾构隧道上方地表的标高。

(二)土体沉降和深层位移监测

监测盾构施工引起的土体分层沉降和深层位移量可了解土层被扰动的范围和影响程度。

土体分层沉降是指土层内离地表不同深度处的沉降或隆起。当盾构机穿越建筑物进行地下施工时，特别应该对纵向地面变形进行连续监测，以严密控制盾构正面推力、推进速度、出土量、盾尾压浆等施工细节。土体分层沉降通常用磁性分层沉降仪进行量测。

土体深层位移是指土层不同深度的水平位移。土体深层位移监测的各监测孔一般布置在隧道中心线上，这样其监测结果比地表沉降更为敏感，因而能有效地监测施工状态，特别是盾构机正前方一点的沉降。地下土体的水平位移监测应沿盾构前方两侧布设监测孔，并用倾斜仪量测，其监测结果可以分析盾构推进中对土体扰动引起的水平位移，从而研究制定出减少扰动的对策。土体沉降和深层位移监测都是在隧道两边或底部钻孔预埋测管，两者可共用一个测管。当测管埋设深度低于隧道底部标高时，可把管底作为初始不动点。埋设在隧道顶部的测管一般以管顶为不动点，但必须测量管顶的水平位移值并进行修正。

(三)土体回弹测量

在地铁盾构隧道掘进中，由于卸除了隧道内的土层，因而引起隧道内外影响范围内的土体回弹。土体回弹测量，就是测量地铁盾构隧道掘进后相对于地铁盾构隧道掘进前的隧道底部和两侧土体的回弹量。在地铁盾构隧道施工中，一般是在盾构前方埋设回弹桩，观测施工过程中底部土体的回弹量，其具体的测量方法可以采用精密几何水准测量的方法进行。埋设回弹桩时，要利用回弹变形的近似对称性，应埋入隧道底面以下 20～30 cm，根据土层土质的情况，可采用钻孔法或探井法。

(四)地下水位和孔隙水压力测量

对于埋置于地下水位以下的盾构隧道，地下水位和孔隙水压力的监测是非常重要的。尤其在砂土层中用降水法施工的盾构隧道，根据对地下水位的监测结果，可检验降水效果；对开挖面可能引起的失稳进行预报，还有益于改进挖土运土等施工方法。在进行降水效果检验的地下水位监测时，还需同时记录井点抽水泵的出水量自开始抽出后随时间的变化情况。专门打设的水位监测井一般分为全长水位监测井和特定水位监测井两种。全长水位监测井设置在隧道中心线或隧道一侧，井管深度自地面到隧道底部，沿井管全长开透水孔；特定水位监测井是为监测特定土层中和特定部位的地下水位而专门设置的，如监测某一个点或几个含水层中地下水位的水位监测井、设置于接近盾构顶部这样关键点上的水位监测井、监测隧道直径范围内土层中水位的监测井、监测隧道底下透水地层的水位监测井等。

盾构掘进对土体的挤压作用破坏了土体的结构，使土中应力和孔隙水压增大。对土体应力和孔隙水压力的测量，能了解盾构的施工性能、盾构的施工对土层的扰动程度及预测囤结沉降量。数据反馈后，可及时调整施工参数，减少对土层的扰动。土体应力和孔隙水压力测量主要是采用钻孔埋设法埋设土应力盒和空隙水压力探头等传感器，利用这些传感器获取土体的温度和水压力，通过事后计算得到需要的观测数据。这些测点主要埋设在隧道外围。

（五）相邻房屋和重要结构物的变形监测

地铁盾构隧道掘进中，对盾构直接穿越和影响范围内的房屋、桥梁等构筑物必须进行保护监测。建筑物的变形监测可以分为沉降监测、倾斜监测和裂缝监测三部分内容。沉降监测的监测点设在基础上或墙体上，另外在构筑物外的表面上和构筑物底板上有时也需设一些监测点，用精密水准仪进行测量。构筑物倾斜监测可采用经纬仪测量，也可在墙体上设置倾斜仪，连续监测墙体的倾斜。构筑物的裂缝可用裂缝监测仪测得。

房屋和重要结构物的沉降监测，其沉降监测点布设的位置和数量及埋设方式，要根据隧道施工有可能影响到的范围和程度，以及建筑物本身的结构特点和重要性进行全盘考虑再确定。通常情况下监测点布设在房屋承重构件或基础的角点上，长边上可适当加密测点。为了直接反映建筑物的沉降情况，同时也为了实施方便，可以采用铆钉枪、冲击钻等工具将铝合金铆钉或膨胀螺栓固定在房屋的基础和外墙表面，也可以在显著位置涂上红漆作为搁尺量测的记号。基准点至少应布设三个，以便于相互检核，其位置必须设置在远离隧道施工引起变形的范围之外，但也需考虑重复量测时，通视等方面的因素，避免转站过多而引起测量误差。沉降监测采用常规的精密水准测量方法进行，每次测量需将监测点和基准点连接成固定水准线路，监测结束后需对监测结果进行平差计算。在监测过程中尽量使监测人员、仪器、仪器架设的位置保持不变。

房屋和重要结构物的倾斜量值是判断房屋是否安全的基本控制量。当房屋和重要结构物发生不均匀沉降时，会发生倾斜和开裂。因此，在地铁盾构隧道掘进中，也需要进行房屋和重要结构物的倾斜监测。倾斜监测可采用测角精度较高的经纬仪进行测量。

房屋和重要结构物的沉降和倾斜必然会导致结构构件的应力调整，因此房屋和重要结构物就会产生裂缝。在地铁盾构隧道掘进中，有关裂缝开展状况的监测通常也作为评价施工对房屋和重要结构物影响程度的重要依据之一。房屋和重要结构物裂缝监测有直接监测和间接观察两种方法。在具体实施过程中，通常两种方法同时采用。

直接监测法是将裂缝进行编号并画出测读位置，通过裂缝监测仪进行裂缝宽度测读，该仪器肉眼观测的精度为 0.1 mm。

间接观察法是一种定性化观察方法，对于确定裂缝是否继续开展很有作用，包括石膏标志法和薄铁片标志法。前者是将石膏涂盖在裂缝上，长约 250 mm，宽约 50～80 mm，厚约 10 mm。石膏干后，用红色漆在其上标明日期和编号。后者是采用两片厚约 0.5 mm 的铁片，首先将一方形铁片固定在裂缝的一侧，使其边缘与裂缝边缘对齐。然后将另一矩形铁片一端固定在裂缝的另一侧，另一端压在方形铁片上约 75 mm(图 6-1)。将两张铁片全部涂

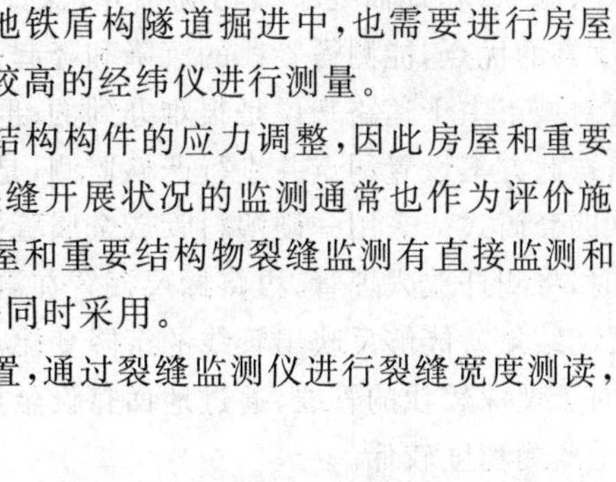

图 6-1　薄铁片标志法监测裂缝

上红漆，然后在其上写明设置日期和编号。每一条裂缝需设置两个标志，其中一个设在裂缝最宽处，另一个设在裂缝的末端处，并将其位置表示在该建筑物的平面图上，注上相应的编号。

(六)相邻地下管线的变形监测

城市地区地下管线网是城市生活的命脉，与人民生活和国民经济紧密相连。隧道相邻地下管线的监测不仅关系到隧道工程本身的安全，同时也维系着国家和人民的利益，关系重大。城市市政管理部门和煤气、输变电、自来水、电话公司等对各类地下管线的允许沉降量制定了十分严格的规定，工程建设所有有关单位必须遵循。因此，在地铁盾构隧道掘进中，必须对相邻地下管线进行监测。

相邻地下管线的监测内容主要为管线垂直沉降，其测点布置和监测频率应在对管线状况进行充分调查、与管线单位充分协商后确定，调查内容包括：①管线埋置深度和埋设年代，这在城市测绘部门提供的综合管线图上有所反映，但并不十分全面，如能结合现场踏勘更好。②管线种类，如输变电缆的电压，煤气管道是主管还是支管、是否加压、高压还是低压等；线接头，如上、下水管是石棉填塞接头，还是螺纹接头，管线走向，管线与隧道的相对位置等。③管线所在道路的地面人流与交通状况，以便制定适合的测点埋设和监测方案。④隧道施工过程中，采用土力学与地基基础的有关公式预估地下管线的最大沉降，为量测数据分析提供依据。

目前，管线垂直沉降布点方法主要采用间接测点和直接测点两种形式。间接测点又称监护测点，常设在与管线轴线相对应的地面上或管线的窨井盖上，由于测点与管线本身存在介质，因而测试精度较差。但这种方法可避免破土开挖，可以在人员与交通密集区域，或设防标准较低的场合采用。直接测点是通过埋设一些装置直接测读管线的沉降，常用方案有以下几种：

(1)抱箍式。由扁铁做成的稍大于管线直径的圆环，将测杆与管线连接成为整体，测杆伸至地面(图 6-2)，地面处布置相应窨井，保证道路、交通和人员正常通行。抱箍式测点具有监测精度高的优点，能测得管线的沉降和隆起；不足是其埋设必须凿开路面，并开挖至管线的底部，这对城市主干道路来说是很难办到的；但对于次干道和十分重要的地下管线，如高压煤气管道，按此方案设置测点并进行严格监测，是必要可行的。

(2)套筒式。采用一硬塑料管或金属管打设或埋设于所测管线顶面和地表之间(图 6-3)，量测时，将测杆放入埋管，再将标尺搁置在测杆顶端，进行沉降量测。只要测杆放置的位置固定，观测结果就能够反映出管线的沉降变化。按套筒方案埋设测点的最大优点是简单易行，特别是对于埋深较浅的管线，通过地面打设金属管至管线顶部，再清除整理，可避免道路开挖；其缺点是监测精度较低。

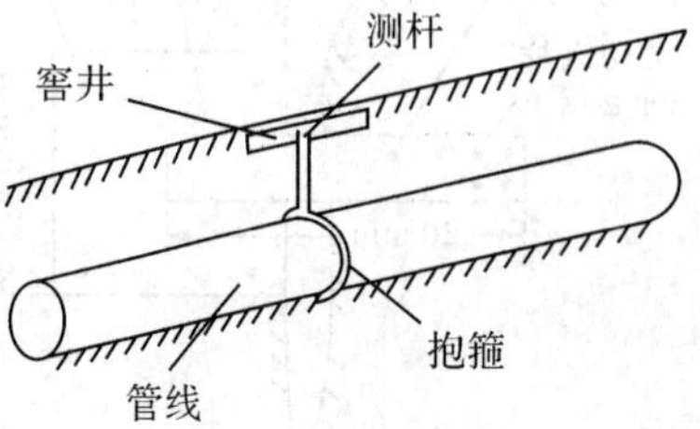

图 6-2 抱箍式布点法

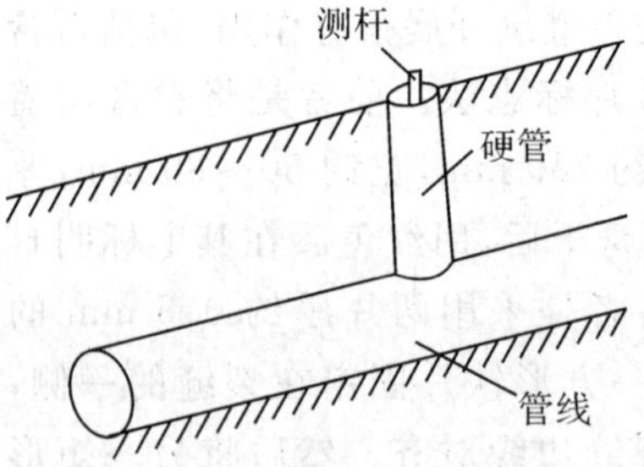

图 6-3 套筒式布点法

管线垂直沉降监测与房屋和重要结构物的沉降监测方法相同，也使用精密水准仪采用水准测量的方法进行。

（七）隧道沉降和水平位移监测

地铁盾构隧道掘进中，会使得周围建筑物产生一定的变形，同时隧道本身也会有沉降和水平位移，所以在施工过程中，必须对隧道本身进行沉降监测和水平位移监测。

在盾构施工推进过程中，地层的移动是以盾构机本体为中心的三维运动的延伸，其分布随盾构的推进而前移。在盾构开挖面会产生挖土区，这部分土体一般随盾构的向前推进而发生沉降；但也有一些挤压型盾构由于出土量相对较少而使土体前隆。对挖土区之外的地层，因盾构外壳与土的摩擦作用而沿推进方向挤压导致沉降。盾尾地层因盾尾部的间隙未能完全及时得到充填而发生沉降。按地层沉降变化曲线的情况，大致可分为五个阶段：

(1)前期沉降一般发生在盾构开挖面前 3 m～$(H+D)$范围内（H 为隧道上部土层的覆盖深度，D 为盾构机的外径，单位均为 m），地下水位随盾构的推进而下降，使该段地层的有效土压力增加而产生压缩、固结沉降。

(2)盾构开挖面之前的隆陷发生在盾构切口即将达到监测点的时候，开挖面坍塌导致地层应力释放，使地表隆起；盾构推力过大使地层应力增大，使地表沉降；盾构周围与土体的摩擦力作用使地层产生弹塑性变形。

(3)盾构通过时的沉降，从切口到盾尾通过其间产生的沉降，主要是由于土体扰动后引起的。

(4)盾尾间隙的沉降，是盾构外径与隧道外径之间的空隙在盾尾通过后，由于注浆不及时和注浆量不足而引起地层损失，并产生弹塑性变形。

(5)后期沉降，盾尾通过后由于地层扰动引起的次固结沉降。

传统的隧道沉降和水平位移监测方法是在隧道的顶部或腰线处设立观测点，然后，用常规的水准测量方法进行沉降量的测量。同时，以隧道轴线和其轴线的垂直方向建立坐标系，用导线测量的方法测量所有观测点的坐标，以此来推算隧道水平位移量。也可以应用全站仪的自由设站技术进行隧道的三维位移观测，其施测部分如下：

(1)在洞口设置两个基准点，用常规测量方法测定出其三维坐标。

(2)在开挖成洞的横断面上布设若干测点，测点上贴上反射片。

(3)在基准点上安置好反射镜或简易反射镜后，选一适当位置安置全站仪，用方向法测量基准点和监测点之间的水平角、高差、平距。

(4)当观测到一定远时，再在某一断面上设两个基准点，逐步向后传递三维坐标。

图 6-4 中 A、B 为基准点，测点 1、2 为待定点，A'、B'、$1'$、$2'$分别为上述各点在通过仪器中心 P 点水平面上的投影。S_A、S_B、S_1、S_2 为测得的斜距，V_A、V_B、V_1、V_2 为测得的竖直角，还有测得的水平角$\angle A'PB'$、$\angle A'P1'$、$\angle A'P2'$、$\angle B'P1'$、$\angle B'P2'$等。D_A、D_B、D_1、D_2 为计算出的平距，即 $D_i=S_i\cos V_i(i=A,B,1,2)$。

根据 A、B 两点的已知坐标(x,y)，反算出 A、B 两点的水平距离 D_{AB}和方位角 α_{AB}，再求算出 AP 和 BP 的方位角 α_{AP} 与 α_{BP}，则测站点 P 的三维坐标为

$$X_P=X_A+D\cos\alpha_{AP}$$

$$Y_i=Y_P+D_A\sin\alpha_{AP}$$

$$H_P=H_A-h_{AP}$$

式中，H_P 为 P 点的视线高程；h_{AP} 为 A、P 两点的高差，$h_{AP}=S_A\sin V_A$。

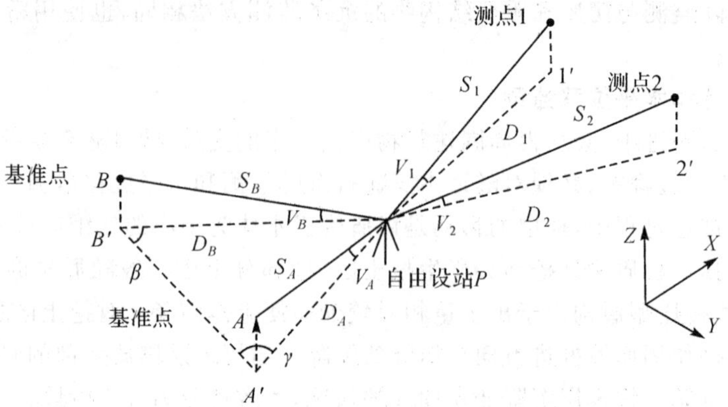

图 6-4 用全站仪监测隧道各测点的三维位移

最后，根据测站点的坐标，以及测得的水平角、斜距、竖直角和算得的平距、方位角，求出各测点的三维坐标，即

$$X_i = X_P + D_i \cos \alpha_{Pi}$$

$$Y_i = Y_P + D_i \sin \alpha_{Pi}$$

$$H_i = H_P + S_i \sin V_i$$

式中，$i=1,2$。

同理，以后各期观测测算出的各测点的三维坐标，与首期测算的三维坐标进行比较，计算出各期各点的三维位移矢量。为了提高测算精度，还可以利用各期观测的数据，对各期观测值进行严密平差，最终得到平差后的各点各次观测后的三维坐标，再进行比较计算。

三维位移监测技术的优点是：

(1)可在运营隧道和施工隧道内自由设站。

(2)在一个测点上可对多个断面进行观测。

(3)可较多地设置各断面上测点。

(八)隧道收敛位移监测

盾构隧道施工，比较强调研究隧道内的变形，因为内部变形是其应力形态变化的最直观反映，对于地下空间的稳定能提供可靠的信息，也比较容易测得。

位移有绝对位移与相对位移之分。绝对位移是指隧道体或隧道顶底板及侧端某一部位的实际位移值。其测量方法是，在距实测点较远的地方设置一个基点(该点坐标已知，且不再产生移动)，然后定期用经纬仪和水准仪自基点向实测点进行量测，根据前后两次观测所得的标高及方位变化，即可确定绝对位移量。但是，绝对位移量测需要花费较长的时间，并受现场施工条件限制，除非必需，一般不进行绝对位移的量测。同时，在一般情况下并不需要获得绝对位移，只需及时了解隧道内的相对位移变化，即可满足要求，可以相应地采取某些技术措施，确保生产安全，因此现场多测量相对位移。

盾构隧道管壁周边各点趋向隧道中心的变形称为收敛。隧道收敛位移量测主要是指对隧道壁面两点间水平距离变形量的量测、拱顶下沉及底板隆起位移量的量测等。它是判断隧道动态的最主要的量测项目，这项量测设备简单、操作方便，对隧道动态监测所起作用很大。在各个项目量测中，如果能找出内空收敛位移与其他量测项目之间的规律性，还可省掉一些其他项目的量测。

常规收敛位移监测采用收敛计进行测量，但最大的问题是重复精度不高，而且因操作人而异，其次是工作量大，效率低。目前，多用断面自动扫描的方法进行隧道断面收敛变形监测。这种方法是利用免棱镜自动跟踪全站仪和专业的断面测量系统软件（如 Tpspros 软件）组成的仪器系统来实现断面自动扫描，以此进行隧道断面收敛变形监测。

这种免棱镜自动跟踪全站仪具有以下特点：

(1)可在弱光或无光的条件下监测。

(2)具有激光对中和激光测距功能。

(3)在目标点不必设置反射棱镜，仪器自身可向目标点发射激光，并靠接收目标点反射光线就可工作，即具有免棱镜的反射工作方式。

(4)独特的自动跟踪功能，仪器能自动识别目标（棱镜），自动精确照准。

实施这种方法时，在隧道的指定断面处，将全站仪架设在断面左右对称（近似）的中心轴线上，在断面上进行 0°～360°方向的连续测距，并将测量数据直接传送到与之相连的计算机中。Tpspros 软件可以对数据进行平滑处理，删除一些因测量时测距的激光束打到附在隧道壁上的电缆等附加物上造成的误差点；然后，计算出被测断面轮廓线的几何数据；再自动将上述几何数据和断面的理论轮廓线或上一次测量所得的轮廓线进行对比，计算出变化量，进而得出一些统计数据。

四、地铁盾构隧道监测方案设计

（一）监测方案设计的原则

隧道监测的目的是：掌握隧道施工过程中的动态信息并及时反馈，指导施工；通过对各种支护应力等方面的量测，掌握各种支护的应力情况，以便进一步完善和修改支护系统设计。因此，隧道监测方案设计的原则是在熟悉隧道施工方案、了解施工区域内土壤及地下水和隧道施工影响范围内现有结构物情况的基础上，根据工程的特殊要求，设计出确保工程安全的、经济有效的、便于监测工作实施和工程项目施工的监测方案。

（二）监测方案设计前的准备工作

根据方案设计的原则，做好一个监测方案需要熟悉很多有关隧道施工方案和施工区域内土壤与地下水，以及隧道施工影响范围内现有结构物的资料，所以，方案设计前的准备工作包括以下几项。

1. 收集各种资料

资料主要包括：隧道施工方案，施工区域内地质分析报告，施工影响范围内结构物的设计图纸和竣工资料，施工区域内的管线图，施工区域内的交通情况等。

2. 实地进行踏勘

进行实地踏勘主要是进行施工影响范围内结构物和管线的调查。调查管线的位置、种类、大小、结构物形状，以及是否有裂缝等情况。调查的主要目的是便于监测点的设置和施工对其影响的评价。

（三）监测方案设计的内容

监测方案设计的内容会根据不同的工程项目、不同的地质情况有所不同，但是主要包含以下几方面：

(1)工程项目概况。这部分主要介绍工程项目的基本情况和施工区域内的地质情况。

(2)监测的目的和意义。这部分详细阐述监测对安全施工、保障人民财产的重要性及进行各项科学研究的重要意义。

(3)施工过程中对各种设施的影响评价。这部分主要是分析隧道项目施工对周边结构物、管线的影响程度,分析盾构推进引起的地表位移特征,并估算地表沉降量,分析隧道本身的变形特征。

(4)监测的具体内容。根据具体工程项目和具体的地质情况,确定监测的具体项目内容,同时,可以包含一些具体施工工艺和参数的测定。

(5)监测点的布置。根据收集的资料和踏勘的实际情况,具体确定监测点的数量和位置,绘制监测点位分布图。

(6)监测方法。针对每一项监测内容,提出采用何种监测方法及如何实施监测工作、使用何种监测仪器,并详细阐述使用方法的实施效果。

(7)监测频率和报警值的确定。根据规范,结合实际情况确定每一监测项目的监测频率和报警值。

(8)监测的组织结构和质量保证体系。为保障监测工作的顺利实施和监测结果的准确性,要制定科学的质量保证体系。

(9)监测成果。明确每次监测应提交的监测报告内容和最终监测报告内容,以及提交的时间等。

任务 6-3　新奥法隧道工程变形监测

一、新奥法隧道工程监控量测的目的

(1)通过监控量测了解各施工阶段地层与支护结构的动态变化,把握施工过程中结构所处的安全状态,判断围岩的稳定性、支护、衬砌的可靠性。

(2)用现场实测的结果弥补理论分析过程中存在的不足,并把监测结果反馈到设计,指导施工,为修改施工方法、调整围岩级别、变更支护设计参数提供依据。

(3)通过监控量测对施工中可能出现的事故和险情进行预报,以便及时采取措施,防患于未然。

(4)通过监控量测,判断初期支护稳定性,确定二次衬砌合理的施作时间。

(5)对工程施工可能产生的环境影响进行全面的监控。

(6)通过监控量测了解该工程条件下所表现、反映出来的一些地下工程规律和特点,为今后类似工程或该施工方法本身的发展提供借鉴、依据和指导作用。

二、监测项目的确定

隧道监控量测的项目应根据工程特点、规模大小和设计要求综合选定。量测项目一般分为必测项目和选测项目两大类。

(1)必测项目主要包括:①洞内、外观察;②净空变化;③拱顶下沉;④地表下沉(浅埋隧道必测,$H_0 \leqslant 2B$ 时)。见表 6-2。

表 6-2　监控量测必测项目

序号	监测项目	测试方法和仪表	测试精度	备注
1	洞内、外观察	现场观察、地质罗盘、数码相机		
2	衬砌前、后净空变化量测	隧道净空变化测定仪(收敛计、全站仪)	0.1 mm	一般进行水平收敛量测
3	拱顶下沉	水准测量的方法,精密水准仪、钢挂尺或全站仪	1 mm	
4	地表沉降	水准测量的方法,精密水准仪、殷钢尺或全站仪	1 mm	隧道浅埋段

注:H_0 为隧道埋深;B 为隧道最大开挖宽度。

(2)选测项目包括:①隧底隆起;②围岩压力;③钢架内力;④喷射混凝土内力;⑤二次衬砌内力;⑥初期支护与二次衬砌间接触压力;⑦锚杆轴力;⑧围岩内部位移;⑨隧底隆起;⑩爆破震动;⑪ 孔隙水压力;⑫ 水量;⑬ 纵向位移。见表 6-3。

表 6-3　监控量测选测项目

序号	监控量测项目	测试方法和仪表	测试精度	备注
1	隧底隆起	水准测量的方法,水准仪、殷钢尺或全站仪	1 mm	
2	围岩内部位移	多点位移计	0.1 mm	
3	围岩压力	压力盒	0.001 MPa	
4	二次衬砌接触压力	压力盒	0.001 MPa	
5	钢架受力	钢筋计、应变计	0.1 MPa	
6	喷混凝土内力	混凝土应变计	10 $\mu\varepsilon$	
7	锚杆轴力	钢筋计	0.1 MPa	
8	二次衬砌内力	混凝土应变计、钢筋计	0.1 MPa	
9	爆破震动	振动传感器、记录仪		邻近建筑物
10	围岩弹性波速度	弹性波测试仪		
11	孔隙水压力	水压计		
12	水量	三角堰、流量计		
13	纵向位移	多点位移计、全站仪		

三、监测的内容与方法

(一)洞外观察

洞外观察包括对洞口地表情况、地表沉陷、边坡及仰坡的稳定、地表水渗透的观察。洞外监测的重点为洞口段和洞身浅埋段、山间洼地、岩堆、破碎带、岩溶漏斗区域及偏压洞口的地表开裂、下沉和隧道洞口边、仰坡的稳定状态、地表渗水、流水等情况,每次观察后应做好详细记录或留下影像资料。

(二)洞内观察

洞内观察可分为开挖工作面观察和已施工区段观察两部分。开挖工作面观察应在每次开挖后初喷混凝土之前进行一次,重点观察记录工作面的工程地质与水文地文情况,当地质情况基本无变化时,可每天进行一次。对地质条件复杂地段,应积累影像资料,作为地质变化的依据之一。观察中发现围岩条件恶化时,应立即采取相应处理措施。

开挖工作面观察后应立即绘制开挖工作面地质素描图,填写工作面状态记录表及围岩级别判别卡。在观察中如发现地质条件恶化，应立即通知施工负责人采取应急措施。

对已施工区段的观察也应每天至少进行一次，观察的内容包括喷射砼、锚杆的工作状况，以及施工质量是否符合规定的要求。

（三）地表沉降

1. 测点布置

地表沉降量测在隧道浅埋（$H_0 \leqslant 2B$）地段为必测项目，其他地段根据设计要求进行。其测点的横向布置范围在隧道中线两侧不小于 H_0+B，地表有控制性建（构）筑物时，应适当加宽；布置间距 2～5 m，当地表有控制性建（构）筑物时，应适当加密。布置应与拱顶下沉及周边收敛测量的测点在同一断面内，测点布置见图 6-5。

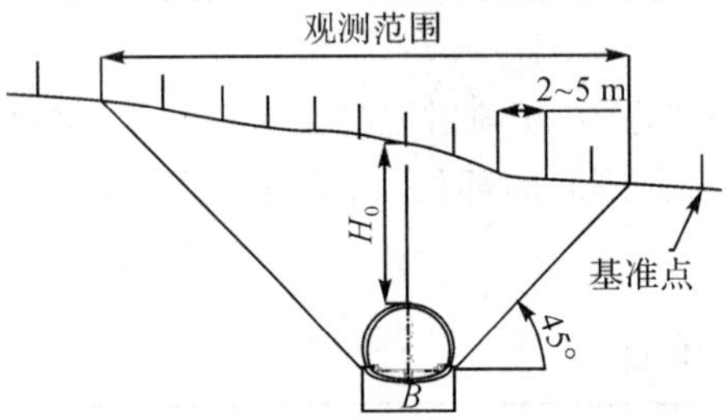

图 6-5 地表沉降横向观测范围

测点埋设时，在地表钻（或挖）20～50 cm 深的孔，竖直放入直径为 22 mm 左右的钢筋，钢筋和孔壁之间可填充水泥砂浆，钢筋头打磨圆滑，露出地面 1 cm 左右，并用红油漆标记，作为测点。

地表沉降点应在开挖前布设在与洞内量测点相同的里程断面上，纵向距离按表 6-4 控制。

表 6-4 地表沉降测点纵向间距

隧道埋深 H/m	量测断面间距/m	备注
$2B < H_0 < 2.5B$	20～50	
$B < H_0 \leqslant 2B$	10～20	
$H_0 \leqslant B$	10	

注：H_0 为隧道埋深，B 为隧道最大开挖宽度。

2. 量测仪器的选用

地表沉降通常采用精密水准仪和配套的精密水准尺进行量测。

3. 监控量测的方法和实施

首先沿隧道轴线方向每隔 100～150 m 埋设一个水准工作点构成水准网，工作点埋设在稳定的基岩面上并与隧道开挖线保持一定距离，以免受隧道施工影响工作点的稳定。采用现浇混凝土方式埋设，工作点按照《二等水准测量规范》联测，每三个月复测一次，检测出现异常时必须先复查工作点，特殊情况加密复测频率。

对每个断面上的监测点也按照《二等水准测量规范》进行观测，依次对每条断面上的监测点进行闭合或符合水准路线测量。地表下沉量测应在开挖工作面前方 H_0+h（隧道埋置深度＋隧道高度）处开始，直至衬砌结构封闭、下沉基本停止时为止。量测频率应与拱顶下沉和净空变化的量测频率相同，初始读数应在开挖后 12 小时内完成。

（四）拱顶下沉及净空变化量测

拱顶下沉的量测目的是：监视隧道拱顶的绝对下沉量，掌握断面的变形动态，判断支护结构的稳定性。净空变化量测的目的是：根据收敛位移量、收敛速度、断面的变形形态，判断围岩的稳定性、支护设计（施工）是否妥当，确定衬砌的浇注时间。

1. 测点布置

拱顶下沉测点和净空变化测点应布置在同一里程断面上，断面间距按表 6-5 布置。

表 6-5 必测项目量测断面间距

围岩级别	断面间距/m
Ⅴ～Ⅵ	5～10
Ⅳ	10～30
Ⅲ	30～50

注:(1)洞口及浅埋地段断面间距取小值。

(2)各选测项目量测断面,宜在每级围岩内选有代表性的1～2个。

(3)软岩隧道的观测断面适当加密。

测点应根据施工情况进行合理布置,并能反映围岩、支护稳定状态,以指导施工。水平相对净空变化量测线的布置应根据施工方法、地质条件、量测断面所在位置、隧道埋置深度等条件确定。拱顶下沉测点原则上布置在拱顶轴线附近,当跨度较大或拱部采用分部开挖时,应在拱部增设测点。

(1)采用全断面开挖方式时,净空变化量测可设一条水平测线,拱顶下沉测点设在拱顶轴线附近(图 6-6(a))。

(2)当采用台阶开挖方式时,净空变化量测在拱腰和边墙部位各设一条水平测线,拱顶下沉测点设在拱顶轴线附近(图 6-6(b))。

(3)当采用 CD 法或 CRD 施工时,净空变化量测每部分的一条水平测线,拱项轴线左右两侧各设一拱顶下沉测点(图 6-6(c))。

(4)当采用侧壁导坑法施工时,净空变化量测在左右侧壁导坑各设一条水平测线,在左右侧壁导坑拱顶各设一拱顶下沉测点;在开挖中部核土部分时,在隧道两侧边墙各设一水平测线,在拱项设一拱顶下沉测点(图 6-6(d))。

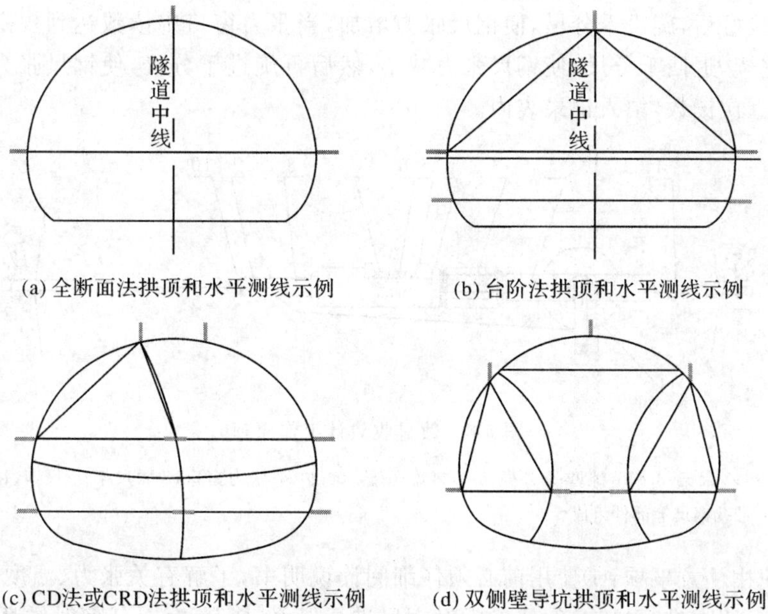

(a) 全断面法拱顶和水平测线示例　(b) 台阶法拱顶和水平测线示例

(c) CD法或CRD法拱顶和水平测线示例　(d) 双侧壁导坑拱顶和水平测线示例

图 6-6 拱顶下沉量测及净空变化量测测线布置

拱顶下沉及净空变化量测点可购买专用的埋设元件,也可自制。采用直径 22 mm 的钢筋，长 30 cm，端部用直径 8 mm 的钢筋焊接一个大小约为边长 5 cm 的等边三角形，用于挂尺。隧道开挖后按要求布点，用电锤或风钻钻眼，深约 40 cm，然后将直径 22 mm 的钢筋插入孔内，并用砂浆填充。布点时拱顶钢筋应垂直于水平面，三角形面与隧道走向一致，侧壁钢筋应垂直于隧道中线，三角形面与水平面平行，钢筋头外露 2 cm 左右。埋设后应采取保护措施(如用塑料袋包裹，以防喷浆时沾上水泥浆而引起量测误差)并做上醒目标识。

2. 仪器配备

通常情况下，拱项下沉采用精密水准仪和钢挂尺测量，净空变化采用收敛计测量。收敛计的产品有许多，目前，施工过程中用得较多的是数显收敛计(图 6-7)，其长度根据需要有 15 m、20 m、30 m、40 m、50 m 等多种，测量精度可达 0.06 mm。钢尺上每隔 20 mm 有一定位孔，螺旋千分尺最小读数为 0.01 mm，测距为钢尺读数与螺旋千分尺读数的和。

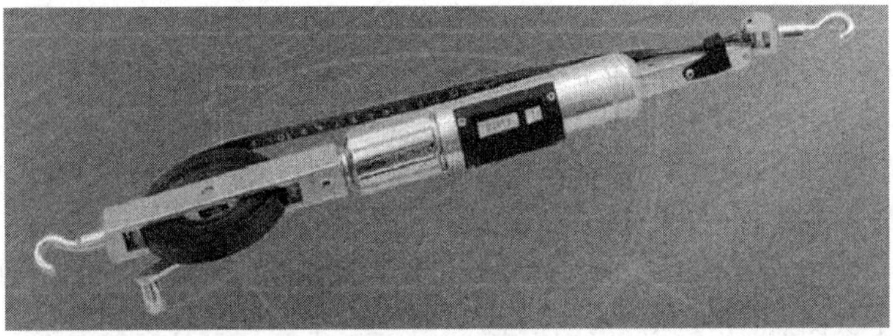

图 6-7 数显收敛计外观

如图 6-8 所示，使用时，将收敛计两端挂钩挂于测点环上，调整钢尺长度，使钢尺大致拉紧；然后将尺孔销插入钢尺上相应的孔位中，并用尺卡将钢尺紧贴联尺架，防止钢尺与尺孔销脱离；钢尺连接好后，旋进千分尺，使钢尺张力增加，当张力窗口中读数达到规定值时，即进行读数。读数完毕，退回千分尺，使钢尺张力减小，然后再旋进千分尺，使钢尺张力增加，这样反复测量，读取三次读数，填入记录表内。

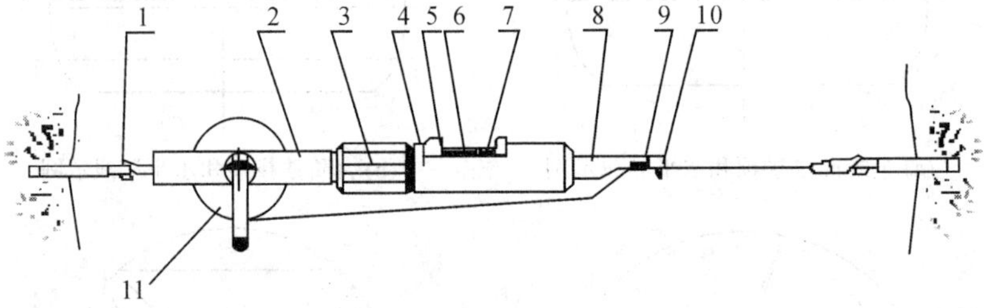

图 6-8 数显收敛计工作原理

注：1-钩；2-尺架；3-调节螺母；4-外壳；5-塑料盖；6-显示窗口；7-张力窗口；8-联尺架；9-尺卡；10-尺孔销；11-带孔钢尺等部件组成

收敛计使用注意事项：①使用前必须仔细阅读说明书，了解有关张力、温度改正等有关参数，使用时按说明书进行操作；②要经常对钢尺进行保养，使其清洁，任何时候都应避免沿地面拖拉钢尺，钢尺回收时，应用清洁的软布擦拭钢尺和其他部位，去除表面的污物和水分；③每年应将收敛计送回厂家或专门的机构进行维修或检定一次。

(五)围岩接触应力量测

围岩接触应力量测用压力盒及混凝土应力计量测，锚杆轴力量测用锚杆轴力计，格栅钢筋应力量测用钢筋计。

通过量测围岩与初衬之间的接触压力，可了解隧道开挖后应力重分布规律及向支护系统应力释放特点。

1. 测点埋设

每一测试断面内，埋设九个压力盒。压力盒分布的位置是：在拱顶设一个、左右拱脚各设一个、左右边墙各设一个、拱脚与拱顶间三分点处各设一个，各压力盒的具体埋设位置见图 6-9。

2. 量测方法

在初支钢架架立好后，将待测围岩压力部位的围岩表面或初衬表面凿平或用水泥砂浆抹平，使压力盒与围岩充分接触，然后用预制的混凝土垫块将压力盒按图 6-9 所示位置垫牢、固定，并将导线沿钢架引至边墙距墙脚 1.5 m 高处，线头从预埋的铁盒里引出。埋设时将压力盒编号与测试点所对应位置做好记录。

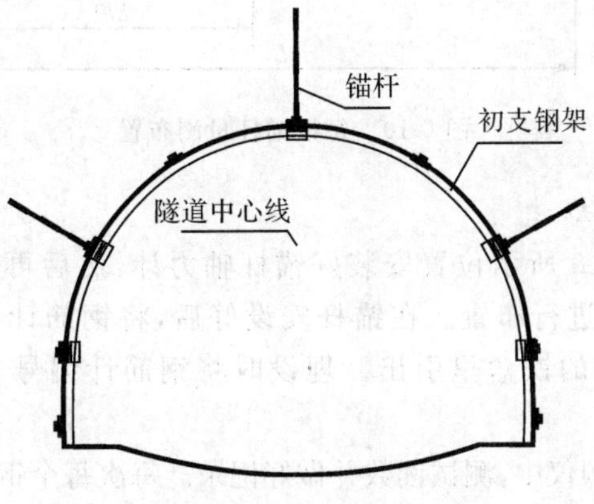

图 6-9　围岩接触应力量测埋设元件的布置

注：▭-钢筋计，共计5×2×1=10；▬-压力盒，共计9×1=9；⋈-砼应变计，共计5×1=5；▬-锚杆轴力计，共计3×3=9

将铁盒内线头插入测频仪中，测试读数并做好记录。每次每个压力盒的测量应不少于三次，力求测量数值可靠、稳定。

3. 量测频率

根据与开挖工作面距离的关系，围岩接触应力量测频率见表 6-6。

表 6-6　围岩接触应力测试频率

量测断面距开挖面距离/m	量测频率
<1B	2 次/天
(1～2)B	1 次/天
(2～5)B	1 次/(2～3)天
>5B	1 次/7 天

注：B 为隧道宽度。

(六)锚杆轴力量测

在隧道拱顶及两侧拱腰处采用锚杆轴力计或钢筋计对锚杆进行轴力测量,对锚杆支护进行优化设计,以节约钢材。

1. 埋设断面内测点布置

每一测试断面内,量测三根锚杆,每根锚杆上布置三个锚杆轴力计,每根锚杆量测布置见图 6-10。

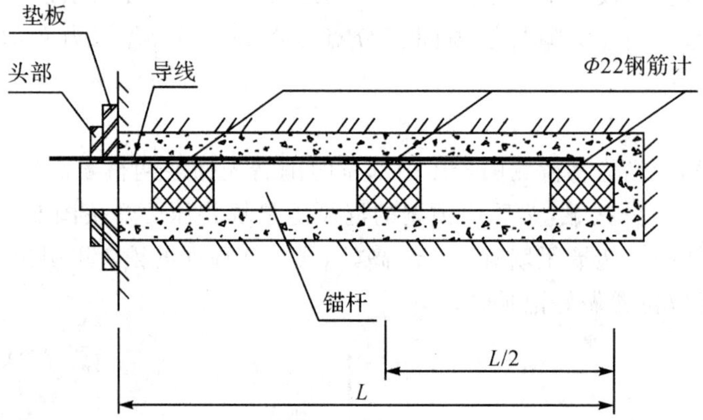

图 6-10 每根锚杆量测布置

2. 测点埋设及量测方法

锚杆施作前,按图 6-10 所示位置安装好锚杆轴力计,然后再将安装好锚杆轴力计的量测锚杆按图 6-9 所示位置进行布置。在锚杆安设好后,将钢筋计导线沿钢架引至边墙距墙脚1.5 m高处,线头从预埋的铁盒里引出。埋设时将钢筋计编号与测试点所对应位置做好记录。

将铁盒内线头插入测频仪中,测试读数并做好记录。每次每个钢筋计的测量应不少于三次,力求测量数值可靠、稳定。

3. 量测频率

根据距开挖工作面距离关系,钢筋计量测频率见表 6-7。

表 6-7 锚杆轴力测试频率

量测断面距开挖面距离/m	量测频率
<1B	2 次/天
(1～2)B	1 次/天
(2～5)B	1 次/(2～3)天
>5B	1 次/7 天

注:B 为隧道宽度。

(七)初衬应变及钢筋应力

通过量测初衬应变及钢筋应力,可了解初衬应变及钢支撑内力在不同施工阶段下的变化特点,优化设计初衬的结构参数。

1. 埋设断面内测点布置

对于有钢拱支撑断面的每一测试断面内,在拱顶、左拱腰、右拱腰、左拱脚及右拱脚五个点分内外层共埋设十个钢筋计；在埋设钢筋计相同位置各埋设一个应变计，共五个。

2. 测点埋设及量测方法

初支钢架施作前，将钢筋计按要求焊在钢架上，埋入式应变计则绑扎在钢架上。在钢架就位后，将钢筋计及应变计的导线沿钢架引至边墙距墙脚 1.5 m 高处，线头从预埋的铁盒里引出。埋设时将应变计及钢筋计编号与测试点所对应位置做好记录。

将铁盒内线头插入测频仪中，测试读数并做好记录。每次每个钢筋计和应变计测量应不少于三次，力求测量数值可靠、稳定。

3. 量测频率

根据距开挖工作面距离关系，应变计及钢筋计量测频率见表 6-8。

表 6-8　初衬应变及钢筋应力测试频率

量测断面距开挖面距离/m	量测频率
$<1B$	2 次/天
$(1\sim2)B$	1 次/天
$(2\sim5)B$	1 次/(2～3)天
$>5B$	1 次/7 天

注：B 为隧道宽度。

四、非接触量测方法

为满足现代隧道快速、大跨度、安全施工需求，现已越来越多地采用非接触监控量测。可用于隧道拱顶下沉量测、隧道净空变化量测、隧道断面检查、掘进掌子面断面放样等。

所谓非接触监控量测就是将全站仪安置在任意测站点，整平后，观测已知点的方向、距离和高程，通过反算，得出该测站点仪器中心的坐标和标高；然后观测被测点，根据测点的方向、距离计算出各测点的三维坐标，从而得出测点的三维位移矢量或测点相对收敛值，准确、快速地为施工提供参考数据。

(一)非接触量测的实施

1. 埋设测点

拱顶下沉、净空变化量测的埋点时间要基本一致。埋点前，应先制作反射靶标，用 3 mm 左右厚度的铁片制作成 70 mm×70 mm 大小的方块，表面上贴上 60 mm×60 mm 的测量专用反光片，中间钻直径为 3 mm 的小孔；埋点有两种方法，一种是直接用膨胀螺栓将反射靶标锚固在初期支护的表面，另一种方法是在初期支护中预埋 Φ24 左右大小的钢筋(或用电锤钻孔埋设)，然后将反射靶标点焊在钢筋上。

2. 固定基点

为方便、快速进行非接触量测，应在洞外或已成型、稳定的二衬砌地段设一基点，作为量测时全站仪的后视基点。基点应有确定的三维坐标(水平面坐标和标高)，基点应经常复核，防止位移而发生观测数据不准。基点至全站仪之间应通视良好。

3. 自由设站

以尽量不影响隧道施工为前提，将全站仪自由架设在隧道内任意位置，整平后即可。为了消除膜片倾斜对测距的影响，同一测点在每次量测时测站位置应大致相同。

4. 测量数据

观测前，对全站仪进行调校，使仪器处于最佳状态。观测时，打开仪器的角度改正及补偿器功能，并对仪器进行气压和温度的气象改正。观测采用记录测量模式，所有观测数据均存储在模块内。观测时以反射靶标中心小孔为照准点，采用双盘测回结合三次重复照准的冗余观测方法，即每一测站上分别用两个盘位连续、重复照准三次目标点，然后取平均值作为一次设站观测的结果。为提高测量精度，每次监测时，应在同一位置三次重复设站。

5. 数据处理和分析

将每次测量记录按要求输入装有相应后处理程序的计算机，计算机将自动分析量测数据，并输出量测成果，打印报表。

（二）免棱镜非接触量测

免棱镜非接触量测就是在进行非接触量测时不需要棱镜，即反射靶标，其方法和原理与前述非接触量测的方法和原理相同，不同点有：

（1）所使用的全站仪功能不同。免棱镜非接触量测必须是“R”系列全站仪，如常用的TCR402 徕卡系列全站仪或 R202NE 日本宾得系列全站仪，具有免棱镜测量功能。

（2）免棱镜非接触量测可以不用反射靶标，可选取围岩检测断面上的锚杆接头或钢筋作为直接反射部位，或按有关要求将在隧道内进行的布点位置处用砂浆抹平，做好照准标记，每次量测照准同一位置即可。

（3）数据处理可采用可编程计算器（如卡西欧 4850 或 5800 等）进行编程计算，不需要用专门的数据处理模块。

五、监测项目的数据分析

（一）数据分析、处理的意义

由于测量偶然误差和测量系统误差的原因，现场量测所取得的原始数据，不可避免地会具有一定的离散性，使得绘制的曲线散点总是上下波动和不规则。因此，应对所测数据进行一定的数学分析和处理。

（二）数据分析、处理的主要内容

根据量测值绘制时态曲线；选择回归曲线，预测最终值，并与控制基准进行比较；对支护及围岩状态、工法、工序进行评价；及时反馈评价结论，并提出相应工程的对策、建议。

（三）数据分析、处理的目的

确定量测数据的可靠性；根据量测数据的变化规律（时态曲线），判定围岩和初期支护的稳定性；验证施工方案的可靠性，为优化设计提供依据；根据量测点据掌子面的距离、围岩变化速率，确定量测频率和二衬砌施作时间；根据（预测）围岩的变形极限，确定量测结束时间。

（四）数据分析、处理的方法

量测数据分析、处理主要采用回归分析法，回归分析主要采用指数模型、对数模型、双曲线模型、分段经验公式等。由于地下工程（隧道）开挖过程中地表纵向沉降、拱顶下沉及净空变化等位移受开挖工作面时空效应的影响，多采用指数函数进行回归分析。目前，对量测取得的数据，均采用专用软件分析。

（五）数据分析、处理的实施步骤

（1）数据整理。监控量测数据取得后，应及时进行分析校对和整理，并注明量测开始时间、开挖方法、各部施工工序，特别是开挖掌子面距量测点的距离等信息。每次观测后，应立即对数据进行校核，发现异常，应及时补测。每次观测后应及时对观测数据进行整理，包括观测数据计算、填表制图、误差处理等。

(2)数据的曲线拟合。在取得一定监测数据后，应绘制位移或应力时态变化曲线图(图 6-11)。然后寻找一种能够较好反映数据变化规律和趋势的函数关系式，对下一阶段的监测数据进行预测，防患于未然。

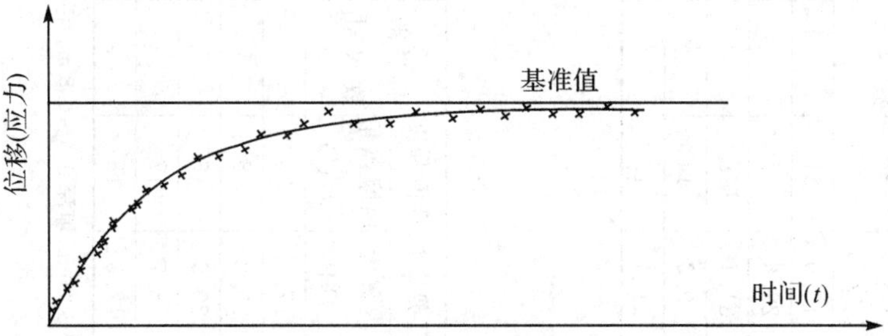

图 6-11　时态回归曲线

(3)插值法。通过已测数据的分析，预测未来某天的量测数据。

(4)计算沉降及收敛变形的速度、加速度曲线，进行稳定性判断，确定管理等级。

任务 6-4　某地铁盾构隧道工程变形监测案例

一、工程简介

某地铁工程全长 3.21 km(含车站段)，首次采用两台双圆盾构进行施工，是某整个地铁线的控制性工程之一。1 号盾构从 A 站始发，途径多个地铁站到达 B 站。2 号盾构从 C 站始发，途径多站到达 D 站。

(一)工程相关描述

1. 工程规模描述

隧道内尺寸 Φ5 700 mm×W10 300 mm(内径×宽度)，隧道外尺寸 Φ6 300 mm×W10 900 mm(内径×宽度)，管片厚度 300 mm，双圆中心间距 4 600 mm，总长度 2 688 m。

2. 地质状况

隧道穿越该地区入海口东南前缘的滨海平原地貌类型，属河道沉积区。场地地形较平坦，地面标高在 4.96～3.36 m。场地分布的地基土属上海地区吴淞江古河道区地层沉积组合，次河口相、滨海、海相沉积土层为主，主要地层见表 6-9、表 6-10。

(二)盾构推进沿线环境及地下管线分布状况

1. 区间沿线的建筑物分布情况

在 E 站东侧沿途有若干两层、六层民房，距隧道边线的距离约 8 m。在 F 站西侧有一幢两层民房，距隧道边线距离约 7 m。在 H 站西侧有八幢六层民房，距隧道边线的距离为 3～4 m。在 G 站西侧有六幢六层楼民房，距隧道边线的距离为 9 m 左右。此外在该区段内还有三幢一层的民房和六幢两层的民房，距隧道边线的距离为 3～5 m。

表 6-9　*A* 站～*B* 站

层号	土层名称	含水量 W/(%)	天然重度 γ /(kN/m³)	孔隙比 e	液限 WL /(%)	塑限 WP /(%)	塑性指数 IP	液性指数 IL	直剪固快峰值强度 内聚力 C/kPa	直剪固快峰值强度 内摩擦角 ϕ/(°)	标贯击数 N/击	压缩系数	压缩模量	静止侧压力系数 K_0 /(kN/m³)
②1	褐黄色、粉质黏土	30.1	18.9	0.874	35.2	20.5	14.7	0.66	17.0	31		0.31	6.05	0.44
②3-1	灰色黏质粉土	32.2	18.5	0.930					29.6	7	5	0.21	9.19	0.38
②3-2	灰色砂质黏土	27.8	19.0	0.824					31.1	8	7.3	0.17	10.73	0.35
④	灰色淤泥质黏土	47.7	17.1	1.374	44.1	24.5	19.4	1.17	9.0	14		1.04	2.28	0.55
⑤1	灰色黏土	37.2	17.8	1.120	38.3	21.6	16.5	0.93	11.4	16		0.65	3.26	0.51

表 6-10　*B* 站～*C* 站

层号	土层名称	含水量 W/(%)	天然重度 γ /(kN/m³)	孔隙比 e	液限 WL /(%)	塑限 WP /(%)	塑性指数 IP	液性指数 IL	直剪固快峰值强度 内聚力 C/kPa	直剪固快峰值强度 内摩擦角 ϕ/(°)	标贯击数 N/击	压缩系数	压缩模量	静止侧压力系数 K_0 /(kN/m³)
②1	褐黄色粉质黏土	28.0	19.5	0.79	32.6	20.1	12.5	0.63	17.2	33		0.25	7.16	0.44
②3-1	灰色黏质粉土	31.7	18.6	0.919					29.2	8	5	0.23	8.34	0.38
②3-2	灰色砂质黏土	28.9	18.9	0.844					29.9	7	7.5	0.19	9.71	0.350
④	灰色淤泥质黏土	47.4	17.0	1.379	42.0	22.6	19.4	1.27	8.7	17		0.97	2.45	0.55
⑤1	灰色黏土	35.0	17.9	1.064	37.8	21.5	16.3	0.84	12.3	18		0.60	3.44	

注：场地的地下潜水主要赋存于②3 层砂质粉土层中，其补给来源主要为大气降水，潜水水位标高为 3.70～3.20 m，埋深 0.5～0.8 m。潜水位随季节、气候等因素有所变化，年幅度在 0.5～1.0 m 左右。

2. 区间沿线管线分布情况

地铁隧道沿线经过的道路及路口下面分布着多种地下管线，其中 H 站地下面有电力、9孔电信电缆排管、Φ300 煤气、Φ1800 雨水、Φ1500 污水、36 孔电信电缆、Φ300 上水、Φ900 上水。S 站有 Φ300 煤气两根、Φ450 雨水、Φ1000 污水、12 孔电信电缆、Φ300 上水等，R 站从北向南依次有：电力电缆、12 孔电信电缆、Φ500 上水、Φ1000 雨水、Φ500 污水、Φ300 煤气两根等。在 T 站路口，从北向南分布有：Φ300 上水、12 孔电话电缆、Φ500 上水、Φ1200 雨水、Φ450 污水、Φ500 煤气、电力等。在 U 站路口有：Φ200 上水、24 孔电话、12 孔电话、Φ500 上水、Φ1000 雨水、Φ450 污水、Φ500 煤气、电力等。在 L 站路口，从北向南有：电力、电话、Φ500 上水、Φ2460 雨水、Φ1200 污水、电力等管线。在 N 站路口，从北向南依次有：12 孔电话、Φ300 上水、雨水、污水、电力、Φ300 上水、Φ300 煤气等管线。

二、盾构推进对周边环境影响程度的分析和估算

(1)盾构推进引起的地层移动因素有盾构直径、埋深土质、盾构施工情况等，影响地层移动的原因有两种，其中隧道线形、盾构形状、外径、埋深等设计条件和土的强度、变形特征、地下水位分布等地质条件是客观因素，而盾构形式、辅助工法、衬砌壁后注浆、施工管理情况是主观因素。

(2)地表沉降估算。盾构施工中引起的地表沉降，可用派克(Peck)法估算。假定盾构施工引起的地表沉降是在不排水情况下发生的，所以沉降槽的体积应该等于地层损失的体积，此法假定地层损失在隧道长度上均匀分布，地表沉降的横向分布似正态分布曲线。

地面沉降量的横向分布估算公式为

$$S_{(x)}=\frac{V_l}{\sqrt{2\pi}i}\exp\left(-\frac{x^2}{2i^2}\right)$$

$$S_{\max}=\frac{V_l}{\sqrt{2\pi}i}\approx\frac{V_l}{2.5i}$$

$$i=\frac{Z}{\sqrt{2\pi}\tan(45^\circ-\phi/2)}$$

式中，$S_{\max}$ 为最大沉降量，单位为 m，即顶管中心处；V_l 为盾构隧道单位长度地层损失量，单位为 m^3/m；$S_{(x)}$ 为沉降量，单位为 m；i 为沉降槽宽度系数(隧道中心线至沉降曲线反弯点的距离，单位为 m)；Z 为地面至隧道中心深度；ϕ 为土的内摩擦角。

在已知盾构穿越的土层性质、覆土深度、隧道直径及施工方法后，即可事先估算盾构施工可能引起的地面沉降量，同时可及时地采取措施把影响控制在允许范围内。

三、监测施工的依据

(1)隧道设计平面图、推进区间管线图。

(2)《工程测量规范》。

(3)《国家一、二等水准测量规范》。

(4)《精密工程测量规范》(GB/T 15314—1994)。

(5)《城市测量规范》(CJJ/T 8—2011)。

(6)上海地铁施工有关技术要求。

四、监测内容

根据工程所处地理环境及盾构施工特点与要求，结合历年来隧道施工监测经验，经实地踏勘，本监测工程拟设以下监测内容：

(1)道路与管线沉降监测。

(2)一般建(构)筑物沉降、裂缝监测。

(3)隧道轴线上方地表沉降监测。

(4)地层深层位移的量测。

(5)土体分层沉降测试。

(6)地面裂缝的观察。

五、监测技术方案

(一)水准基准点与工作点的布设与检验

1. 水准基准点布设

以现有两车站地铁水准点为依据，考虑施工工期及隧道施工影响范围。本次监测基准点将沿隧道走向布设 8 组基准点，每组由 3～4 个基准点组成。基准点布设与高程测量按照国标《工程测量规范》中的规定执行。

2. 工作基准点布设与检验

工作基准点是直接用于对变形观测点进行观测的控制点，其埋设位置既要考虑便于观测，又要考虑它的稳定性。因此，本工程工作基准点拟每 150 m 设一个工作基准点，共设20 个。为检测工作基准点稳定性，根据施工进度情况，拟每两周检测一次，检测时按国家二等水准规范观测的技术要求进行往返观测。

(二)沉降监测点的设置

1. 道路与管线监测点的设置

在隧道推进区域上方，市政管道设点原则上尽量利用现有管道设备点(阀门与窨井)，对重要管道在条件允许下开挖布设直接监测点，测点布设数量根据实际情况而定。对无法利用现有设备点的管道监测，则使用道钉在其旁边布设测点，以反映推进施工对其产生的影响。测点编号根据管线单位要求采编，如煤气用 M、电力用 D、上水用 S、市话用 T 等。在盾构推进期间，监测频率根据施工进度和管线变形速率的大小适当调整，一般 2 次/天。

2. 普通建(构)筑物沉降监测点设置

为了及时反映隧道推进区上方建筑物变形情况，需在隧道轴线两侧 20～25 m 范围内、一般建筑物上设立沉降监测点，测点数量根据现场实际需要而定，估计需设 500 个。测点标志采用墙面标志，布设时，采用冲击钻钻成孔，然后用水泥将道钉封牢。

3. 轴线地表监测点及断面监测点的设置

根据地铁控制点，先放样轴线。本工程中，由于采用宽度为 10.9 m 的双圆盾构进行推进，故先将整个盾构的推进轴线放于实地，再根据刀盘半径将每条隧道(推进后将形成两条隧道)的轴线放于实地。在三条轴线上均布设沉降监测点。正常区域 6 m(5 环)布置 1 点，同时在轴线走向上每 60 m(50 环)布置 1 条监测断面，在轴线左右两侧设点，断面测点间距为 3 m、4 m、5 m、5 m。整个工程总计需布设轴线地表监测点及断面监测点约 2 000 个。轴线点编号，直接以环号作为点号；断面点编号，根据断面点所处轴线的方向，以 E(东)、W(西)表示。

4. 地层深层土体位移的量测

如图 6-12 所示，测斜孔布置在 2 和 3 断面，两个断面布置及测量情况相同，布置在出洞口前方 45 m 和 75 m 处，每个断面布置 7 个测斜孔。测量时每 1 m 取一个测点，分别测量 x 轴与 y 轴。基本原则是测点和打孔最近处离开管片 1 m。

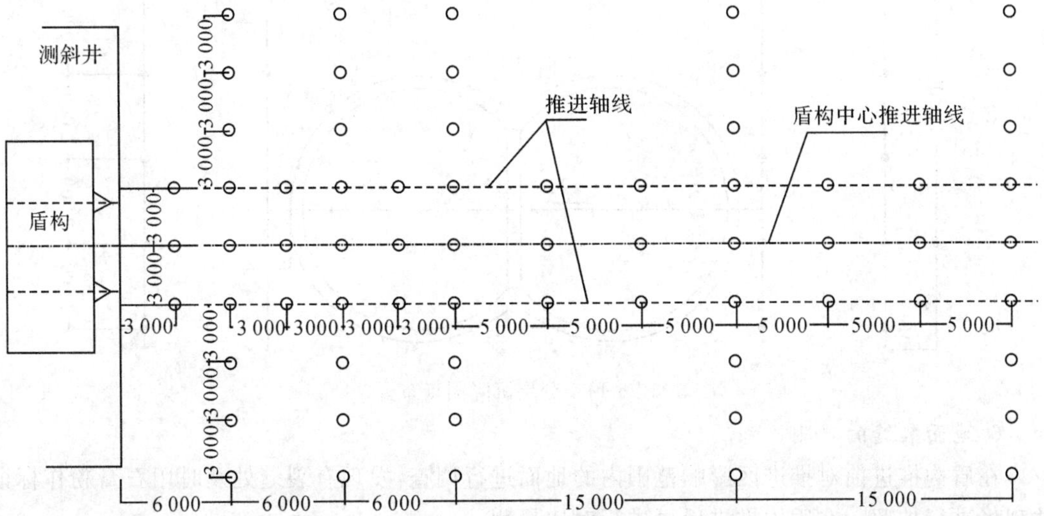

图 6-12　测斜孔布置

5. 土体分层沉降测试

如图 6-13 所示，2 与 3 断面布置情况相同，分层沉降孔与测斜孔位置重合，实际布设时可适当离开断面位置 0.5 m 以内，以避免干涉。断面分别离开始发井 45 m、75 m，在测斜管上安置分层沉降磁环。

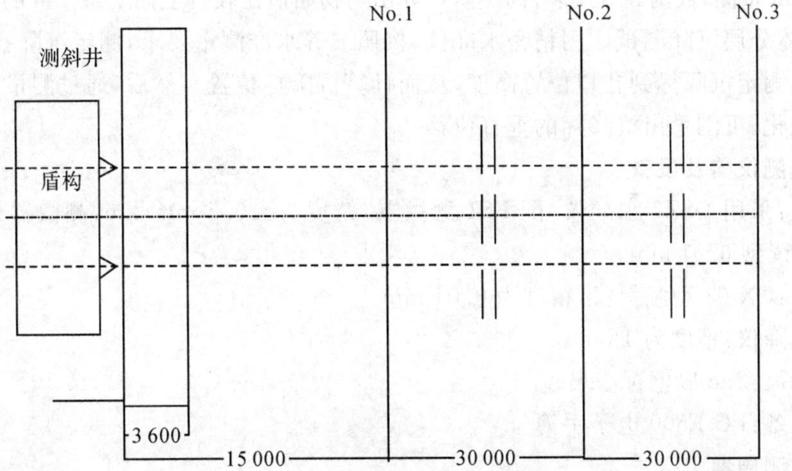

图 6-13　深层测点布置断面位置

测斜孔埋设及分层沉降点布设见图 6-14。

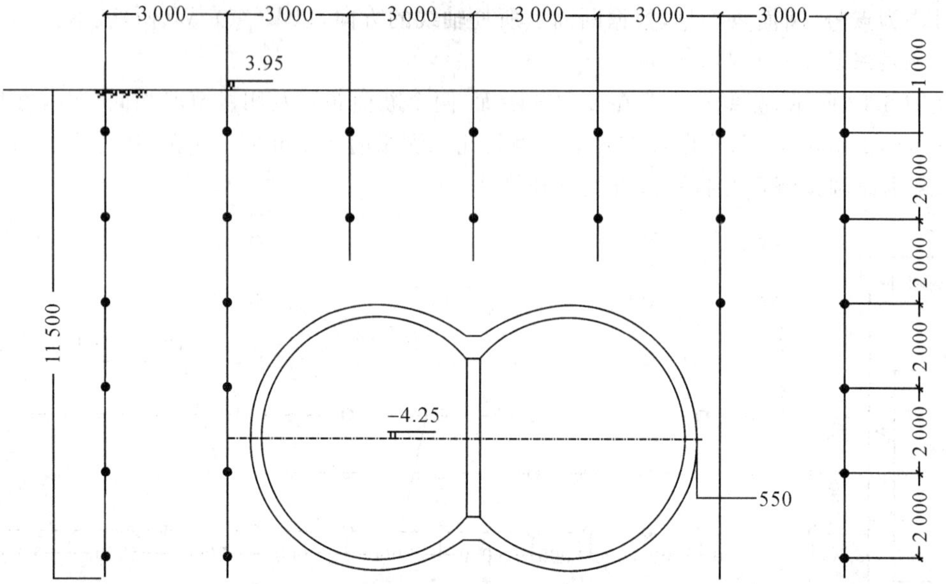

图 6-14 分层沉降测点布置

6. 地面裂缝的观测

在盾构推进前对推进区影响范围内的地面进行调查,发现有裂缝处及时用石膏粉作标记,并现场进行拍照。在盾构推进后再进行对比量测。

(三)监测方法

(1)常规地面监测。以工作基准点为起始点,用精密几何水准测量方法,按二等测量要求测定各测点的高程值。与相邻周期高程值比较的差即为本次变化量,与初始高程值比较的差即为累计变化量,水准路线按闭合或附合形式进行,闭合差或附合差不大于 $0.5\sqrt{N}$ mm,其中 N 为测站数。

(2)地层深层位移的量测。倾斜仪自下而上每 1 m 量测位移,连续测量两次,确定初始值。以后定期每 1 m 量测,数据经专用软件处理,计算出与初始值比较自上而下每 1 m 的水平位移量。

(3)土体分层沉降测试。用精密水准仪,按照二等水准测量要求,测定沉降孔孔口标高,用分层沉降仪测定沉降标到孔口位置高度,从而计算沉降标位置。然后,通过测量沉降标到孔口位置高度变化,可测量出沉降标的垂直位移。

(四)监测仪器及设备

水准仪:采用 DSZ2 水准仪,配 FS1 测微器,精度为±0.5 mm/km,测微器最小值读数为 0.1 mm,估读到 0.01 mm。

倾斜仪:CX-03 型倾斜仪,精度为 0.01 mm。

分层沉降仪:精度为 1 mm。

水准标尺:2 m 殷钢标心尺。

记录设备:PC-E500 电子手簿。

(五)监测周期

(1)离洞口 50 m 范围内,在盾构推进过程中,需加强监测,提高监测频率,及时提供监测数据,优化施工参数。

(2)每个点从盾构切口到达前 30 m 开始监测,盾尾脱离该点后 7 天或沉降量小于

±0.2毫米/天,则停止监测。

(3)监测频率在正常情况下为每天1～2次,若有异常或突变则增加次数。

(4)测点停止监测后,每三个月复测一次。

(5)整个工程结束后进行全线复测。

(六)监测资料处理及资料提交

野外采集资料由SHARP PC-E500S型电子计算机采集、存储,通信数据由计算机经专用平差软件和报表处理软件处理,以报表形式提交有关各方,提交资料及报表内容为:

(1)监测点平面布置图。

(2)隧道施工工况及监测资料分析。

(3)沉降监测报表。

(4)监测技术报告(月报告与阶段小结报告)。

六、监测人员安排

项目负责:1人。

技术负责:1人。

施工负责:1人。

监测技工:3人。

七、技术及质量保证措施

严格按照各种测量规范及仪器操作规程进行野外数据采集与室内资料处理,做到精心组织、精心施工。加强监测全过程的质量检查监督,做到有人监测就有人检查,监测资料须经过自检、互检、专检无误后提交给有关各方。认真做好施工工况记录,结合施工及监测数据,及时总结、分析、预测环境变形趋势与安全性,积极配合信息化施工。严格按照设计、房管部门及管线监护要求的报警值及时报警,出现报警后进行跟踪监测,并及时把监测情况,采用速报的形式提交给各施工单位。为确保监测资料的连续性与完整性,要保护好各测点及监测设施。监测施工区域处于闹市,来往车辆及行人较多,应避开高峰施测。树立安全施工、文明施工意识,穿着、佩戴醒目标志以消除安全隐患,加强安全教育,为重点工程树立良好的文明窗口。

项目小结

目前,隧道工程施工方法应用较多的有盾构法和新奥法,本项目详细介绍了地铁盾构和新奥法隧道工程变形监测的监测项目及监测方法,以及隧道工程变形监测项目的技术设计。最后,以某地铁盾构隧道工程变形监测为例,详细说明了隧道工程变形监测的各个关键环节。

思考与练习题

1. 隧道工程施工方法有哪些?
2. 盾构隧道工程变形监测的监测项目有哪些?
3. 新奥法隧道工程变形监测的监测项目有哪些?

参考文献

[1] 高俊强,严伟标.2005.工程监测技术及其应用[M].北京:国防工业出版社.

[2] 侯建国,王腾军.2008.变形监测理论与应用[M].北京:测绘出版社.

[3] 孙福元.2009.Trimble DiNil2 水准仪在基坑监测中的应用及作业方法探讨[J].测绘与空间地理信息,32(6):186-189.

[4] 田鹏波.2007.基坑周边建筑物变形测量的实施与数据处理方法[J].城市勘测(5):63-66.

[5] 王德厚.2007.水利水电工程安全监测理论与实践[M].武汉:长江出版社.

[6] 杨晓平.2007.工程监测技术及应用[M].北京:中国电力出版社.

[7] 伊晓东,李保平.2007.变形监测技术及应用[M].郑州:黄河水利出版社.

[8] 袁勇军,李新,罗科,等.2005.测地型 GPS 在基坑监测位移中的应用[J].建筑技术,36(5):339-340.

[9] 岳建平,田林亚.2010.变形监测技术与应用[M].北京:国防工业出版社.

[10] 张伟,李会青,洪树生.2002.全站仪非固定站差分法监测深基坑坑壁位移[J].测绘通报(10):45-47.